中国区域环境保护丛书
天 津 环 境 保 护 丛 书

天津环境科学研究

《天津环境保护丛书》编委会　编著

中国环境出版社 • 北京

图书在版编目（CIP）数据

天津环境科学研究/《天津环境保护丛书》编委会编著. —北京：中国环境出版社，2013.3 (2013.10重印)
（中国区域环境保护丛书. 天津环境保护丛书）
ISBN 978-7-5111-1312-2

Ⅰ. ①天… Ⅱ. ①天… Ⅲ. ①环境科学—研究—天津市 Ⅳ. ①X321.221

中国版本图书馆 CIP 数据核字（2013）第 027490 号
审图号：津 S（2013）003

出 版 人 王新程
责任编辑 刘思佳 王 焱 李恩军
责任校对 唐丽虹
封面设计 彭 杉

出版发行 中国环境出版社
（100062 北京市东城区广渠门内大街 16 号）
网 址：http://www.cesp.com.cn
电子邮箱：bjgl@cesp.com.cn
联系电话：010-67112765（编辑管理部）
发行热线：010-67125803，010-67113405（传真）
印 刷 北京中科印刷有限公司
经 销 各地新华书店
版 次 2013 年 5 月第 1 版
印 次 2013 年 10 月第 2 次印刷
开 本 787×960 1/16
印 张 20.25 插页 3
字 数 260 千字
定 价 52.00 元

【版权所有。未经许可，请勿翻印、转载，违者必究。】
如有缺页、破损、倒装等印装质量问题，请寄回本社更换

《中国区域环境保护丛书》

总编委会

顾　问　曲格平

主　任　周生贤

副主任（按姓氏笔画排序，下同）

于莎燕　马俊清　马顺清　牛仁亮　石　军

艾尔肯·吐尼亚孜　刘力伟　刘新乐　孙　伟

孙　刚　江泽林　许卫国　齐同生　张大卫

张杰辉　张　通　李秀领　沈　骏　辛维光

陈文华　陈加元　和段琪　孟德利　林木声

林念修　郑松岩　洪　峰　倪发科　凌月明

徐　鸣　高平修　熊建平

委　员　马　懿　马承佳　王国才　王建华　王秉杰

邓兴明　冯　杰　冯志强　刘向东　严定中

何发理　张　全　张　波　张永泽　李　平

李　兵　李　清　李　霓　杜力洪·阿不都尔逊

杨汝坤　苏　青　陈　添　陈建春　陈蒙蒙

姜晓婷　施利民　姬振海　徐　震　郭　猛

曹光辉　梁　斌　蒋益民　缪学刚

专家组　万国江　王红旗　刘志荣　刘伯宁　周启星

夏　光　常纪文

《中国区域环境保护丛书》

总编委会办公室

顾　　问　刘志荣
主　　任　王新程
常务副主任　阚宝光
副 主 任　李东浩　周　煜　吴振峰

《天津环境保护丛书》

编委会

主　　任　熊建平　尹海林
副 主 任　严定中　温武瑞
委　　员　董志远　包景岭　李　力　王景梁
王旭东　刘鸿尧　邢立华　李宝纯
吕玉淮　秦　川　董建军　李文运
杜　威　李连增

总　　编　严定中　温武瑞
副 总 编　董志远　包景岭
执行副总编　郝未宁　陈吉莉　洪佩怀　秦保平
李金明

《天津环境科学研究》

主　编　秦保平

副主编　王建华

编　辑　董飞天　李雅坤

主要编写人员　（按姓氏笔画排序）

万　宁　王　松　王　彬　王志强

王红宇　王铁铮　朱　洁　刘　伟

刘晓玲　关玉春　汤津岑　孙　韧

孙晓蓉　杨超英　李　燃　李红柳

宋有武　宋兵魁　张　圆　张　晶

张　媚　张　赞　张　潞　张丽红

张建文　陈　红　陈　旭　赵　杰

赵　锋　赵喜梅　袁　敏　郭胜华

曹　喆　温　娟　蔡　凌　鞠美庭

檀翠玲　魏彤宇　魏恩棋

总序

继承历史，不断创新，努力探索中国环保新道路

环境保护事业在中国伴随着改革开放的进程已经走过了30多年的历史，这30多年来，几代环保人经过艰苦卓绝的探索、奋斗，使我国的环境保护事业从无到有，从小到大，从弱到强，从默默无闻到进入国家经济政治社会生活的主干线、主战场和大舞台，我们的环保人创造了属于自己的辉煌历史。

毛泽东说过，“看历史，就会看到前途”，“马克思主义者是善于学习历史的”。从过去的 30 几年，我们能切实感受到环境保护事业的发展壮大，更切实感受到环境保护事业的美好前景和未来；作为继往开来的环保人，我们同样感受着我们这一代环保人必须承担起的历史责任。我们必须继承前辈们的优良传统，继承他们积累的丰富经验，根据新的形势、新的任务、新的要求，在探索中国环保新道路的征程中奋力前行，全面开创环境保护的新局面。

可以说，中国环境保护的历史就是不断探索中国环保新道路的历史。上个世纪 70 年代初，立足于工业化起步和局部地区环境污染有所显现的现实，我们开始探索避免走先污染后治理的环保道路。特别是改革开放 30 多年来，付出了艰辛的努力，在新道路的探索中，环

保事业不断发展，探索重点与时俱进，国家环保机构也实现了“三次跨越”。在1973年第一次全国环保会议上提出的“全面规划、合理布局、综合利用、化害为利、依靠群众、大家动手、保护环境、造福人民”的32字方针的基础上，上个世纪80年代确立了环境保护的基本国策地位，明确了“预防为主防治结合，谁污染谁治理，强化环境管理”的三大政策体系，制定了八项环境管理制度，向环境管理要效益。进入90年代后，提出由污染防治为主转向污染防治和生态保护并重；由末端治理转向源头和全过程控制，实行清洁生产，推动循环经济；由分散的点源治理转向区域流域环境综合整治和依靠产业结构调整；由浓度控制转向浓度控制与总量控制相结合，开始集中治理流域性区域性环境污染。步入“十一五”以来，我们按照历史性转变的要求，确立了全面推进、重点突破的工作思路，提出从国家宏观战略层面解决环境问题，从再生产全过程制定环境经济政策，让不堪重负的江河湖泊休养生息，努力促进环境与经济的高度融合，积极实践以保护环境优化经济增长的路子。这一系列重大决策部署和环保系统坚持不懈的努力，大大推进了探索环保新道路的历程，积累了丰富的经验。历任环保部门的老领导都是探索中国环保新道路的先行者，几代环保人都是探索中国环保新道路的实践者。

历史是宝贵的财富，继承历史才能创造未来。探索中国环保新道路必须继承几代环保人积累下来的宝贵财富。有了继承才有创新，因为每一个创新都是对过去实践经验的总结和升华。因此，学习和掌握环境保护的历史，既是我们工作的需要，也是我们作为环保人的责任。

《中国区域环境保护丛书》(以下简称《丛书》)的编纂出版为我们了解、学习环境保护的历史提供了独特的平台。《丛书》是2008年在我国实施改革开放30周年和我国环境保护工作开创35周年之际启动的一项重大环境文化建设工程，第一次从区域环境的角度，对我国环境保护的历史进行了全面系统的总结、归纳和梳理，充分展现了30多年来我国各省市自治区环境保护工作取得的卓越成就，展现了环境保护事业不断发展壮大的历史，展现了几代环保人不懈奋斗和追求的历程。

要继续探索中国环保新道路，继承是基础，创新是动力。当前，积极探索中国环保新道路，已经成为环保系统的普遍共识和自觉行动。我们要努力用新的理念深化对环境保护的认识，用新的视野把握环境保护事业发展的机遇，用新的实践推动环境保护取得更大的实际成效，用新的体制机制保障环境保护的持续推进，用新的思路谋划环境保护的未来。以环境保护优化经济发展，以环境友好促进社会和谐，以环境文化丰富精神文明，为经济社会全面协调可持续发展作出更大贡献。

环境保护新道路是一个海纳百川、崇尚实践、高度开放的系统工程，是一个不断丰富、不断发展、不断提高的过程，在探索的道路上需要所有环保人前赴后继，永不停息。当前，新的探索已经起步，前进的路途坎坷不平。越是身处逆境，越是形势复杂，越要无所畏惧，越要勇于创新。要以海洋一样博大的胸怀，给那些勇于探索、大胆实践的地方、单位、个人，创造更加宽松的环境，提供施展才华的舞台，让他们轻装上阵、纵横驰骋。要继承30多年来探索环境保护新道路实践的伟大成果，借鉴人类社会一切保护环境的有益经验，站在新的历史起点上，大胆实践，不断创新，将中国环境保护新道路的探索推向一个新的阶段！

环境保护部部长

《中国区域环境保护丛书》总编委会主任

周生贤

二〇一一年六月

前言

环境与发展，是当今世界共同关注的重大问题。建设生态文明，实现持续发展，已成为全社会紧迫而艰巨的任务。尤其在我们这样一个发展中大国，发达国家二三百年工业化过程中产生的环境问题，在我国30多年的快速发展中集中出现，使得保护环境和科学发展成为社会各界关注的焦点、人民群众关心的热点，也是促进社会和谐的关键点。

环境是重要的发展资源，党中央、国务院历来高度重视环境保护。进入新世纪，党的十六大把增强可持续发展能力、改善环境作为全面建设小康社会的目标之一，十六届三中、四中、五中全会先后提出要树立和落实科学发展观，构建社会主义和谐社会，加快建设资源节约型、环境友好型社会。党的十七大更把建设生态文明首次写入政治报告，作为新的战略任务和行动纲领昭示天下，这标志着党和国家发展理念的升华及对发展与环境关系认识的飞跃，也标志着我国在探索环境保护新道路的征程上步入了新的阶段。

天津市位于我国华北平原东北部，北枕燕山，东视渤海，地处海河五大支流汇流处。市域面积 11 916.9 平方千米，疆域周长约 1 290.8 千米，海岸线长 153 千米，陆界长 1 137.48 千米。对内腹地辽阔，辐射华北、东北、西北13个省市自治区，对外面向东北亚，是我国北方最大的沿海开放城市。多年来，在环境保护部的关心和指导下，在市委、市政府的支持、领导和全市人民的共同努力下，天津市环境保护工作按照市委“站在高起点、抢占制高点、达到高水平”的要求，积极探索天津环保新道路，坚持以环境保护优化经济增长，以创建国家环境保护模范城市、污染减排、生态市建设、市容环境综合整治和大气环境、水环境、声环境专项整治等工作为抓手，推进循环经济，促进节能减排，倡导环境文化，建设生态文明，使天津初步走上了“在发展中保护，在保护中发展”的发展道路，基本形成了“经济发展高增长、资源消耗低增长、环境污染负增长”的发展模式，生态环境保护和建设取得了显著成效，城市环境质量得到明显提升，环境面貌发生了巨大变化，环境保护整体水平有了很大提高，为天津经济社会的科学发展、和谐发展、率先发展提供了环境保障。

即将出版的《天津环境保护丛书》正是对天津环境保护事业发展历程的一次回顾、整理和记录。这项历史工程是在环境保护部统一部署和指导下完成的，是《中国区域环境保护丛书》的一个组成部分。其编纂工作由丛书编委会组织各有关单位，特别是天津环保系统新、老同志，历时两载，在广泛查阅资料、深入调查研究、反复核实校正的基础上共同完成的。编者希望本丛书能成为一套有史料价值、有借鉴功用、有天津特色的文献资料。

本丛书分为《天津环境管理》《天津环境污染防治》《天津生态环境保护》《天津环境科学研究》以及《天津环境发展规划》五个分册，从不同侧面，较全面地反映了天津市的环境特点和环境质量状况，重点反映了改革开放以来天津市环境保护工作的发展历程、重大举措和所取得的重要成就，较系统地介绍了天津市环境保护的做法和经验。本丛书是天津市环境保护事业开创以来首次编辑出版的兼具知识性、学术性和史料性的综合性书籍，期望它能帮助读者和使用者更加系统地认识和了解天津的环境状况及环保工作，并为今后的工作和决策提供参考。

借此《天津环境保护丛书》编成付梓之际，希望天津市广大环保工作者以史为鉴，继承创新，一如既往地努力推进全市环境保护事业，矢志不移地开拓天津环境保护新道路，为创造天津更加美好的明天作出新的贡献！

严定中

二〇一二年一月

编者的话

环境科学所研究的环境是以人类为主体的外部世界，是人类赖以生存和发展的物质条件的综合体。《天津环境科学研究》主要记录了近四十年来天津市环境科研、监测事业等领域工作情况及取得的主要成果，旨在为天津市环境保护工作的科学决策提供依据和参考，同时满足社会公众了解环境保护情况的需求和愿望。

自 20 世纪 70 年代，天津市环境保护科学研究所、天津市环境监测站相继成立以来，天津市的环境科学研究大致可以分为两个阶段。第一阶段从 70 年代中期到 90 年代中期，这一阶段利用生物学、化学、物理学等原理和方法阐明全市环境污染的程度、危害和机理，并探索相应的治理措施和方法，对天津市的环境污染与生态破坏现象进行了较深入的探讨和研究，摸清了全市环境污染现状，为环境的改善提供了有力的技术支持。第二阶段从 90 年代中期至今，在继续深化对环境认识的基础上，更加注重社会与环境协调演化作为研究对象，综合考虑人口、经济、资源与环境等主要因素的制约关系，从多层次探讨人与环境协调演化的具体途径，内容涉及科学技术发展方向的调查、社会经济模式的改变、人类生活方式和价值观念的变化等，此阶段正在由起步探索期向深入发展。

经过近四十年发展，天津市环境科研、监测机构和人才队伍建设不断壮大，形成了以天津市环境保护科学研究院、高等院校、各部门科研机构及环保科技企业等组成的环境科研体系，也形成了以天津市环境监测中心为中心，以区县监测站为网络成员的环境监测体系，并通过积极吸纳各行业、各专业性的监测网络成员，使环境监测网覆盖到全市各个层面，为全市实施环境监督管理提供技术支持、技术监督和技术服务。近四十年来，天津市环境保护科研和监测事业紧密围绕“一控双达标”、“六大环保工程”、“创建国家环境保护模范城市” 和“创建生态城市”等全市环境保护重点工作，组织开展了水污染防治、大气污染防治、危险废物处理处置、生态修复、生态环境监测与空气质量预测预报等科学研究和示范工程，为全市经济社会高速发展、环境持续改善提供了强有力的技术和物质保证，为推动全市环境保护事业的发展作出了积极贡献。

在本书编写过程中，得到了天津市环境保护局大气环境保护处、水环境保护处、科技标准处、天津市环境科学研究院、天津市环境监测中心、天津市环境工程评估中心、天津市固体废物及有毒化学品管理中心、天津市辐射环境管理所、天津市环保技术开发中心和环境影响评价中心、天津市环境保护科技信息中心、天津市环境保护产业协会以及天津市科委、天津自然博物馆、南开大学、天津师范大学、天津合佳威立雅环境服务有限公司等有关部门、高校和企业的支持与帮助，在此表示衷心感谢。由于水平所限和搜集资料的局限性，不足之处在所难免，恳请各界人士批评指正。

二〇一二年一月

目录

第一章 绪 论

环保科技为推动天津市环保事业的发展发挥了重要作用，作出了积极贡献。多年来，天津市环保科技工作紧密围绕“一控双达标”、“六大环保工程”、“创建国家环境保护模范城市”、“创建生态城市”和节能减排等天津市不同发展时期的重点工作，努力构建、不断完善环保科技研究和创新体系，紧密围绕环境质量改善，组织开展了水污染防治、大气污染防治、固体废物处理处置、生态保护和修复、环境监测能力提高等重点科学研究和工程示范，为全市经济社会发展、环境持续改善提供了强有力的技术支撑和保障。

2006 年 3 月，国务院通过的《天津市城市总体规划》要求把天津市建设成为国际港口城市、北方经济中心和生态城市，环境保护工作面临新的历史发展机遇，环境保护事业比以往任何时期更加紧迫地依靠科技进步和创新来推动。因此，全面落实科学发展观，切实加强环保科技工作，大力增强自主创新能力，是天津市环保事业发展的一项重要任务。

按照率先建成创新型城市的总体要求，“十一五”期间，天津市在破解资源环境等发展技术瓶颈、加大力度推进资源节约型、环境友好型城市建设，大力发展循环经济，实现资源和能源的全面有效利用。紧紧围绕天津市政府的决策部署和天津市中长期科技发展规划，自主创新能力显著增强。组织实施了一批重大科技项目，突破并掌握了一批核心关键技术，在海水利用、膜技术与膜材料、水处理药剂、余热回收利用等领域取得一大批自主知识产权的研究成果，形成了新的科技优势；环境保护产业不断发展，初步形成了固废处理与资源综合利用、环保成套装备、海水淡化及水再生利用、环境服务等环保产业集群。科技创新体系进一步完善。拥有南开大学、天津大学、国家海洋局天津海水淡化所等百余所高等院校和科研单位，拥有国家城市给排水工程技术研究中心、国家工业水处理工程技术研究中心、国家海水利用工程技术研究中心等国家级工程技术研究中心和国家级环境保护恶臭污染控制、中空纤维膜材料与膜过程等重点实验室；建成渤海化工集团等一批国家级企业技术中心及市级工程技术中心和生产力促进中心，技术创新能力得到大幅度提升。

第一节　天津市环境科学研究机构和人才队伍建设不断壮大

20 世纪 50 至 60 年代，天津市卫生防疫、劳动保护和职业病防治部门已注意研究有害排放物的监测分析方法，并监督各工矿企业加强治理。

1974 年 11 月，天津市革命委员会环境保护办公室成立，标志着天津市环境保护管理进入新的时期，环境保护科学机构应运而生，1975 年批准建立天津市环境保护科学研究所（1997 年更名为天津市环境保护科学研究院），1976 年组建天津市环境保护监测站，同时各区、县、局也相继成立环保监测机构，1979 年农业部环境保护科研监测所在津成立，1981 年天津大学开设环境工程专业，1983 年南开大学设立环境科学系，1984 年国家海洋局天津海水淡化与综合利用研究所成立。初步形成了环境保护科学研究、技术开发、科技咨询等技术科技支撑体系。经过近四十年的环境保护科技队伍建设和科研工作锤炼，天津市已形成了环保科技管理、环境科学基础研究、环境监测、环境污染治理、环境信息、环境影响评价等科研组织体系。形成了以天津市环境保护科学研究院、高等院校、各部门科研机构及环保科技企业组成的环境科研体系，也形成了以天津市环境监测中心为中心，以区县监测站和各行业、各专业性监测网络成员如天津市气象局、天津市海洋局、农业部环境保护科学研究所等的环境监测体系，使环境监测网覆盖到全市各个层面，为全市实施环境监督管理提供技术支持、技术监督和技术服务。环境影响评价技术体系不断完善，形成专业研究机构，大专院校、设计院及民营环评机构组成的环境影响评价甲级资质 8 家，乙级资质 13 家，注册环评工程师 200 人的环境影响评价技术体系。环境保护高新技术产业和战略性新兴产业不断发展，初步形成了固废处理与资源综合利用、环保成套装备、海水淡化及水再生利用、环境服务等环保产业集群。

建成包括国家海水利用工程技术研究中心、国家海水及苦咸水利用产品质量监督检验中心、国家城市给水排水工程技术研究中心、国家工业水处理工程技术研究中心、国家危险废物处理处置工程技术中心等国家级工程技术中心；建成国家恶臭污染控制重点实验室，国家环境保护城市颗粒物污染防治重点实验室等国家级和省部级重点实验室 8 个，市级工程技术中心 5 个。

第二节 天津市环保科技政策不断完善

“十一五”以来，天津市紧紧围绕市政府的决策部署和天津市中长期科技发展规划，按照“站在新起点、再创新优势、实现新跨越”的要求，通过制定科技引导政策、加大科技投入，不断推动环保领域自主创新。

一、科技政策引导促进科技创新

1. 大力推动科技型中小企业发展

天津市委、市政府出台《关于加快科技型中小企业发展的若干意见》，遵循科技型中小企业初创期、成长期、壮大期的发展规律，大力实施科技型中小企业发展规划方案。进一步完善政策，建立长效推动机制，激发全社会创新创业活力，形成科技型中小企业“铺天盖地”的发展态势，培育一大批“顶天立地”的科技“小巨人”。

2. 抓好各项优惠政策的落实

加强了高新技术企业认定、企业研发经费加计抵扣、科研机构进口研发用品税收优惠等政策落实。认定高新技术企业880家，包括华宇膜技术公司、奥瑞特环保节能公司等47家节能环保企业，成为全市发展高新技术产业的主力军。

3. 自主创新产品认定

出台《天津市自主创新产品认定管理办法（试行）》和《天津市环保设备（产品）认定办法》等相关政策。对经认定的自主创新产品，财政部门按照国家相关规定优先采购。具有较大市场潜力并需要重点扶持的试制品和首次投向市场的产品，可以由政府进行首购或订购。

4. 制定实施滨海新区科技体制改革专项实施方案

与国家科技部建立了部市会商工作制度，与各部门开展了多方面的协同工作，促进了国家、市、区县和部门间在科技工作上的统筹协调。加强与中科院、农科院、军事医学科学院等国家科研院所的合作，多项国家科研院所成果在津实施转化和产业化。

5. 促进科技与金融结合

成立了科技小额贷款公司和天津市科技融资控股集团公司，与商业银行共建了科技投融资平台，面向科技型中小企业实施了打包贷款、知识产权质押贷款、集合债券等多种融资方式。累计为300多家科技型中小企业解决无抵押无担保小额贷款 2.6 亿元，知识产权质押贷款累计达到 2.35 亿元，其中一批为节能环保型企业。制定颁布了《天津市自主创新产品认定管理办法》《天津市企业研究开发费用税前加计扣除项目鉴定办法》等 30 余项激励创新创业的政策措施及实施细则。加强了高新技术企业认定、企业研发经费加计抵扣、科研机构进口研发用品税收优惠等政策落实。

6．建设产学研创新战略联盟，提升企业市场竞争力

建立了半导体照明、海水利用等一批产学研创新联盟。针对产业发展中面临的重大技术问题，开展联合攻关，形成利益共同体，帮助企业成为产业中的领头羊。“海水利用产业技术创新战略联盟”由国家海水利用工程技术中心牵头，海水利用相关企业、高校、科研机构的 30 余家单位参加，建立以海水利用技术研发、装备制造、工程应用为主线，围绕海水利用产业创新关键问题，开展技术合作，实现创新资源的有效分工与合理衔接，构建海水利用公共技术平台，加速科技成果转化和人才联合培养，提升产业核心竞争力。

7．贯彻落实、制订相关政策

为贯彻落实《中共中央国务院关于实施科技规划纲要增强自主创新能力的决定》和《国务院关于落实科学发展观加强环境保护的决定》，全面提高环保科技为环境管理服务的能力和水平，制定了《天津市环保局关于加强环境保护科技工作提高自主创新能力的决定》和《贯彻落实〈天津市环境保护局关于加强环保科技工作增强自主创新能力的决定〉工作方案》，为环保科技工作发展奠定了坚实基础。

8．开展“天津市环境保护科学技术奖”评选工作

为鼓励全市广大环保科技工作者积极投身环境保护科学技术的实

践与创新，天津市环保局开展“天津市环境保护科学技术奖”评选工作。2010年第一届“天津市环境保护科学技术奖”共有19个项目获奖，其中一等奖4项，二等奖7项，三等奖8项。

二、不断加大科技投入

为进一步发挥科技的引领和支撑作用，推动科研积极性，天津全市通过科技计划项目支持，不断加大科技投入，带动企业和部门的科技投入。

1. 自主创新重大产业化项目

2008年以来，天津市委、市政府部署实施了5批100项自主创新产业化重大项目，其中涉及节能、资源环境领域69项，总投资162亿元，项目完成预计产值529亿元。自主创新产业化重大项目的组织实施，对于提高企业的自主创新能力、打破国外技术垄断，调整产业结构，发展战略性新兴产业发挥了重要作用。

2. 科技创新专项资金

为促进科技成果转化和高级人才引进，发挥科技进步对于经济社会发展的引领和支撑作用，2005 年天津市政府设立了市科技创新专项资金，组织实施111项，其中节能环保方面22项，市财政投入1.445亿元。围绕解决子牙园区污染、关键技术和设备开发等，组织实施了天津市科技创新专项资金项目，投入市财政资金800万元，重点开展废旧机电和电子信息产品绿色回收关键技术开发及集成应用，在废旧线缆多尺度智能化破碎与高效物理分选技术集成与装备优化设计及废旧线缆的生产线开发，漆包线自动脱漆、难拆解电线电缆、电机绕组和电子线路板的梯级热态分离、尾气回收利用和净化处理技术与装备，实现稀贵金属的富集与提纯和重金属的安全回收等方面取得突破。

3. 其他科技项目

“十一五”天津科技支撑计划、科技型中小企业技术创新资金、应用基础及前沿技术研究、科技成果转化、科技发展战略研究、科技创新体系及条件平台建设、火炬、星火和农业科技成果转化等科技计划和专项，围绕节能、资源环境和农业，支持了300余个项目，市财政投入2亿元。

第三节 天津市环境科学研究领域不断扩大

天津市环境科学研究经历从早期的认识环境，阐明环境污染的程度、危害和机理，并探索相应的治理措施和方法开始，不断深入科学研究领域，逐步向规划环境和改善环境方向发展，综合考虑人口、经济、资源与环境等主要因素的制约关系，从多层次探讨人与环境协调演化的具体途径，科研领域不断壮大。

按照五年规划追溯成长与发展历程，天津市环境科研在各个时期的主要工作及特点如下：

一、“五五”至“六五”期间（1975—1985年）

20世纪70年代中末期，天津市环保管理机构和专业环境科学研究和监测机构相继建立，天津市环境科学研究开始大规模起步，这一时期主要针对突出的环境污染问题，从认识环境开始，开展了一系列的环境污染状况调查和评价专项调查工作。以解决汉沽区大面积麦田受蓟运河污水污染问题为标志拉开了环境科学研究的序幕，开展了蓟运河污染综合调查和治理对策研究；此后，多部门联合开展了渤海湾环境质量评价与自净能力研究、海岸带和滩涂资源综合调查、天津市水环境质量评价和综合防治的研究、大气环境质量评价及污染综合防治的研究、天津市土壤污灌调查、工业废水处理设施调查与研究、天津市放射性污染源调查与评价等环境调查与评价研究，摸清了天津市主要环境问题的污染状况和主要成因，并提出了相应的防治措施，通过这些研究还建立和完善了环境评价和调查的基本理论和方法，为天津市今后开展环境科学研究奠定了基础。

二、“七五”期间（1986—1990 年）

“七五”期间，从局部和突出的环境问题研究向全面系统的环境研究过渡。全面开展了以保护引滦入津饮用水水源为重点的科学研究，相继启动完成引滦入津工程水质预测和污染防治对策，于桥水库富营养化及防治，以及于桥水库利用大型水生植物净化水中氮磷等多项研究，有效地遏制了水体富营养化的发展。开展了天津市工业污染源调查与研究，土壤背景值调查研究，天津市环境质量图集的编制等重大课题，系统地掌握了天津市主要环境介质的污染状况和污染源排放状况，为环境决策和污染治理提供了有力的技术支持。

在认识和评价环境的基础上，研究重点开始向污染治理和措施方面转移，开展了“七五”国家科技攻关项目“城市污水资源化和城市污水土地处理系统研究”，开展了重金属废水、废液治理回收技术的研究，印染废水处理、工业废渣综合利用、湖泊富营养化防治、工业废气治理技术等方面研究，取得了一大批环境污染防治技术、城市污水资源化技术成果。

三、“八五”期间（1991—1995 年）

从“八五”开始，天津市正式将环境质量控制计划、污染治理计划和自然保护计划纳入国民经济和社会发展综合指标体系，国家开始全面推行城市环境综合整治定量考核制度。环保科学研究的重点开始由以认识评价环境、污染治理为重点逐渐向综合规划和改善环境发展。

在此期间针对环境保护规划，城市环境综合整治和国家环保管理制度的实施，开展了天津市环境规划研究、污水资源化总体规划研究，城市环境综合整治及定量考核规划编制技术导则，城市环境综合整治定量考核规范化研究及相应的配套方法研究，排放许可证等管理制度研究，有力地促进了环境规划和环境管理工作的发展和提高，部分研究成果在全国推广。

四、“九五”期间（1996—2000 年）

1996 年，国务院发布了《关于环境保护若干问题的决定》，实施了《污染物排放总量控制计划》和《跨世纪绿色工程规划》，大力推进了“一控双达标”工作，我国环境保护事业得到了进一步加强，环境保护事业进入了快速发展时期。天津市环保局明确提出了“科技为环境管理服务”的方针，环境科学研究更加注重社会与环境协调演化，综合考虑人口、经济、资源与环境等主要因素的制约关系，从多层次探讨人与环境协调演化的具体途径。

在为环境管理服务方面，开展了“天津市污染物排放总量控制实施体系研究”、“天津市地面水环境质量达标行动方案及政策研究”、“天津市大气环境质量规划、达标方案及政策研究”等以实施总量控制为重点的科研课题，为“一控双达标”工作开展提供了技术支撑。

在污染防治技术方面，研究领域不断扩展和深入，更加注重综合治理技术和措施研究。研究领域向农村扩展，开展了天津市乡镇工业污染防治战略研究，农业环境污染影响及对策研究，污水养鱼重金属污染和防治对策研究，农村废弃物综合管理技术等农业环境保护重点课题研究；开展了天津市清洁生产典型企业示范工程技术研究，颜料、油墨废水的物化、生化法综合治理技术，膜技术在环保中的应用及成套装置研究，工业有毒有害固体废物焚烧技术与设备研究等重点研究，在膜技术处理有机废水、锅炉烟气高效净化、固体废弃物处理处置技术及资源化等方面的取得一大批创新科技成果。促进了天津市环境质量不断改善。

五、“十五”期间（2001—2005 年）

结合天津市“六大环保工程”和“创建国家环境保护模范城市”等环境保护重点工作开展科学研究。

天津市大气污染总量控制及分阶段防治技术研究，天津滨海新区环境容量与总量控制研究，大气颗粒物源解析技术的开发与应用，天津市空气污染预报研究等多项科研项目，取得了一批重大成果，为天津市及其他城市颗粒物来源解析和控制目标确定提供了有效的分析工具，为创建国家环保模范城市，实施“蓝天工程”、“碧水工程”、“安静工程”等六大工程提供了科技支持。

在水资源和水环境保护领域，典型海岸带河口生态系统重建技术与示范，天津市滨海新区城市水环境质量改善技术与综合示范等国家 863 课题的实施在河道、河口生态修复领域取得重大进展；引滦输水工程流域生态环境状况及污染防治对策研究和中美合作天津市于桥水库饮用水安全研究及示范工程为保障天津市饮用水安全提供了技术保障。为确立以污染源—地表水—海洋三元结构为核心的天津市水污染防治体系提供了科学可靠的理论方法和技术保障。

生态环境保护方面，开展了天津市城市建设生态学评价及技术方案研究，滨海新区区域开发的生态恢复与生态建设方案及示范工程研究以及海河开发可能引发的城市热岛效应增强、生态适宜性变化、声环境质量变化等环境问题的研究，为天津市实施生态城市建设奠定了技术基础。

环境污染治理技术和装备研发方面，在水污染治理、大气污染治理、固体废物处理处置、环保材料开发及利用、环保监测仪器等领域，取得了危险废物处理处置装置、悬浮-固定膜复合式生物膜反应器高效 H_2S 处理装置等一批有自主知识产权的环保技术专利，提升了全市环保产业整体竞争力。

六、“十一五”期间（2006—2010年）

“十一五”期间，国家进一步加大环境保护力度，制定了建设资源节约型、环境友好型社会，大力发展循环经济，加大自然生态和环境保护力度一系列政策，建立了节能降耗、污染减排制度。天津市启动实施生态市建设的三年行动计划，加快生态宜居城市建设。

天津市在生态城市发展战略，生态城市概念与内涵、规划设计技术与方法、建设及评价指标体系、天津生态市建设方案等方面开展了全面、深入的研究，先后完成天津市水资源利用、生态环境与循环经济中的重大科技问题战略研究，天津建设生态城市的若干重大科技问题研究，天津市生态城市构架及关键技术方法研究等一批重大课题，为科学建设生态城市奠定了基础。天津市结合沿海土地盐渍化、污灌区生态环境恶化、河流湖泊及海岸带等重点流域和区域的生态问题进行生态系统修复技术研究，在油田、工业废弃地的土壤生物修复技术等方面取得一批重要成果。

在清洁生产，循环经济研究取得一大批研究成果，并不断深入发展，承担了“中国循环经济发展模式的系统评价与决策支持技术研究”，“经济发展与生态环境保护的循环经济深入发展研究”等多项国家研究项目，为推动我国循环经济发展作出贡献；“天津市循环经济发展战略研究”、“天津子牙循环经济园区政策研究”、“天津市水资源利用、生态环境与循环经济中的重大科技问题战略研究”等研究促进了天津市、滨海新区的循环经济园区建设和发展。清洁生产新工艺研究方面，在热电、冶金、印染、化工等重点行业开展了清洁生产新技术、新工艺的研发和推广，促进了全市清洁生产水平的提高。

环保产业科技创新能力进一步提高，针对产业发展中面临的重大技术问题，开展联合攻关，承担了“海水循环冷却技术研究与工程示范”，

“新型功能中空纤维膜制备技术及其产业化”等国家863计划、973计划、科技支撑计划等研究项目，在海水利用、膜技术与膜材料、水处理药剂、余热回收利用等领域取得一大批自主知识产权的研究成果，形成了新的科技优势。初步形成了固废处理与资源综合利用、环保成套装备、海水淡化及水再生利用、环境服务等环保产业集群。

围绕水污染、大气污染、恶臭污染、海洋污染、环境监测、应急和预警等污染防治的热点、难点，开展了全方位的深入研究，在基础研究、环境规划与管理、资源综合利用、监测技术及区域战略环境影响等方面取得了显著成果，全面提升了环保科技技术水平，有效地支持和保障了天津市节能减排，生态城市建设等重点工作任务的顺利完成和环境质量的不断改善。

第二章　环境与环境问题

第一节　行政区域

一、地理位置

天津市位于华北平原东北部，海河流域下游，北依燕山，东临渤海，北与河北省的兴隆县、北京市的平谷县相邻，西与北京市的通县，河北省的三河、廊坊、霸州三市及文安、大城、香河三县交界，南与河北省的黄骅市和青县接壤，东北与河北省的丰南、丰润、玉田三县和遵化市毗邻。地理坐标介于北纬 38°34′～40°15′，东经 116°43′～118°04′，南北长 189 千米，东西宽 117 千米，国土总面积 11 916.88 平方千米。

二、行政区划

2009 年天津市共有 16 个行政区，市辖区 13 个，为和平区、河东区、河西区、南开区、河北区、红桥区、东丽区、西青区、津南区、北辰区、武清区、宝坻区以及滨海新区，市辖县 3 个，为宁河县、静海县、蓟县。

2008 年 3 月 13 日，国务院《关于天津滨海新区综合配套改革试验总体方案的批复》中，同意天津市调整部分行政区划，撤销天津市塘沽区、汉沽区、大港区，设立天津市滨海新区。新区拥有海岸线 153 千米，陆域面积 2 270 平方千米。

第二节　自然环境特征

一、地质、地貌

天津市地表大部分被新生代沉积物所覆盖，地下构造处于两大构造体系的交汇地带，纬向构造体系与新华夏构造体系组成了基本构造框架，自北向南纬向构造渐弱，蓟县、宝坻等东西断裂构成逐级下降台阶，除蓟县北部山区有基岩出露外，大部分地域是由较厚的新生代沉积物所覆盖的平原区。天津的地质构造控制了地表形态，对区域地貌的形成以及经济发展起着十分重要的作用，其特点是：

北高南低，西北高、东南低，从蓟县北部山区到塘沽、汉沽、大港的滨海区，呈簸箕形向海河干流和渤海方向倾斜，逐渐为下降形态。区域最高点为蓟县东北长城附近的八仙山主峰，海拔 1 052 米，最低处是塘沽大沽口，海拔高度为零。

全市地貌类型主要有山地、丘陵、平原、洼地、海岸带、滩涂等。

1. 山地、丘陵

中低山：分布于蓟县北部，燕山山脉南侧，面积 306.7 平方千米，山体由石灰岩、页岩、白云岩、花岗岩等组成。其中，北部边缘地带，山高多在海拔 750 米以上，山势突兀挺拔，山峰巍峨，谷深狭长，山坡陡峭；津围公路两侧和马伸桥至下营公路以南地域，地形破碎，坡度较缓，山峰海拔 750 米以下，山地为天津市主要林果生产基地，山间有面积不等、土层较厚的沟谷川地，是山区的重要农耕地。

丘陵：分布于山区南侧，面积 228.7 平方千米。邦（均）—喜（峰口）公路北侧及于桥水库南侧，多为海拔 200 米左右缓丘，丘陵间谷地开阔。

2. 平原、洼地

洼地：约占全市土地面积的95.5%，均在海拔20米以下，其中三分之二地区为低于4米的洼地。

洪积、冲积倾斜平原：分布在蓟县山地丘陵地之南，地面坡度1/300～1/500，河漫滩宽300～500米，地面以黄土类亚砂土为主，山前地段有红色黏土。地下水丰富，埋藏深度3～5米，水质良好。

冲积平原：分布在燕山山前洪积、冲积平原以南，滨海以西的广大地区。该平原地势低平，海拔均在10米以下，地面坡度为1/5 000～1/10 000，受河流交叉沉积影响，地面有小规模缓坡和蝶型洼地交错起伏，河流泛区分布有沙丘、沙地。

海积、冲积平原：分布在宁河、潘庄、北仓、杨柳青一线以南，南运河以东，汉沽、塘沽、甜水井一线以西，海拔在2.5米左右，地面坡度小于1/5 000，地面河网密布。

海积平原：位于海积、冲积平原以东和海啸所达上界之间的狭长地带，海拔1～3米，地面坡度小于1/10 000，现仍受海水影响，多盐滩、沼泽和低湿地，表面组成物质以盐质黏土为主。

3. 海岸带、滩涂

位于特大高潮位线以下地区。海岸物质粒径小于0.05毫米的占50%以上，属于泥质海岸。通常有龟裂带、潮间浅滩及水下岸坡等。

二、气候、气象

天津属暖温带半湿润大陆性季风气候区，主要受温带季风控制，四季分明，春秋短促，夏季高温、雨热同季，全年平均气温12℃，历年无霜期平均为160天。初霜一般出现在10月中下旬，终霜最晚在4月上旬。有霜期平均为 161 天。冰冻期平均为 75 天，一般在 12 月中旬至 2 月中旬，历年降雪期一般自 11 月下旬至 3 月中旬。全市年平均风速为 2～5 米/秒，大于或等于 17 米/秒的大风天数，除蓟县为 17 天外，其他地区多在 31～53 天。

自然降水决定了天津半湿润的气候状况，采用 1956—2008 年系列数据分析，天津市多年平均降水量为 586.6 毫米。因受东部渤海和北部燕山的影响，全市降水呈不均匀分布，滨海平原及燕山迎风坡分别有两个 600 毫米以上的多雨带。蓟县降水量与雨日均为全市之冠，年平均雨量近 700 毫米，雨日 70 多天，多雨年可超过 1 200 毫米；滨海平原年平均降水量 600 毫米，多雨年可达 1 000 毫米以上。天津市降水年际变化较大，最多雨年与最少雨年降水可相差 4～5 倍。天津市的降水一般集中在七、八月份，约占全年降水量的 65%。天津市多年平均蒸发能力在地区分布上由北向南递增，大致为 1 000～1 100 毫米，蓟县北部山区为 900 毫米左右，南部地区接近 1 200 毫米。天津市的干旱指数从北到南分布为 1.20～2.08。

天津全年日照时数平均为 2 600～2 800 小时，其中汉沽日照时间最长，达 3 055 小时；宝坻最少，为 2 613 小时；市区日照时数为 2 661 小时。全市年太阳总辐射量为每平方厘米 120～135 千卡，在地区分布上，塘沽区最高，宝坻区最低。

受渤海海域的影响，天津滨海新区属滨海海洋性气候区。

滨海新区位于渤海湾顶端，海面完全处于天津大陆架上，海底平坦，平均水深 25 米。天津海岸线长 153.33 千米。受海洋之惠以及渤海自然环境及城市热岛效应的影响，海陆间温度日变化存在着明显差异，引起了海陆风常年存在，城市风减弱了陆风而加强了海风，形成了滨海特有的小气候区。年平均日较差小于 10℃，干湿冷暖变化都较缓和，气候因子组合优越。滨海新区是热能丰富区，月平均气温比周围高 1～1.5℃。

三、水系、水资源

1. 河流与湖泊

天津市位于海河流域下游，流经全市的一级河道有 19 条，河道总长 1 095.1 千米，其他河道 79 条，总长 1 363.4 千米，分属海河流域的北三河水系、永定河水系、大清河水系、漳卫南运河水系、黑龙港运东水系和海河干流水系（见表 2-1），主要河流概述如下：

表 2-1 天津市主要河流基本情况一览表

<table>
<tr><th rowspan="2">水系</th><th rowspan="2">河流名称</th><th colspan="2">起止地点</th><th rowspan="2">河道长度/km</th><th rowspan="2">流域面积/km²及比例/%</th><th rowspan="2">河道主要功能</th></tr>
<tr><th>起</th><th>止</th></tr>
<tr><td rowspan="8">北三河</td><td>蓟运河</td><td>九王庄</td><td>防潮闸</td><td>189.0</td><td rowspan="8">6 227（55.1）</td><td>泄洪、排涝、农灌、工业用水</td></tr>
<tr><td>沟河</td><td>红旗庄闸</td><td>九王庄</td><td>55.0</td><td>泄洪、排涝、农灌</td></tr>
<tr><td>引沟入潮</td><td>罗庄渡槽</td><td>郭庄</td><td>7.0</td><td>泄洪、农灌</td></tr>
<tr><td>青龙湾减河</td><td>庞家湾</td><td>大刘坡</td><td>45.7</td><td>泄洪、农灌</td></tr>
<tr><td>潮白新河</td><td>张甲庄</td><td>宁车沽</td><td>81.0</td><td>泄洪、农灌</td></tr>
<tr><td>北运河</td><td>西王庄</td><td>屈家店</td><td>89.8</td><td>泄洪、农灌、工业用水</td></tr>
<tr><td>北京排污河</td><td>里老闸</td><td>东堤头</td><td>73.7</td><td>排污、排涝、农灌</td></tr>
<tr><td>还乡新河</td><td>西准沽</td><td>闫庄</td><td>31.5</td><td>泄洪、农灌</td></tr>
<tr><td rowspan="2">永定河</td><td>永定河</td><td>落垡闸</td><td>屈家店</td><td>29.0</td><td rowspan="2">327（2.9）</td><td>泄洪、农灌</td></tr>
<tr><td>永定新河</td><td>屈家店</td><td>北塘口</td><td>62.0</td><td>泄洪</td></tr>
<tr><td rowspan="4">大清河</td><td>大清河</td><td>台头西</td><td>进洪闸</td><td>15.0</td><td rowspan="4">2637（23.3）</td><td>泄洪、农灌</td></tr>
<tr><td>子牙河</td><td>小河村</td><td>三岔口</td><td>76.1</td><td>泄洪、农灌</td></tr>
<tr><td>独流减河</td><td>进洪闸</td><td>工农兵闸</td><td>70.3</td><td>泄洪、农灌</td></tr>
<tr><td>子牙新河</td><td>蔡庄子</td><td>洪口闸</td><td>29.0</td><td>泄洪、农灌</td></tr>
<tr><td rowspan="2">漳卫南运河</td><td>马厂减河</td><td>九宣闸</td><td>北台</td><td>40.0</td><td rowspan="2">8（0.1）</td><td>泄洪、农灌</td></tr>
<tr><td>南运河</td><td>九宣闸</td><td>十一堡</td><td>44.0</td><td>农灌、排涝</td></tr>
<tr><td rowspan="2">黑龙港运东</td><td>沧浪渠</td><td>翟庄子</td><td>防潮闸</td><td>27.4</td><td rowspan="2">40（0.3）</td><td>农灌、排涝</td></tr>
<tr><td>北排水河</td><td></td><td></td><td></td><td>农灌、排涝</td></tr>
<tr><td>海河干流</td><td>海河干流</td><td>三岔口</td><td>大沽口</td><td>72.0</td><td>2 066（18.3）</td><td>泄洪、排涝、城市备用水水源、景观、工业用水、农灌</td></tr>
</table>

蓟运河：主要支流有泃河、州河及还乡河，均发源于燕山南麓兴隆县境。州、泃两河于九王庄汇合后称蓟运河，至闫庄纳还乡河，南流至北塘汇入永定新河入海。

潮白河：上游有潮河和白河两大支流，均发源于河北省的沽源县南，两河在北京市密云县河槽村汇合后始称潮白河，至怀柔纳怀河后流入平原。下游河道经苏庄至香河县吴村闸后称潮白新河，在吴村闸以下约 20 千米处进入天津市，穿黄庄洼、七里海，在宁车沽汇入永定新河入海。

北运河：发源于燕山北部山区，通县北关闸以上为温榆河，以下称北运河，流经北京市在土门楼进入天津市，流至屈家店与永定河会合，至天津大红桥与子牙河会合后入海河。

永定河：上游有南支桑干河和北支洋河，两河于怀来县朱官屯汇流后称永定河，流经三家店进入平原，于河北省廊坊市南辛庄附近进入天津市，在屈家店与北运河汇流，屈家店以下为永定新河。

大清河：发源于太行山东麓，分为南、北两大支流。北支为白沟河水系，南支为赵王河水系，南北两支均流入白洋淀，北支由新盖房分洪道入东淀，南支由白洋淀经赵王新河入大清河、东淀。东淀以下分别经独流减河和海河干流入海。

子牙河：有滹沱和滏阳两支流。滹沱河发源于山西省五台山北麓，滏阳河发源于太行山东侧，支流众多，到献县与滹沱河相汇后始称子牙河。子牙河原经天津市海河干流入海，现从献县起新辟子牙新河东行至马棚口入海。

漳卫南运河：上游有漳河和卫河两大支流，漳河支流有清漳河与海河干流：海河干流的范围包括海河防潮闸、屈家店闸、西河闸之间的海河、北运河和子牙河，汇流面积 2 066 平方千米。海河干流由子牙河与北运河的汇流口——三岔河口至海河防潮闸，全长 73.6 千米，中心城区和塘沽段河长分别是 15.3 千米和 15.5 千米，海河干流原来是南运河、子牙河、大清河、永定河、北运河五大水系的入海河道，由于河道狭窄、泄洪能力不足，经常泛滥成灾。后经历次治理，大部分洪水由新辟的河道直接入海，目前海河干流只承泄大清河和永定河的部分洪水。

另外，1983 年 9 月 11 日引滦入津工程建成通水，使滦河成为天津市的主要供水水源。滦河发源于河北省丰宁县，向北流经内蒙古自治区后，又向南流入河北境内，于乐亭县入渤海。流域面积 44 880 平方千米，其中山区 44 070 平方千米。干流上建有潘家口和大黑汀两座水库，控制山区面积的 80%。

天津市有大、中、小型水库 70 余座，主要水库有：

（1）于桥水库。于桥水库是位于蓟县城东南卅河上的一座大型水库。总库容 15.59 亿立方米，正常溢洪道泄量为 4 138 米^3/秒，是以城市供水、防洪、农业灌溉为主并结合发电的多功能水库。于桥水库的建设与流域内的其他水利工程相结合，解决了蓟运河水旱灾害并达到合理开发水利资源的目的。1960 年水库建成初期由河北省管理，水库蓄水大部分用于农田灌溉。从 1975 年 6 月 1 日起交天津市管理。1983 年引滦入津输水工程通水后，于桥水库变为引滦河水的主要调节水库，引滦河水及水库上游来水均由此水库调蓄后送到天津。于桥水库目前是天津城市的主要水源地。

（2）北大港水库。北大港水库位于天津市大港区，地处独流减河、马厂减河、青静黄排水河和小歧公路、穿港公路之间，占地面积约 164 平方千米，是天津最大的平原水库。北大港水库原为天津的大蓄水洼淀，可纳南运河、子牙河、大清河来水，历史上以泄洪、蓄水和养鱼著称。从 1973 年开始逐步建成四边围堤，并建成十号口门节制闸及马圈进水闸，北大港水库由滞水泄洪变成了以蓄水为主的大型水库。为增加北大港水库的蓄水量，缓解天津市用水紧张局面，1987 年建成了目前的规模，围堤全长 54.51 千米，堤顶高 8.4～9.5 米，总库容量可达 5 亿立方米。北大港水库也是“引黄济津”的主要调蓄水库。

（3）其他中、小型水库及蓄水河道。为保证城镇人民生活和工农业用水，天津市共建成中型水库 11 座，设计蓄水库容量为 3.143 亿立方米，兴利库容量为 2.410 6 亿立方米。这些水库除供水外，对防洪除涝也起到了很大的作用。全市各区县根据各自的具体条件和需要还建成了小一型水库 12 座，小二型水库 47 座，这些小型水库的总蓄水量达到 5 800 多万立方米。此外还兼做蓄水的一级河道 10 条，二级河道 5 条及 1 700 多条深渠和 5 800 多个坑塘等，对农灌排涝均有重要作用。天津市总的兴利库容可达 13.65 多亿立方米。

（4）洼淀。天津地区多为冲积、海积型滨海平原，古海岸的变迁在平原留下了一系列的滨海古潟湖等，河成决口洼地主要分布在蓟运河沿岸。天津多有河成与海成扇间洼地，永定河冲积扇与滦河冲击扇之间或前缘属这一类型，如大黄铺洼、里自洼、黄庄洼等；海成滨海沼泽洼地主要分布在杨家泊到比家瞿一带，南部的官港、脊岭泊、霍家泊等地属该类型洼地，如七里海、南北大港等。天津市内现存的较大洼淀共有 12 个，总面积 2 737.92 平方千米，其中经过治理改造成农田或修成水库、鱼苇区的面积占总面积的 80%。

2. 水资源

天津市的水资源利用分列为 3 个计算单元，即蓟运河山区、海河北系平原和淀东清南平原 3 个水资源分区，具体为：

蓟运河山区：位于蓟县北部，面积 727 平方千米。

海河北系平原：位于蓟运河山区以南，永定新河以北，面积 6 059.16 平方千米。

淀东清南平原：位于永定新河以南，面积 5 133.54 平方千米。

（1）水资源总量。

①降水。采用 1956—2008 年系列分析，天津市多年平均降水量为 586.6 毫米。蓟运河山区、海河北系平原、淀东清南平原的多年平均降水量分别为 720.8 毫米、590.8 毫米、561.3 毫米（见表 2-2）。

表 2-2　天津市年降水量表　　单位：mm

水资源分区	面积/km²	均值	50%（保证率）	75%（保证率）	95%（保证率）
蓟运河山区	727.0	720.8	701.5	570.8	415.4
海河北系平原	6 059.2	590.8	578.8	487.0	373.1
淀东清南平原	5 133.5	561.3	541.2	443.9	333.2
全市	11 919.7	586.6	567.5	477.5	375.9

②地表径流量。采用多年当地地表径流量系列分析，全市多年平均地表径流量为 10.55 亿立方米。全市和水资源分区地表径流量分析情况见表 2-3。

表 2-3　天津市当地地表水资源　　单位：亿 m³

水资源分区	多年平均	50%（保证率）	75%（保证率）	95%（保证率）
蓟运河山区	1.90	1.77	1.17	0.64
海河北系平原	4.68	4.09	2.54	1.11
淀东清南平原	3.97	3.29	1.84	0.65
全市	10.55	9.14	5.57	2.34

③地下水资源量。天津市境内的地下水分布，按水文地质条件分为 3 个分区：山区基岩裂隙水区、平原全淡水第四系孔隙水区、平原咸水覆盖下的深层淡水孔隙水区。

蓟运河山区：资源量 0.69 亿立方米，为岩溶水。

海河北系平原：资源量 4.2 亿立方米，其中，矿化度＜2 克/升的浅层淡水 3.68 亿立方米，岩溶裂隙水和孔隙水 0.52 亿立方米。

淀东清南平原：资源量 0.53 亿立方米，均为矿化度＜2 克/升的浅层淡水。

全市地下水资源量 5.42 亿立方米，其中矿化度＜2 克/升的浅层淡水 4.21 亿立方米，岩溶水、孔隙水 1.21 亿立方米，见表 2-4。

表 2-4　天津市地下水资源　　　　单位：亿 m^3

<table>
<tr><td colspan="2" rowspan="2">水资源分区</td><td rowspan="2">合计</td><td colspan="2">其中</td><td rowspan="2">深层
承压淡水</td></tr>
<tr><td>浅层水</td><td>岩溶、孔隙水</td></tr>
<tr><td colspan="2">蓟运河山区</td><td>0.69</td><td>0.00</td><td>0.69</td><td></td></tr>
<tr><td colspan="2">海河北系平原</td><td>4.20</td><td>3.68</td><td>0.52</td><td>0.68</td></tr>
<tr><td colspan="2">淀东清南平原</td><td>0.53</td><td>0.53</td><td>0.00</td><td>1.20</td></tr>
<tr><td rowspan="2">全市
合计</td><td>不含深层承压淡水</td><td>5.42</td><td>4.21</td><td>1.21</td><td></td></tr>
<tr><td>含深层承压淡水</td><td>7.30</td><td>4.21</td><td>1.21</td><td>1.88</td></tr>
</table>

海河北系平原有深层承压淡水 0.68 亿立方米，淀东清南平原有深层承压淡水 1.20 亿立方米可供开采。合计全市有深层承压淡水 1.88 亿立方米可供开采。

④水资源总量。按照天津市地表径流量和地下水资源量分析计算，全市地表水资源多年平均值 10.55 亿立方米，地下水资源量 5.42 亿立方米，扣除重复计算量 0.71 亿立方米，全市水资源总量为 15.26 亿立方米，全市平均产水模数为 12.80 万米^3/千米^2。其中：

蓟运河山区：多年平均地表水资源量 1.90 亿立方米，地下水资源量 0.69 亿立方米，分区水资源总量为 2.59 亿立方米，分区平均产水模数为 35.63 万米^3/千米^2。

海河北系平原：多年平均地表水资源量 4.68 亿立方米，地下水资源量 4.20 亿立方米，扣除重复计算量 0.71 亿立方米，分区水资源总量为 8.17 亿立方米，分区平均产水模数为 13.48 万米^3/千米^2。

淀东清南平原：多年平均地表水资源量 3.97 亿立方米，地下水资源量 0.53 亿立方米，分区水资源总量为 4.50 亿立方米。分区平均产水模数为 8.77 万米^3/千米^2。

全市和水资源分区的水资源量情况见表 2-5。

表 2-5 天津市水资源总量 单位：亿 m^3

<table>
<tr><th colspan="2" rowspan="2">水资源分区</th><th colspan="4">地表水资源量</th><th rowspan="2">地下水资源量</th><th rowspan="2">重复计算量</th><th rowspan="2">水资源总量均值</th></tr>
<tr><th>均值</th><th>50%保证率</th><th>75%保证率</th><th>95%保证率</th></tr>
<tr><td colspan="2">蓟运河山区</td><td>1.90</td><td>1.77</td><td>1.17</td><td>0.64</td><td>0.69</td><td></td><td>2.59</td></tr>
<tr><td colspan="2">海河北系平原</td><td>4.68</td><td>4.09</td><td>2.54</td><td>1.11</td><td>5.52</td><td>0.71</td><td>9.49</td></tr>
<tr><td colspan="2">淀东清南平原</td><td>3.97</td><td>3.29</td><td>1.84</td><td>0.65</td><td>2.11</td><td></td><td>6.08</td></tr>
<tr><td rowspan="2">全市</td><td>不含深层、微咸水</td><td>10.55</td><td>9.15</td><td>5.55</td><td>2.40</td><td>5.42</td><td>0.71</td><td>15.26</td></tr>
<tr><td>含深层、微咸水</td><td>10.55</td><td>9.15</td><td>5.55</td><td>2.40</td><td>8.32</td><td>0.71</td><td>18.16</td></tr>
</table>

（2）入境水量。新中国成立后，海河流域进行了大规模的治理，上游兴建了大、中、小型水库 1 900 多座，总库容达 265 亿立方米，下游开挖了独流减河、永定新河、子牙新河、漳卫新河等多条直接入海通道，使河流的水文特性和入境水量发生了很大改变。

采用汛期（7—9 月）水文系列分析，蓟运河山区多年平均入境水量 3.77 亿立方米，按 50%、75%、95%保证率分别为 3.31 亿立方米、2.13 亿立方米、0.82 亿立方米；海河北系平原各河多年平均入境水量 8.17 亿立方米，50%、75%、95%保证率分别为 6.59 亿立方米、3.63 亿立方米、1.37 亿立方米；淀东清南平原各河流除大水年有洪水入境外，其余年份基本无入境水量。见表 2-6。

表 2-6 天津市入境水量情况表 单位：亿 m^3

水资源分区	多年平均	50%	75%	95%
蓟运河山区	3.77	3.31	2.13	0.82
海河北系平原	8.17	6.59	3.63	1.37
淀东清南平原	7.42	0.00	0.00	0.00
总计	19.36	—	—	—

（3）出境及入海水量。天津市出境水量除北部山区泃河上游部分流入北京海子水库外，其余全部为进入渤海湾的水量，其中：

出境水量：蓟运河山区泃河多年平均出境水量 0.72 亿立方米。

入海水量：经天津市入海的主要河流有蓟运河、潮白新河、永定河、独流减河（含大清河）以及海河干流等。多年全市多年平均入海水量 26.2 亿立方米，其中海河北系平原 16.1 亿立方米，南系 10.1 亿立方米。

（4）地下微咸水、咸水资源分布情况。①微咸水分布情况。天津市中南部地区分布有矿化度 2～3 克/升的微咸水 1.02 亿立方米，其中海河北系平原有 0.64 亿立方米，淀东清南平原有 0.38 亿立方米。

②咸水分布情况。天津市中南部平原地区有广泛分布的浅层地下咸水层，其中，矿化度 3～5 克/升的咸水可开采量为 1.26 亿立方米；矿化度大于 5 克/升的可开采量为 1.66 亿立方米，总补给量为 3.00 亿立方米，分布面积为 3 393.98 平方千米。地区分布见表 2-7。

表 2-7　地下咸水资源量分布表　　单位：万 m^3

区县	矿化度 3～5 g/L 区	矿化度大于 5 g/L 区		
	可采量	总补给量	资源量	可采量
合计	12 644.53	30 011.28	28 781.13	16 598.08
蓟县	—	—	—	—
宝坻	166.02	—	—	—
武清	2 310.24	—	—	—
宁河	2 062.60	4 573.63	4 269.68	2 515.50
静海	2 293.74	7 325.60	7 045.15	4 029.08
东丽	1 665.08	706.05	684.78	388.33
西青	1 195.16	786.99	771.64	432.84
津南	1 775.61	860.33	803.93	473.18
北辰	728.44	995.84	937.74	547.71
塘沽	254.58	5 168.18	4 954.22	2 842.50
汉沽	193.06	2 890.59	2 707.16	1 520.22
大港	—	6 704.07	6 606.83	3 848.72

四、土壤

天津市的土壤，受地形影响形成地带性土壤与非地带性土壤并存，而以非地带性土壤为主的分布势态。土壤类型主要分为以下几种：山地棕壤、褐土、潮土、沼泽土、水稻土及滨海盐土等。

山地棕壤：主要分布于蓟县海拔 700～800 米以上的山地，属天津地带性土壤，仅见于山地中。表层有枯枝落叶，下层为腐殖质层，含有机质和全氮较高，团粒结构，pH 为 5.86～6.63，呈弱酸性，土层薄，侵蚀比较严重。

褐土：多分布于蓟县海拔 700～800 米以下至 50 米的低山丘陵地区，也属地带性土壤。其腐殖质层较薄，有机质及全氮含量丰富，缺磷；排水良好，无盐碱化威胁，pH 呈中性或弱酸性，适种性广。

潮土：广泛分布于属冲积平原的宝坻、武清、宁河、静海及新四区。土体构型复杂，沉积层次明显，大部分土壤有机质、全氮、速效磷含量偏低，含钙丰富，盐渍化明显。

沼泽土：主要分布在大洼底部积水地段。土壤有机质一般较高，质地黏重，在脱水条件下呈现向潮土过渡特征。

水稻土：主要分布在近郊各区及汉沽、塘沽、宁河等区县。全市绝大多数稻田特征不典型，土壤表土松软，心土板结，养分含量增加，含盐量下降。但由于水源保证率差，稻田常因缺水改为旱作，造成土壤熟化程度回落和含盐量复升。

滨海盐土：主要分布于塘沽、汉沽、大港三区。土壤质地黏重，含盐量大，有机质含量偏低，沿岸土地多辟为盐田，滩涂和港汊多用于虾、贝等水产养殖。

五、植物

天津市植被区系以华北成分为主，具有喜温暖且纬向过渡的性质。

全市共有 11 个植被类型，以非地带性植被占优势，其中尤以农作物分布最广，只有北部山区垂直地带性变化明显，其植被属于暖温带落叶阔叶林类型，混有温带针叶林和次生灌草丛。

针叶林：以油松为主。蓟县盘山、西水厂、八仙桌子、太平沟、黑水河一带，海拔 360～800 米的阴坡及半阴坡均有分布。

针阔叶混交林：油松、栓皮栎林分布在盘山东部，海拔 400 米以下地带；油松、槲栎林分布在盘山西部，海拔 500 米左右的天成寺一带。

落叶阔叶林：分布在蓟县常州村以东，八仙桌子、盘山、古强峪、西水厂、九龙头等地。在海拔 400～800 米地段，可见落叶阔叶林破坏后发育而成的次生落叶林、杂木林和人工培育的落叶阔叶林。主要树种有：槲栎、栓皮栎、吴茱萸、坚桦、大叶白蜡、照山白、山杏、荆条、小叶鼠李类等。

灌草丛：分布在蓟县海拔 50～800 米的广大低山丘陵地带，为原始森林植被破坏后形成的次生灌草丛，以荆条、酸枣、营草、白羊草为主。

杂草草甸：分布在平原低洼地区，多为洼地失水后形成的撂荒地，植被以白茅、狗尾草为主。

盐生草甸：分布在滨海一带，受海水浸渍，土壤含盐量很高，仅生长一些耐盐的植物，如盐生碱蓬、獐毛、芦苇等。

沼泽植被：分布在积水洼淀坑塘四周，主要为芦苇、碱菀、盐地碱蓬等沼泽植被。

水生植被：分布在水库坑塘、河滩或常年积水的淀泊等水域中，主要有芦苇、菖蒲、慈菇、盒子草、水芹、旋覆花、水葱、狐尾藻、金鱼藻、黑藻等。

沙生植被：分布在永定河故道及风吹沙地，主要有刺穗藜、猪毛菜等。

人工林：在蓟县山区村寨附近多为木本粮油林、果园、薪炭林及绿化林，主要树种有板栗、核桃、山楂、柿、苹果、梨、桃、杏、葡萄、刺槐、油松等。广大平原区的村落、河岸、渠旁、路边、园林栽植林木多为落叶阔叶树，有杨、柳、小叶楞、泡桐、槐、榆、臭椿及苹果、梨、桃、杏、枣、葡萄等。

农田种植作物：分布在山间谷地及广大平原，主要有小麦、玉米、高粱、谷子、水稻、棉花、花生、豆类、向日葵及各种蔬菜。

六、动物

天津的野生动物在中国动物地理区划中，属于古北界、东北亚界、华中区。西北面与古北界中亚亚界的蒙新区接壤，东北面与东北亚界相连，各区之间缺少明显的天然屏障，动物区系组成具有明显的过渡性。天津境内有山地森林草丛，平原田野，有滨海湿地和辽阔的海域。复杂多样的生态环境，为多种野生动物的栖息、繁育、迁徙提供了条件。同时天津又位于动物区系的过渡带上，使动物种群具有多样性、差异性。

1. 哺乳类动物

陆栖哺乳类动物：天津有陆栖哺乳动物 40 多种。主要有：金钱豹、狼、狐、貉、花面狸、猪獾、狍子、艾虎、花鼠、飞鼠、大仓鼠、黑线姬鼠、蝙蝠等。

海生哺乳类动物：据海洋生物学家调查发现，渤海是海生哺乳类动物——鲸、长须鲸、海豚、江豚、斑海豹等的栖息和繁殖地。近年来，天津近海及河口一带，斑海豹、江豚时有发现并被捕获。

2. 鸟类

天津市的鸟类有 389 种，隶属于 19 个目、68 个科。其中每年飞经天津的珍贵鸟类有金雕、白尾海雕和大鸨等国家一类保护鸟类 12 种，大天鹅、小天鹅、鸳鸯等国家二类保护鸟类 59 种。

3. 爬行类

天津有爬行类动物约 3 目 18 种。主要是龟鳖目的中华鳖（甲鱼、元鱼）；蛇目的白条锦蛇、红纹滞卵蛇、虎斑颈槽蛇、团花锦蛇、黑眉锦蛇、棕黑锦蛇等；蜥蜴目的无蹼壁虎、丽斑麻蜥、山地麻蜥、蓝尾石龙子、北滑蜥等。

4. 鱼类

天津临海，是华北许多大河的入海地，河渠、湖泊、洼淀交错分布，鱼类资源比较丰富。按其生活习性可以分为陆栖淡水鱼与近海海鱼。天津有淡水鱼类 70 余种，隶属于 9 目 15 科，主要是鲤鱼、鲫鱼、鲢鱼、长春鳊、红鳍鲌、麦穗、棒花、逆鱼、泥鳅等。天津市浅海、滩涂辽阔，河流众多，水质肥美，浮游生物丰富，是我国大型洄游鱼虾和各种地方性经济鱼虾贝类索饵、产卵、生长发育的良好场所。天津近海鱼类共有 80 余种，主要是黄鲫、银鲳、半滑舌鳎、白姑鱼、小带鱼、小黄鱼等。滩涂鱼类主要有狼牙虾虎鱼、斑尾复虾虎鱼、弹涂鱼等十几种。

天津有哺乳类、鸟类、爬行类、鱼类、昆虫类、浮游类、底栖类等。各类动物共计为 1 180 种，其中哺乳类 40 种，占动物总数的 3.38%；两栖类 8 种，占 0.84%; 鱼类 219 种，占 18.5%; 昆虫类 420 种，占 35.6%。浮游动物 136 种，占 11.5%。天津的野生动物种群，昆虫最多，其次是鸟类、鱼类、哺乳类，爬行类较少，两栖类最少。各类动物种群数量相差很大。

第三节　社会经济概况

一、人口及分布

天津市的人口始终保持低生育水平，在外来人口作用下，人口规模稳步扩大。1995 年天津市常住人口为 941.83 万人，至 2000 年突破 1 000 万人大关，达到 1 001.14 万人，至 2009 年末天津市常住人口 1 228.16 万人，较 1995 年增加了 286.33 万人（见图 2-1）。在天津市常住人口中，外来人口为 265.99 万人，占全市常住人口的 21.7%。全市户籍人口为 979.84 万人，在户籍人口中，农业人口 381.31 万人，非农业人口 598.53 万人。全年人口出生率为 8.3‰，人口死亡率为 5.7‰，人口自然增长率为 2.6‰，低于全国 5.05‰的平均水平。

天津是人口高度城市化的城市，中心城区和滨海新区人口密度相对较大。2009 年天津市平均人口密度为 831 人/千米^2，最高的是中心城区的南开区、红桥区、和平区、河北区、河西区、河东区，平均达到 22 112 人/千米^2，最低的是宁河县，只有 293 人/千米^2。

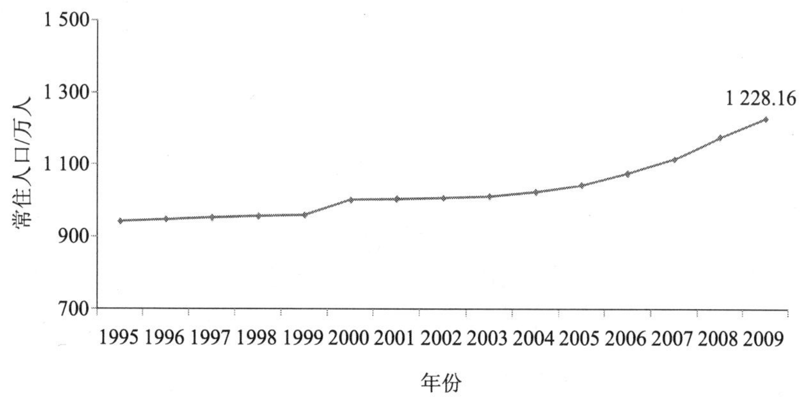

图 2-1　天津市常住人口增长曲线（1995—2009 年）

二、经济发展和产业结构

1. 经济概况

天津市的国民经济在我国经济体系中占有重要的地位，特别是改革开放以来，经济发展速度加快。2009 年，天津市国民经济继续快速增长，全年实现地区生产总值（GDP）7 500.80 亿元，比上年增加 1 146.42 亿元，按可比价格计算比上年增长 16.5%。全市人均地区生产总值达到 9 136 美元，增长 11.1%。

2009 年，天津市三次产业结构比例为 1.7∶54.8∶43.5，与前一年相比，第一产业完成增加值 131.01 亿元，增长 3.4%；第二产业完成增加值 4 110.54 亿元，增长 18.2%；第三产业完成增加值 3 259.25 亿元，增长 15.1%。全年全市财政收入达到 1 805 亿元，较上年增加 21.1%，占全市生产总值比重的 24.1%。

（1）工业。2009 年，全市实现工业增加值 3 749.81 亿元，比上年增长 18.5%，拉动全市经济增长 9.2 个百分点，贡献率达到 55.6%。规模以上工业总产值完成 13 056.56 亿元，增长 8.8%。其中，轻工业总产值 2 236.43 亿元，增长 5.9%；重工业总产值 10 820.13 亿元，增长 9.4%（见图 2-2）。

工业在经济提速中发挥了主拉动作用，服务业增长较快。工业结构不断优化，在节能减排、技术能力不断提升的带动下，八大优势产业初步形成。航空航天、石油化工、装备制造、电子信息、生物医药、新能源新材料、国防科技、轻工纺织八大优势产业完成工业总产值 12 119.03 亿元，比上年增长 45.6%，占全市规模以上工业的比重为 92.8%。高新技术产业产值完成 3 920.63 亿元，占规模以上工业的比重为 30.0%。全年完成新产品产值 3 949.76 亿元，增长 12.9%。

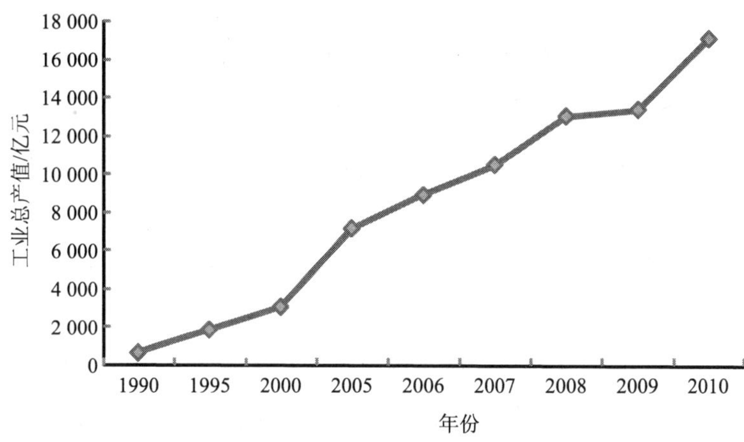

图 2-2　1990—2010 年全市工业总产值变化趋势

（2）农业。2009 年，全市农业总产值完成 281.65 亿元，比上年增长 3.7%。在农业总产值中，种植业产值 139.69 亿元，增长 4.8%；林业产值 2.22 亿元，增长 1.3%；畜牧业产值 83.57 亿元，增长 3.0%；渔业产值 47.53 亿元，增长 2.2%；农林牧渔服务业产值 8.64 亿元，增长 2.1%。养殖业（畜牧业和渔业）占农业总产值的比重为 46.5%，比上年下降 1.8 个百分点。

全年粮食种植面积 459.96 万亩，粮食总产量达到 156.29 万吨，增长 4.9%，为近 10 年来最好水平，连续 6 年增产丰收。高标准建设设施农业生产基地，新建种植业设施 12.8 万亩，新建 20 个畜牧示范园和 15 个优势水产品养殖示范区。新农村建设成效显著。农业产业化程度明显提高，进入产业化体系农户达到 82%，比上年提高 2 个百分点。以宅基地换房建设示范小城镇试点范围扩大，累计开工建设农民还迁住宅 1 400 万平方米，14 万农民迁入新居。

（3）服务业。服务业发展较快，占全市经济比重逐年提高。2009 年全市服务业增加值增长 15.1%。其中交通运输仓储和邮政业、批发和零售业、住宿和餐饮业、金融业和房地产业增加值分别增长 8.0%、

18.5%、11.0%、16.5%和 19.8%。现代物流、服务外包、中介咨询等发展迅速，全年服务外包合同额 5.02 亿美元，增长 1.5 倍，中心城区的创意产业、楼宇经济、总部经济取得新进展。

（4）交通运输。2009 年全市交通运输、仓储和邮政业增加值完成 464.37 亿元，比上年增长 8.0%。公路运输引领交通业务量上升。全年完成客运量 25 298.95 万人，增长 9.8%。全年实现货运量 43 553.72 万吨，完成旅客周转量 297.66 亿人千米，增长 14.5%。北方国际航运中心和物流中心建设扎实推进。全年港口货物吞吐量完成 38 111.30 万吨，增长 7.1%。全年滨海国际机场起降航班 7.52 万架次，增长 6.9%。全年城市公交客运量 12.5 亿人次，增长 2.9%。

2. 滨海新区

天津市滨海新区经济发展在全市经济体系中占有极为重要地位，龙头带动作用十分突出。2009 年生产总值完成 3 810.67 亿元，按可比价格计算，比上年增长 23.5%，占全市的比重达到 50.8%。新区主要经济指标实现较快增长。工业总产值完成 2 502.66 亿元，增长 49.2%。组建了滨海新区行政区，管理体制改革取得重大突破。确定了“一城双港、九区支撑、龙头带动”的空间布局和战略。中新天津生态城起步区建设进展顺利。东疆保税港区一期 4 平方千米基础设施全部建成。于家堡金融商务区加快建设，响螺湾商务区在建商务楼宇达到 39 座。滨海高新区渤龙湖总园区启动。南港工业区建港造陆 10 平方千米。滨海旅游区、临港工业区、临空产业区加快开发。

3. 城市建设

城市规划建设管理不断加强，确定了“双城双港、相向拓展、一轴两带、南北生态”的总体发展战略。

2009 年城市基础设施投资完成 1 606.97 亿元，比上年增长 55.9%。

现代综合交通体系建设取得重大进展。机场第二跑道工程竣工投入使用，津汕高速公路（天津段）建成通车，天津港主航道二期拓宽、津滨高速公路拓宽工程试验段完工。京津城际高速铁路向于家堡延伸、天津站地下交通枢纽、天津西站铁路站房、津秦铁路客运专线、快速路西北半环、中央大道、海滨大道南段、地铁 2、3、9 号线、南水北调干线和配套工程等项目抓紧建设，公用事业服务能力增强。

土地管理体制改革稳步推进。统筹调剂全市用地，有效提高了土地使用效率。农用地转用和土地征收审批制度改革继续推进。全年土地供应总量 7 711.27 公顷，增长 35.7%，其中土地出让 6 843.40 公顷，土地划拨 867.87 公顷。

生态市建设迈出坚实步伐。生态市建设 2007—2010 年三年行动计划确定的重点工程全面开工，一批重点项目已经竣工，年度污染减排计划任务全部完成。新增绿化面积 2 800 万平方米，植树造林 26 万亩。以河道治理和污水处理厂建设为重点，河道水质明显改善。以煤烟型污染、建筑工地扬尘和汽车尾气治理为重点，全市开展了烟煤电厂、非电企业高效脱硫改造工作。建立了覆盖城乡的垃圾清运回收处置体系，城市生活垃圾无害化处理率达到 90%。

三、自然资源利用

1. 水资源利用

2009 年天津市水资源总量为 15.26 亿立方米，地表水资源量为 10.55 亿立方米，地下水资源量为 5.42 亿立方米，地表水与地下水资源重复量为 0.71 亿立方米，人均水资源量为 159.76 立方米。天津市供水用水总量为 23.37 亿立方米，地表水供水用水量为 17.21 亿立方米，地下水供用水量为 6.01 亿立方米，农业用水量为 13.07 亿立方米。

随着经济建设事业的发展和人民生活水平的不断提高，城市用水总量也随之增长。2009 年城市自来水综合生产能力达到 393.86 万吨/日，供水管道 8 847 千米，供水总量 70 138 万吨，售水总量 59 930 万吨，生活用水量 20 897 万吨，生产用水量 25 066 万吨，用水人口 607.26 万人，人均日生活用水量 133.15 千克。

2. 土地利用

天津市的土地利用主要由耕地、林地、草地、水域、城乡建设及居民用地、未利用地构成。2009 年全市土地利用状况是，耕地 6 041.87 平方千米，主要为水田、旱地；林地 446.61 平方千米，主要为有林地、疏林地和其他林地；草地 363.38 平方千米，主要为芦苇地、荒草地、城市绿地；水域 1 974.85 平方千米，主要为河渠、湖泊、水库、河漫滩等；城乡工矿居民用地 3 032.78 平方千米，主要为城市建设用地、农村居民点、其他建设用地；未利用地 49.10 平方千米。土地利用结构中，耕地、城乡工矿居民用地、水域所占比重较大，分别占国土总面积的 50.7%、25.5%和 16.6%，三者合计 92.8%。近年来随着经济的发展，耕地、林地、水域湿地、未利用地面积呈减少趋势，其中耕地主要去向为城乡工矿居民用地，林地主要去向为裸岩，水域主要去向为耕地、城乡工矿居民用地。

3. 能源结构

天津市的能源结构以原油和天然气为主。2009 年天津市能源生产总量为 3 471.63 万吨标准煤，其中原油和天然气分别占能源生产总量的 94.52%和 5.48%。从能源终端消费量来看，2009 年天津市能源消费量为 5 652.62 万吨标准煤，其中第一产业消费量 81.75 万吨标准煤，第二产业消费量 3 904.75 万吨标准煤，第三产业消费量 957.40 万吨标准煤，生活消费量 708.72 万吨标准煤。

4. 农业结构

天津市的农业由种植业、林业、牧业、渔业以及服务业构成。2009年农业总产值281.65亿元，其中种植业产值139.69亿元，林业产值2.22亿元，畜牧业产值83.57亿元，渔业产值47.53亿元，农林牧渔服务业产值8.64亿元。2009年总播种面积为45.52万公顷，其中粮食作物播种面积30.66万公顷，蔬菜面积8.08万公顷；粮食总产量156.29万吨，蔬菜总产量373.85万吨；2009年年末实有林地面积21.26万公顷。

第四节　环境质量状况

一、环境空气质量

空气是维持生命活动必需的物质之一，环境空气质量的优劣是直接关系人类生存的重要条件。为了改善和保障天津市环境空气质量，防止生态破坏，创建清洁适宜的生存环境，保护人体健康，天津市从20世纪70年代开始，开展环境空气质量监测工作，为天津市环境空气质量改善、环境空气质量管理提供了技术支持。

随着城市经济建设、工业和交通业的发展、能源结构的类型调整等，天津市环境空气质量状况与变迁趋势发生着阶段性的变化。长期以来，由于天津市受以煤炭为主要能源结构的影响，城市空气污染的主要特征是以颗粒物和二氧化硫为主的煤烟型污染。近年来，随着城市经济的高速发展和机动车保有量不断地增加，城市空气质量在煤烟型空气污染问题尚未彻底根治的同时，又面临着空气污染类型的转变，细粒子灰霾、氧化性污染等复合性、区域性污染问题，城市环境空气质量始终处于脆弱状态，给城市环境空气质量改善带来了巨大的压力。

1. 监测概况

天津市环境空气质量监测项目、监测方法等多年来随着环境管理的需求以及监测技术、能力、手段的不断完善与发展发生了重大变化。监测技术路线由20世纪70年代的人工手动监测发展为当今的环境空气自动化监测系统，从历史上仅能对环境空气污染进行现状监测发展为如今的环境空气污染预测预报预警监测，构建的环境空气质量预报预警系统，已成为各级政府决策、行政主管部门环境空气质量管理、保障人民生活的重要组成部分。

20世纪70年代末期，天津市环境监测系统采用间歇式手工采样五日四次季监测方法，开展了对天津市环境空气中二氧化硫（SO_2）、氮氧化物（NO_x）、总悬浮颗粒物（TSP）的监测工作。1994年环境空气国控测点实现了24小时连续采样-实验室分析的半自动化监测，2000年开始建立了环境空气质量自动监测站，监测频次显著增加，多次完成了对环境空气监测点位的建设、优化、调整，至“十一五”末期，天津市共建成26个国（市）控环境空气自动监测网测点，分布在中心建成区、滨海新区及各区县，基本覆盖了城镇规划中确定的居住区、商业交通居民混合区、文化区、一般工业区、农村地区以及新建产业园区。监测项目、频次及监测点位类型（见表2-8）。

表2-8　天津市环境空气监测项目及监测点位类别

序号	监测项目	监测点位数量/个	监测点类型	监测频次	监测方式
1	SO_2、NO_x、PM_{10}	26	国控/市控	24连续监测	自动监测
2	O_3	6	国控	24连续监测	自动监测
3	TSP	9	国控/市控	隔日监测	24 h连续采样Lab测定
4	大气降水	9	国控	逢雨雪必测	自动采样Lab测定

天津市目前已实现了对环境空气中二氧化硫、二氧化氮、可吸入颗粒物、一氧化碳、臭氧的连续自动监测，同时对总悬浮颗粒物、大气降水质量等开展例行监测，并依据我国现行的《环境空气质量标准》（GB 3095—1996）和《环境质量报告书编写技术规定》中的推荐标准，采用空气污染指数法（API）和综合污染指数法进行评价，见表 2-9。

表 2-9 环境空气各项污染物浓度限值

<table>
<tr><th rowspan="2">依据</th><th rowspan="2">污染物名称</th><th rowspan="2">取值时间</th><th colspan="4">浓度限值</th></tr>
<tr><th>一级</th><th>二级</th><th>三级</th><th>浓度单位</th></tr>
<tr><td rowspan="14">环境空气质量标准（GB 3095—1996）</td><td rowspan="3">SO_2</td><td>年平均</td><td>0.02</td><td>0.06</td><td>0.10</td><td rowspan="14">mg/m^3（标准状态）</td></tr>
<tr><td>日平均</td><td>0.05</td><td>0.15</td><td>0.25</td></tr>
<tr><td>1 小时平均</td><td>0.15</td><td>0.50</td><td>0.70</td></tr>
<tr><td rowspan="3">NO_2</td><td>年平均</td><td>0.04</td><td>0.08</td><td>0.08</td></tr>
<tr><td>日平均</td><td>0.08</td><td>0.12</td><td>0.12</td></tr>
<tr><td>1 小时平均</td><td>0.12</td><td>0.24</td><td>0.24</td></tr>
<tr><td>NO_x</td><td>年平均</td><td>0.05</td><td>0.05</td><td>0.10</td></tr>
<tr><td rowspan="2">PM_{10}</td><td>年平均</td><td>0.04</td><td>0.10</td><td>0.15</td></tr>
<tr><td>日平均</td><td>0.05</td><td>0.15</td><td>0.25</td></tr>
<tr><td rowspan="2">TSP</td><td>年平均</td><td>0.08</td><td>0.20</td><td>0.30</td></tr>
<tr><td>日平均</td><td>0.12</td><td>0.30</td><td>0.50</td></tr>
<tr><td>O_3</td><td>1 小时平均</td><td>0.16</td><td>0.20</td><td>0.20</td></tr>
<tr><td>降水酸度*</td><td>—</td><td colspan="3">pH≤5.60 降水酸度临界值</td></tr>
</table>

注：表中*为《环境质量报告书编写技术规定》推荐值。

对环境空气日质量状况采用空气污染指数 API 进行分级与评价，空气污染指数（API）共分为Ⅴ级，见表 2-10。

表 2-10　空气污染指数 API 范围及相应的空气质量级别

空气污染指数（API）	空气质量级别	空气质量描述	对健康的影响
0～50	Ⅰ	优	可正常活动
51～100	Ⅱ	良好	可正常活动
101～150	Ⅲ_1	轻微污染	长期接触，易感人群症状有轻度加剧，健康人群出现刺激症状
151～200	Ⅲ_2	轻度污染	
201～250	Ⅳ_1	中度污染	一定时间接触后，心脏病和肺病患者症状显著加剧，运动耐受力降低，健康人群中普遍出现症状
251～300	Ⅳ_2	中度重污染	
＞300	Ⅴ	重污染	健康人群明显强烈症状，降低运动耐受力，提前出现某些疾病

2. 环境空气质量状况

（1）二氧化硫变化趋势。环境空气中的二氧化硫（SO_2）是具有辛辣及窒息性气味的无色气体，是空气中最重要的一种含硫污染物，除来自微生物、火山活动等自然因素外，主要人为的环境来源是煤炭、石油的燃烧，其次是金属冶炼和含硫工业生产过程。我国煤的含硫量为0.5%～6.0%，燃烧产生的 SO_2 约占总排放量的 80%，是构成空气煤烟型污染的主要污染物。

纵观天津市二氧化硫 20 世纪 80 年代“六五”初期至 21 世纪“十一五”末期年均值的污染变化趋势，天津市二氧化硫在近 30 年间，主要呈现两个变化阶段，一是“六五”初期至“八五”末期，年均值呈逐年起伏振荡式变化阶段；二是“九五”初期至“十一五”末期，年均值基本保持下降趋势，并呈稳步达标阶段。

由图 2-3 可见，二氧化硫的年均值由 80 年代初期的最高值 0.200 毫克/米^3，下降至 2010 年最低值 0.054 毫克/米^3，下降 0.146 毫克/米^3，降幅为 73.0%；由超过国家年均二级标准浓度限值 3.3 倍，下降至达到了国家年均二级标准浓度限值的水平。特别是“十一五”末期的 2009 年，二氧化硫的年均值首次达到国家年均二级标准浓度限值后，于 2010 年再次达到国家标准浓度限值。

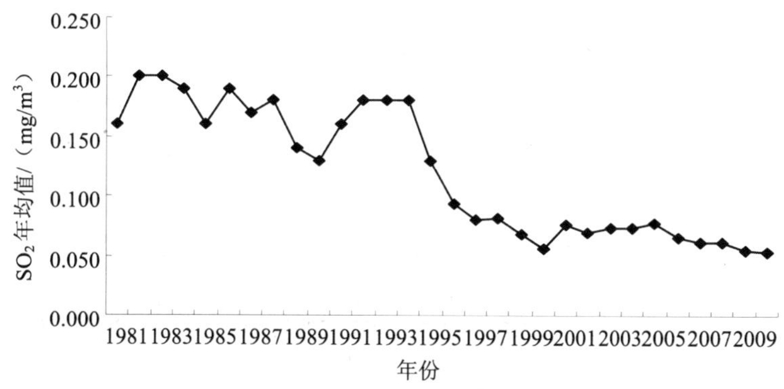

图 2-3　1981—2010 年天津市 SO_2 年际变化趋势

另对 2001—2010 年天津市二氧化硫各期别浓度变化趋势进行分析可见，此阶段其年均值出现一定的反复，采暖期和年均浓度基本呈现平稳下降趋势，2001—2004 年浓度逐年下降，但 2005 年二氧化硫浓度明显回升，与该年度天津市二氧化硫排放量大幅增长有关。2006—2010 年二氧化硫年均值稳步下降，并于 2009 年和 2010 年连续 2 年达标。非采暖期二氧化硫浓度均值则呈现不显著上升趋势，2008 年非采暖期较 2007 年同期上升了 5.6%；日均浓度达标率呈现不显著下降趋势，表明二氧化硫日均达标情况并不乐观，见图 2-4。

进入 21 世纪以来，随着天津市开展的“蓝天工程”、“创建国家环境保护模范城市”以及“创建国家生态城市”等一系列措施的促进下，天津市二氧化硫的污染防治取得较好的效果，2001—2010 年二氧化硫年均值达到历史最好水平。尽管如此，冬季采暖期二氧化硫污染处于较重水平，采暖期均值在 0.099～0.129 毫克/米^3，通常为非采暖期的 3～4 倍。同时二氧化硫在冬季采暖期上升为首要污染物日的比例居高不下，

2010 年采暖期间，二氧化硫有 76 天为影响环境空气质量的首要污染物，占采暖期的 62.8%，控制采暖期二氧化硫排放是降低二氧化硫浓度的关键途径，是防治采暖期煤烟型污染的主要任务。

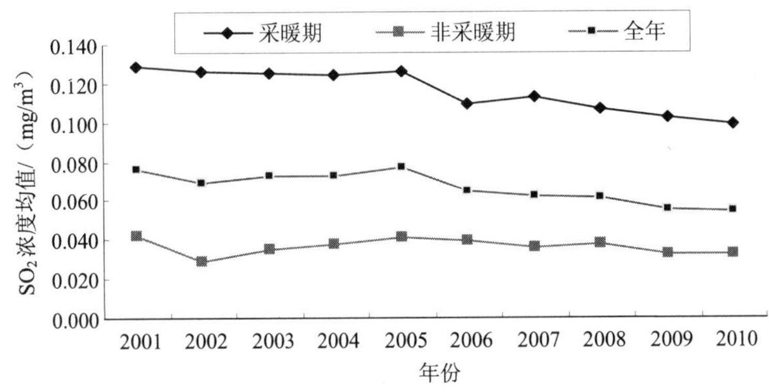

图 2-4　2001—2010 年天津市 SO_2 各期别浓度均值变化趋势

（2）氮氧化物（NO_x、NO_2）变化趋势。氮氧化物（NO_x）是空气中主要气态污染物之一，它的主要人为来源是矿物燃料的燃烧，燃烧过程中所排放出的氮氧化物可对环境造成严重污染。引发空气污染的氮氧化物通常主要指一氧化氮和二氧化氮，城市空气中的氮氧化物主要来自机动车尾气排放和一些固定排放源。由于 NO_2 对人体的毒性远高于 NO，国家环境保护总局于 2001 年将环境空气污染物控制指标氮氧化物调整为对二氧化氮的控制。为此，在 20 世纪 80 年代初期至 2000 年对环境空气中氮氧化物监测，2001 年至今开展了对空气中二氧化氮的监测与控制。

“六五”初期至“九五”末期，天津市氮氧化物年均值在 0.050～0.080 毫克/米^3 变化，20 年平均值在 0.059 毫克/米^3 左右，高污染年份出现在 1981 年及 1993—1995 年，见图 2-5。2001—2010 年对环境空气中二氧化氮的监测结果表明，二氧化氮年均值总体呈现起伏下降的变化趋势，范围值在 0.040～0.053 毫克/米^3，变化幅度不大，10 年平均值在 0.047

毫克/米^{3}左右，历年均值始终低于国家年均二级标准浓度限值（0.120毫克/米^3）。尽管近10年二氧化氮年均值低于国家标准近60%左右，但若按NO_2/NO_x为2/3左右估算，近十年氮氧化物的年均值则在0.070毫克/米^{3}左右，显然污染重于历史上的前20年，基本处于历史上污染较重时期。另从近10年二氧化氮污染期别变化（见图2-5），可见采暖期二氧化氮污染始终重于非采暖期，但非采暖期污染出现加重趋势。近年天津市面临工业脱氮技术尚未全面开展、城市机动车保有量快速上升时期，污染压力持续增加，防控问题亟待加强。

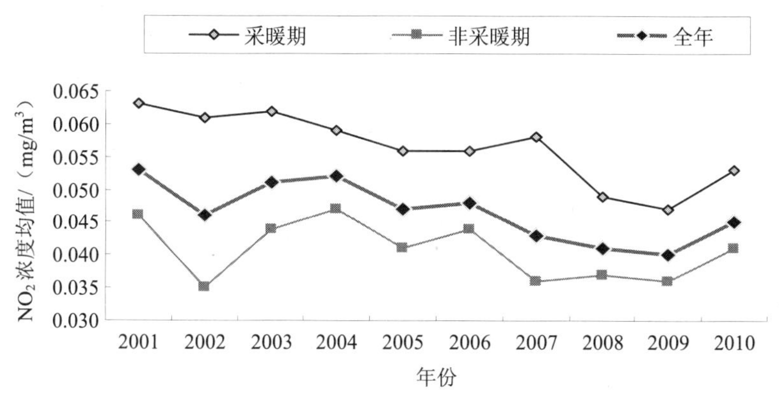

图2-5　2001—2010年天津市NO_2各期别浓度均值变化趋势

（3）颗粒物变化趋势。环境空气中的颗粒物来源于多种污染源，其颗粒物主要包括燃烧产生的烟尘、柴油烟灰或灰尘以及城市雾霾中的颗粒物细粒子等。由于颗粒物形成复杂，通常由空气中以各种不同尺度的液态和固态粒子共存的烟、霾、尘以及悬浮的微生物等微粒气溶胶粒子组成。

总结和分析天津市环境空气中总悬浮颗粒物（TSP）1981—2010年30年间的污染变迁趋势，可见总悬浮颗粒物在不同的社会经济发展阶段，污染程度有所差异。在历经的6个五年计划期间，以“六五”时期污染最重；“七五”至“八五”中期空气中总悬浮颗粒物呈明显下降时期，污染控制效果显著；之后“八五”末期至“九五”末期，期间空气中总悬浮颗粒物年平均浓度值在 0.270～0.348 毫克/米^3，平均值在 0.320 毫克/米^{3}左右，在超过国家年均二级标准 60%上下浮动，污染物变化基本稳定，起伏不大；“十五”至“十一五”期间，环境空气中总悬浮颗粒物年平均浓度基本趋于逐年下降趋势。2001—2010 年年均值为 0.193～0.283 毫克/米^{3}范围内，年间平均值为 0.240 毫克/米^3，浮动于超国家年均二级标准 20%左右，达到历史较好水平。尽管如此，天津市环境空气中的总悬浮颗粒物污染总体较为严重，30 年间，仅 2008 年均值达标，基本常年处于超标状态。另从污染期别上可见，采暖期污染相对较重，但非采暖期近 10 年的上升趋势更为突出，很多年份已接近年均值，可见对总悬浮颗粒物的污染控制除冬季采暖期外，对非采暖期污染问题更应关注，见图 2-6。

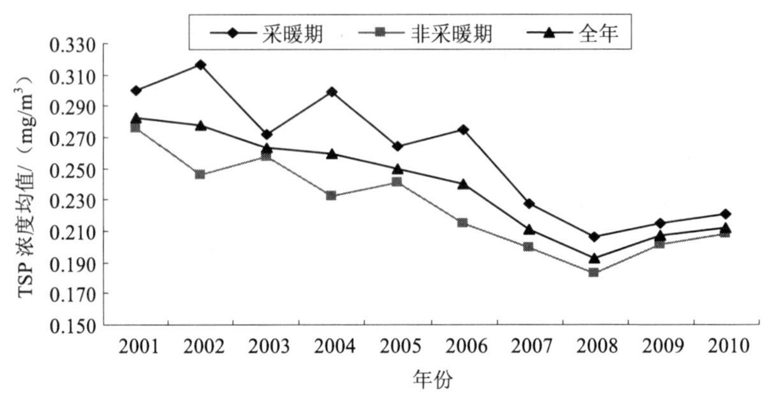

图 2-6　2001—2010 年天津市 TSP 各期别浓度均值变化趋势

“十五”初期的 2001 年，随着空气自动监测技术的建设与发展，我国开展了对人体健康危害更大的，空气动力学当量直径≤10 微米的可吸入颗粒物 PM_{10} 的监测。由于可吸入颗粒物 PM_{10} 能随着吸入的空气进入人体的呼吸道，对人体健康造成严重威胁。为此，在对其开展空气连续自动监测的同时，对可吸入颗粒物的来源等进行了解、分析、研究等。

2001—2010 年，天津市环境空气中的可吸入颗粒物总体呈下降趋势，并于 2007—2010 年连续 4 年达到国家环境空气质量年均二级标准浓度限值（0.10 毫克/米^3），达到历史上的最好水平，见图 2-7。受燃煤为主的能源结构影响以及城市建设施工、机动车运输和尾气排放，风沙尘等影响，颗粒物污染基本常年为影响天津市环境空气质量的首要污染物。2010 年，全年 365 个有效监测日中，有 250 天可吸入颗粒物为影响环境空气质量首要污染物，占全年监测天数的 68.5%。另从近 10 年可吸入颗粒物污染期别变化，可见采暖期对燃煤污染控制效果较为明显，非采暖期污染出现加重趋势，污染程度接近采暖期，个别年份甚至高于采暖期，表明其污染来源更为复杂，除控制燃煤尘外，控制其他污染来源，如机动车尾气尘、地面扬尘、风沙尘等十分重要。

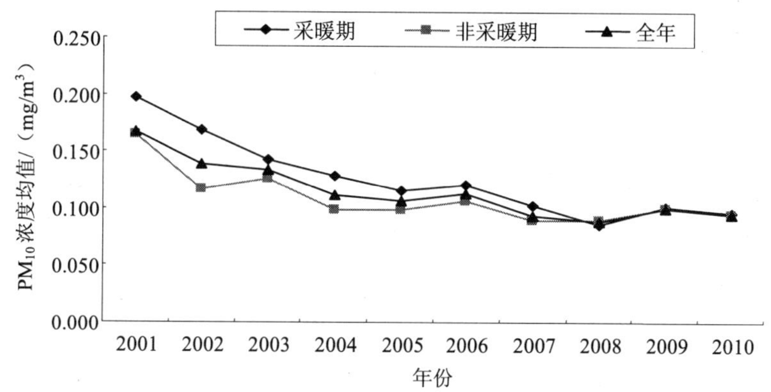

图 2-7 2001—2010 年天津市 PM_{10} 各期别浓度均值变化趋势

（4）臭氧（O_3）污染状况。臭氧作为空气中生成的二次污染物，使大气氧化性增强，从而促使细颗粒物（二次有机气溶胶）、硫酸盐、硝酸盐等的生成，加重细粒子的污染，增加灰霾天气出现频次，使大气能见度下降。为了掌握天津地区臭氧污染现状与变化趋势，天津市于 2008 年开展了对臭氧污染现状监测工作。监测点位分别位于市监测中心、南京路、北辰科技园区、泰丰工业园、永明路和团泊洼（对照点），至 2010

年年底，已连续监测 3 年。

2010 年天津市臭氧测点均出现小时浓度超标现象，超标天数为 2～18 天，超标小时数为 3～60 小时，超标率为 0.04%～0.71%。

对天津市臭氧的季节变化和日变化监测结果表明，各测点臭氧浓度呈现典型的季节变化趋势。夏季是臭氧浓度最高的季节，各测点臭氧浓度的平均和最大值基本都出现在夏季，由于夏季太阳辐射时间长、强度大，造成夏季臭氧浓度相对较高，容易出现光化学污染现象。各测点臭氧浓度小时值变化呈现明显的日变化规律，臭氧浓度在夜间比较低，从 1：00～7：00 处于浓度降低的阶段，在 7：00 后臭氧浓度开始大幅上升，在午后的 14：00～15：00 出现一天的峰值，随后臭氧浓度又逐渐降低。臭氧日变化与太阳辐射强度密切相关，一天中太阳辐射最大值出现在 12：00，而在 12：00 以后逐渐减弱，臭氧浓度的日变化规律最大值出现时间通常滞后 2 小时，形成白天浓度高，夜间浓度低的现状，由太阳辐射而形成二次污染物。

（5）大气降水质量变化趋势。2010 年天津市降水 pH 范围为 4.60～8.66，pH 年均值为 6.19，达到降水酸度临界值标准（5.6），酸雨率为 0.4%，较 2009 年下降了 2.5 个百分点。

天津市在 2003—2007 年连续 5 年为酸性降水，2008 年以来已 3 年达到降水酸度临界值标准，降水质量有所改善，酸雨率明显下降，酸雨污染呈现减轻趋势，见图 2-8。

大气降水酸化是降水中各种离子综合作用的结果。降水酸化一方面归因于大气中酸性物质的增加，同时碱性物质浓度降低同样也可导致雨水酸化。天津市大气降水的离子组分中，阴离子的主要成分为硫酸根和硝酸根，阳离子的主要成分为钙离子和铵离子。2001—2010 年，天津市硫酸根离子和硝酸根离子在阴离子中所占比例为 84.7%～91.2%，见图 2-9，说明天津市降水污染主要受硫酸根离子和硝酸根离子的前体污染物二氧化硫和氮氧化物的影响，受燃煤和机动车尾气影响明显，短期内燃煤造成的二氧化硫排放对大气降水 pH 的影响很大，汽车工业的发展，机动车保有量的增加，氮氧化物对大气降水酸度的影响明显。硫酸根离子与硝酸根离子的比值为 2.29～4.16，说明天津市降水污染受硫酸根离子的影响更大，这与天津市以煤为主的能源结构具有一定的关系。

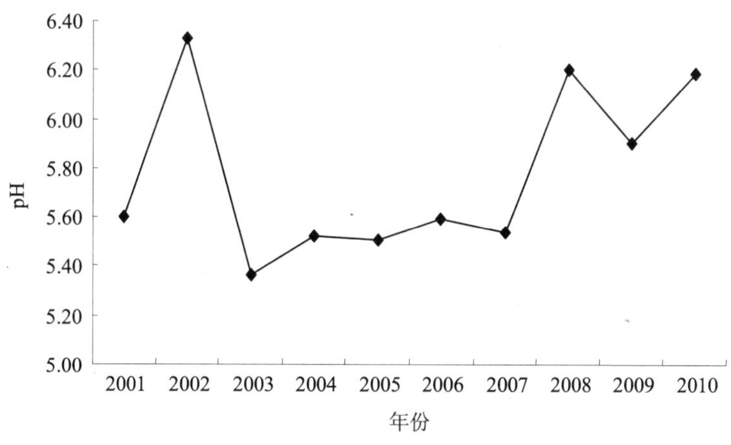

a. pH 年均值

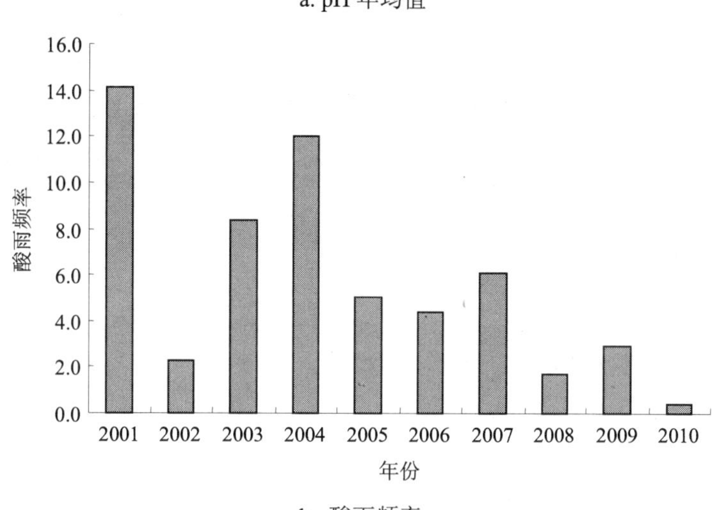

b. 酸雨频率

图 2-8　2001—2010 年天津市降水 pH 年均值及酸雨频率变化趋势

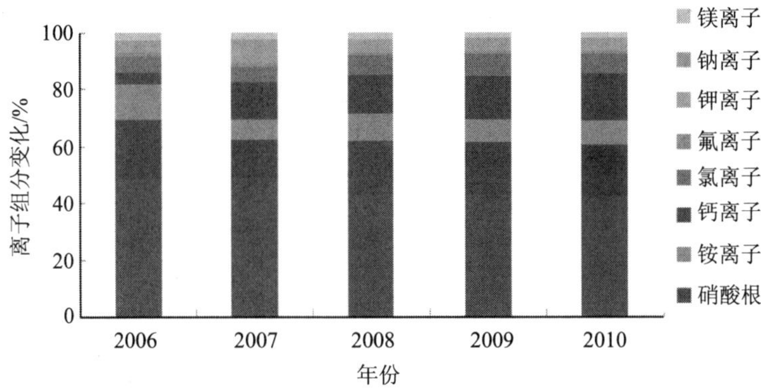

图 2-9　2006—2010 年降水离子组分变化

二、水环境质量

1. 水系基本概况

天津市地处海滦河流域下游，海河水系是华北地区的最大水系，海河流域九大水系中有七大水系流经天津市，主要包括漳卫南运河、大清河、永定河、北三河及黑龙港运东等。天津境内除海河干流及其支流北运河、子牙河等外，尚有北部蓟运河、潮白河和为防御洪水对天津威胁而开辟的若干条直接入海河道。

天津市境内各河系呈扇形分布，由西南、西、北三面向河流下游汇集，全市河流依据其大小、功能分为一级、二级两大类，全市一级河道 19 条，总长度为 1 095.1 千米；二级河道 79 条，总长度为 1 363.4 千米，形成了水系相通的平原水网。

1983 年建成的引滦入津输水工程是天津市有史以来最重要的集引水、输水、蓄水、净水、配水完整配套的大型城市供水工程。1997 年以来，华北的大部分地区持续干旱，天津市引滦水的主要水源地潘家口水库的入库水量大幅减少，到“九五”末期已无法满足天津市的用水需求。

2000年启动了引黄济津，保障了城市居民用水安全和社会稳定，促进了社会经济的可持续发展而实施的工程。

2．监测概况

多年来，按照水环境功能对天津市地表水环境质量进行监测与评价。天津市地表水按照水环境功能可分为饮用水输水河道、景观河流、农业用水河流和专用排污河等。天津市水环境质量监测范围、监测项目、评价方法等，随着监测技术、能力、手段的不断完善与发展，发生了重大的变革。监测技术的发展始终遵循以满足水环境质量管理的需求，保障人民生活以及工业、农业的用水安全等为出发点。

海河流域水质监测始于1956年，限于当时的技术和设备条件，监测断面（点位）和监测项目少，监测频率低。至“十一五”末期，天津主要监控的地表水环境主要包括饮用水输水河道、海河干流在内的19条一级河道、入境入海断面、主要湖库及近岸海域、饮用水水源地、城市景观水体、农业用水等，涉及水质监测断面（点位）100余个。监测断面、项目和频率均有大幅增加，监测项目与评价标准多年按照水体保护功能有所不同。“十一五”期间天津市地表水监测概况详见表2-11。

表2-11　“十一五”期间天津市地表水监测情况一览表

<table>
<tr><th colspan="2">分类</th><th>监测断面（点位）数量/个</th><th>水质评价项目/评价标准</th></tr>
<tr><td rowspan="4">水环境质量</td><td>河流</td><td>76</td><td rowspan="2">pH、溶解氧、高锰酸盐指数、生化需氧量、氨氮、石油类、挥发酚、总铅、总汞；饮用水断面采用《地表水环境质量标准》（GB 3838—2002）中的III类水质标准，其他采用V类水质标准</td></tr>
<tr><td>其中：国控</td><td>13</td></tr>
<tr><td>主要湖库</td><td>5</td><td rowspan="2">pH、溶解氧、高锰酸盐指数、生化需氧量、氨氮、石油类、挥发酚、总铅、总汞、总氮、总磷、透明度、叶绿素a；《地表水环境质量标准》（GB 3838—2002）中的III类水质标准</td></tr>
<tr><td>其中：国控</td><td>3</td></tr>
</table>

<table>
<tr><th colspan="2">分类</th><th>监测断面（点位）数量/个</th><th>水质评价项目/评价标准</th></tr>
<tr><td rowspan="5">功能区</td><td>饮用水水源地</td><td>28</td><td rowspan="2">地表水源地：水温、pH、溶解氧、高锰酸盐指数、氨氮、总磷、石油类、挥发酚、氟化物、粪大肠菌群；《地表水环境质量标准》（GB 3838—2002）中的III类水质标准
地下水源地：pH、总硬度、氯化物、高锰酸盐指数、氨氮、氟化物、硫酸盐、总大肠菌群；《地下水环境质量标准》（GB/T 14848—1993）中的III类水质标准</td></tr>
<tr><td>其中：国控</td><td>1</td></tr>
<tr><td>景观水体</td><td>55</td><td rowspan="2">pH、溶解氧、高锰酸盐指数、生化需氧量、氨氮；《地表水环境质量标准》（GB 3838—2002）中的V类水质标准</td></tr>
<tr><td>其中：国控</td><td>4</td></tr>
<tr><td>农业用水</td><td>31</td><td>pH、溶解氧、高锰酸盐指数、生化需氧量、氨氮；《地表水环境质量标准》（GB 3838—2002）中的V类水质标准</td></tr>
</table>

3. 水环境质量状况

（1）饮用水水源水质状况。天津市的饮用水水源主要来自引滦入津和引黄济津两大调水工程。

①引滦入津水质状况。引滦入津工程横跨滦河、海河两大流域，引滦水是天津市最重要的饮用水水源，进入天津市经于桥水库调蓄后供给天津市。

引滦输水河道以于桥水库为界分引滦上游和引滦天津段两部分。上游段除承担引滦输水任务的黎河外，还包括对引滦水质有影响的沙河和淋河在天津境内的河段。上游段包括黎河的隧洞出口、遵化黎河桥、蓟县黎河桥、果河桥、沙河桥和淋河桥，评价河长约 94.2 千米；天津段包括洲河、引滦明渠和暗渠三段，监测断面分别为洲河的于桥出口、（杨津庄）西双树桥；明渠的潮白河泵站、尔王庄泵站和饮用水水源地宜兴埠泵站，评价河长约 125.8 千米。

2001—2010年，天津市引滦水质状况总体保持良好水平，不同年份水质差异变化不大。沿线各断面始终保持Ⅱ～Ⅲ类水质水平，多以Ⅱ类水质为主，主要水质指标保持稳定。天津段水质总体略差于上游，并多年表现出较为显著的月际变化特征，即汛期受非点源污染的影响，监测结果明显高于非汛期。由于影响水质的因素比较复杂，如间歇性的输水、沙河等支流的汇入、遵化市污染源废水和生活污水的排放等，各断面形成Ⅱ、Ⅲ类水质交替出现的局面。“十一五”期间，引滦输水河道沿线断面5年间始终保持Ⅰ～Ⅱ类水质水平，优于国家饮用水水源水质标准，主要水质指标保持稳定，达到了历史的较好水平。高锰酸盐指数、氨氮、生化需氧量等常年影响水质的主要污染因子，其年均值基本保持和达到了Ⅰ～Ⅱ类水质标准要求。高锰酸盐指数的年均值分别在2.21～3.46毫克/升范围内，符合地表水Ⅱ类标准；氨氮的年均值在0.065～3.65毫克/升范围内，达到了地表水Ⅰ～Ⅱ类水质标准要求，详见图2-10。

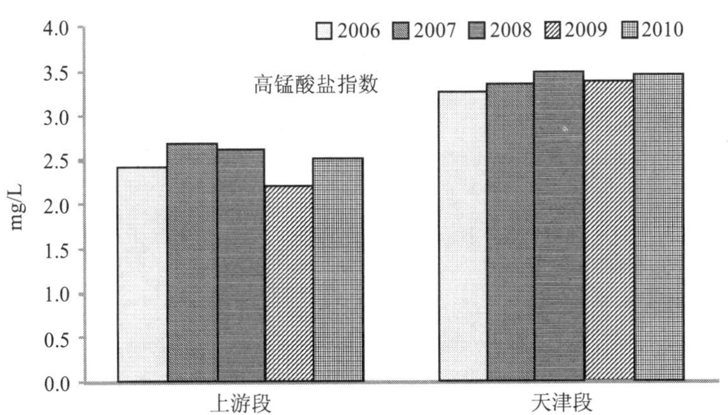

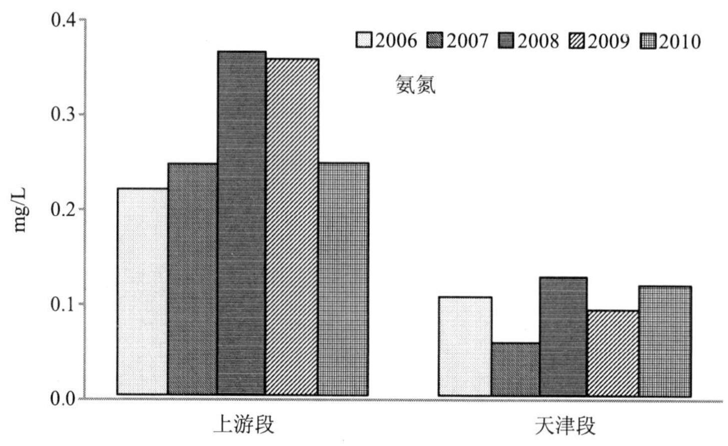

图 2-10 “十一五”期间引滦沿线主要污染因子年均值变化趋势

②引黄输水水质状况。“十五”和“十一五”期间，为缓解华北地区及天津市持续干旱的旱情，缓解天津市面临的缺水危机，天津市实施了多次引黄济津输水工程。

引黄输水河道在天津境内 140 千米，分三段。“十五”期间沿线设置从南运河九宣闸至饮用水水源地西河水厂共 17 个水质监测断面；“十一五”期间设置了 8 个水质监测断面，监测项目包括常规指标和重金属指标。2000 年 11 月到 2001 年 4 月，为“十五”期间的首次引黄供水阶段，由于此次也是自 1983 年引滦入津工程完成后首次启动引黄济津工程，受沿线河道本身的水质和底质污染对引黄水质产生的影响，加上一些污水口门封堵不严，部分工业废水和生活污水混入，使引黄水质总体较差，平均水质为Ⅳ类，水质中高锰酸盐指数、氟化物、石油类、生化需氧量、氯化物均存在超标现象。

2003 年 11 月到 2004 年 4 月，为“十五”期间实施的第二次引黄供水，此时段引黄水质较首次有了较为明显的改善，平均水质达到Ⅲ类，水质中生化需氧量、石油类、高锰酸盐指数、溶解氧、氯化物仍存在超标现象。

2004 年 10 月到 2005 年 4 月，为“十五”期间第三次引黄供水时间，此时段引黄水质总体水质较好，各断面达到Ⅱ～Ⅲ类水质，仅氟化物存在超标。达到Ⅱ水质河长达 15.7 千米，占评价河长的 11.2%，Ⅲ类水质河长 124.6 千米，占评价河长的 88.8%。水体水质较前 2 次引黄又有了明显改善，主要污染物浓度值明显下降，见图 2-11。

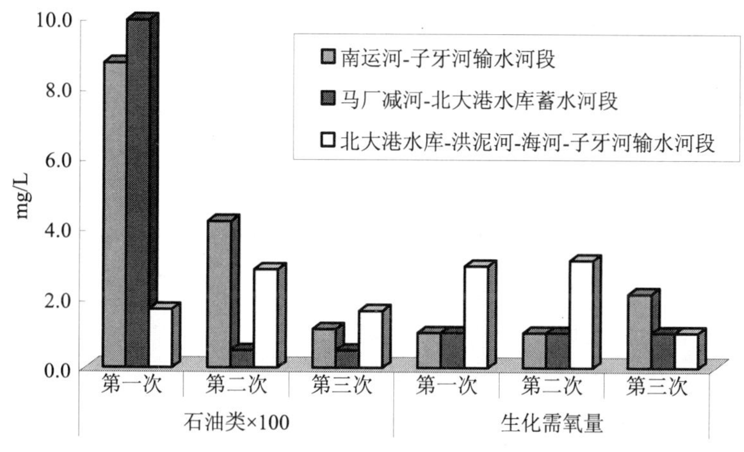

图 2-11　“十五”期间引黄不同河段主要污染因子均值变化趋势

2009 年 11 月至 2011 年 3 月，为“十一五”期间的一次引黄供水过程，引黄入津河道水质良好，沿线 8 个监测断面各项监测指标均值全部优于或达到国家规定的Ⅲ类水体要求。主要水质指标高锰酸盐指数、氨氮年均值分别为 3.26 毫克/升和 0.089 毫克/升。

总之，“十五”和“十一五”期间，天津市引黄济津整体水质有所改善，超标项目数量和超标率均随引滦次数增加呈下降趋势。

（2）于桥水库水质状况。于桥水库位于天津蓟县城东州河上游，总库容 15.59 亿立方米，控制流域面积 2 060 平方千米，占整个洲河流域面积的 96%。1983 年引滦入津输水工程通水后，于桥水库成为引滦输水的主要调节水库，是天津市最大、最重要的饮用水调蓄水库。为了保护于桥水库水质，常年对设置在水库的 3 个国控点位（三岔口、库中心和于桥坝下）进行监测，对水库水质评价项目除依据地表水环境质量标准（GB 3838—2002）评价 pH、溶解氧、高锰酸盐指数、生化需氧量、氨氮、石油类、挥发酚、汞、铅、总磷、总氮 11 项外，另对水库营养状态指数总磷、总氮、透明度、叶绿素 a 和高锰酸盐指数 5 个项目进行富营养化程度进行评价。

2001—2010 年，于桥水库总体水质以Ⅳ～Ⅴ类水体水质为主，主要污染因子为总氮和总磷。“十五”期间，除 2001 年为劣Ⅴ类外，其余年份全部为Ⅳ类水质。“十一五”期间，于桥水库则以Ⅴ类水质为主，其中 2006—2009 年连续四年处于Ⅴ类水质，至 2010 年才有所改善，达到Ⅳ类水质。营养盐浓度偏高是于桥水库长期面临的最大问题，总氮的年均值全部处于超Ⅲ类状态，年度一次值超标率在 65.0%～90.7%；总磷各年均值虽全部达标，但亦存在一次值超标问题。作为重点控制磷污染的水库，总磷含量的升高不仅会降低水库的水质类别，还会加速水库富营养化进程，对饮用水安全构成威胁。于桥水库虽具有一定的水体自净能力，沿水流方向，总氮、总磷年均值整体呈下降趋势，但由于受上游来水水质影响，输水期总氮、总磷浓度均值较非输水期则明显升高，见图 2-12。

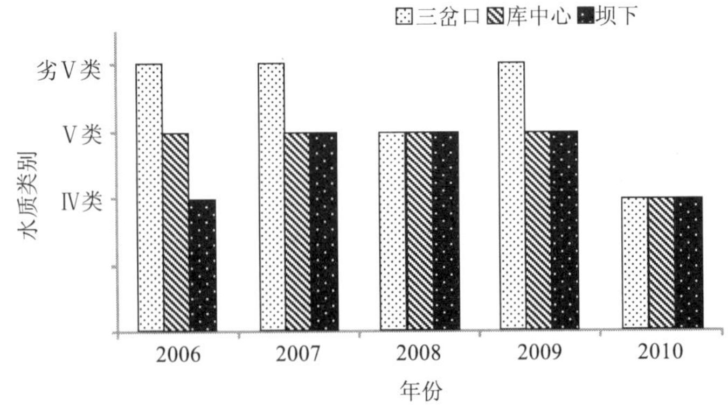

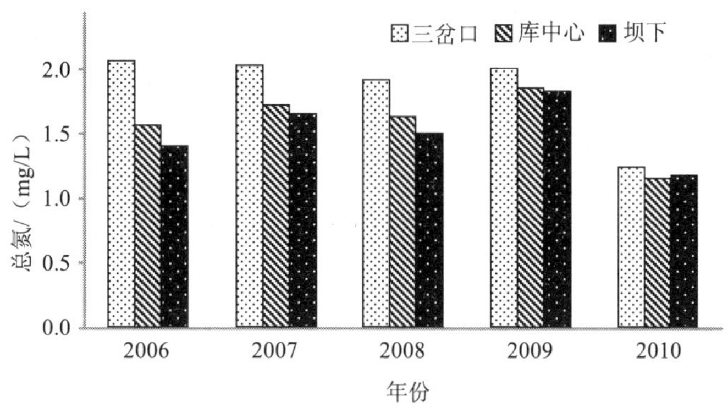

图 2-12 “十一五”期间于桥水库水质类别、总氮空间分布和年际变化

对于桥水库富营养化采用综合营养状态指数（TLI）进行评价。2001—2010 年，于桥水库 TLI 指数的年均值在 39.5～49.6，始终保持在中营养水平，但接近富营养化状态（图 2-13）。比较于桥水库富营养状态可见，“十一五”期间 TLI 指数普遍较“十五”期间偏高，最小值和最大值分别上升了 6.9 个和 1.1 个百分点。

由于桥水库富营养化的年际变化趋势可见，多年来污染加重期主要出现在夏季汛期和上游输水期。以 2010 年于桥水库 TLI 指数月际变化为例，该年度于桥水库 TLI 指数为 46.4，处于中营养水平，全年出现两个峰值，一个是在汛期的 7—9 月，这一时期受夏季高温、光照等自然条件影响，库区藻类较活跃，水体表现出一定的富营养化趋势；8 月 TLI 指数达到 49.4，已经十分接近轻度富营养化水平；第二个高峰出现在上游大黑汀水库向于桥水库输水的 12 月期间，TLI 指数达到全年的最高值，为 51.4，库区处于轻度富营养化状态。由于潘家口、大黑汀水库向于桥水库输水过程中，裹挟的大量含氮、磷的营养盐是导致库区营养状态升高至轻度水平的主要原因，虽然此时的水体富营养化并未导致藻类的暴发，但对来年于桥水库的水质安全构成一定的隐患，见图 2-13，图 2-14。

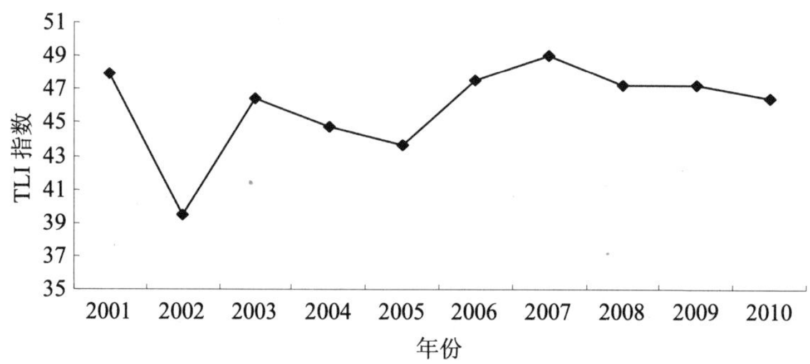

图 2-13　2001—2010 年于桥水库 TLI 指数变化趋势

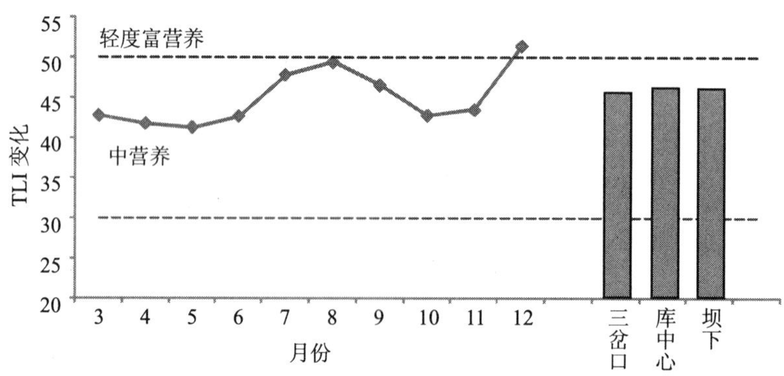

图 2-14　2010 年于桥水库 TLI 变化趋势

（3）饮用水水源地水质状况。对饮用水水源地的水质的保护是水环境保护的重中之重。“十一五”期间国家加大了对城市饮用水水源地的考核项目，天津市对饮用水水源地（宜兴埠泵站）水质状况常年实行月监测，评价项目 27 项的基础上，于 2008 年开始每年一次性监测 80 项特定指标，并于 2010 年开始，将月监测项目调整至 35 项。主要监测包括常规项目水温、pH、溶解氧、高锰酸盐指数、氨氮、总磷等，同时对生化指标粪大肠菌群、生化需氧量和重金属铜、锌、硒、砷、汞、镉、六价铬、铅以及有毒有害污染物总氰化物等进行监测。

1997—2010 年，连续 14 年饮用水水源地水质达标率保持在 93.4%～100%，自 2002 年至 2010 年，天津市饮用水水源地各项监测指标全部达到地表水Ⅲ类标准，水质达标率已连续 9 年保持 100%，国家饮用水水源地考核的 27 项指标全部达标，80 项特定指标监测结果全部达标。

（4）河流水质状况。

①国控断面水质状况。海河流域中天津地区共 11 条河流设置 13 个国控监测断面，监测断面分别为淋河的淋河桥、沙河的沙河桥、果河的果河桥、引滦天津段的于桥出口和宜兴埠泵站、永定新河塘汉公路大桥、潮白新河大套桥、北运河土门楼、独流减河工农兵防潮闸、海河三岔口及大闸、子牙河小河闸、黑龙港河东港拦河闸。

水质评价项目为 pH、溶解氧、高锰酸盐指数、生化需氧量、氨氮、石油类、挥发酚、汞和铅 9 项。采用《地表水环境质量标准》（GB 3838—2002）中Ⅲ类水质标准对饮用水国控断面水质进行评价，其他断面采用《地表水环境质量标准》（GB 3838—2002）中的Ⅴ类水质标准进行评价。

“十一五”期间，天津市海河流域国控监测断面水质总体呈改善趋势。13 个国控断面中，引滦输水河道沿线的国控断面水质始终保持Ⅰ～Ⅱ类良好水平，优于国家饮用水水源水质标准；海河三岔口断面水质状况稳定在Ⅳ～Ⅴ类水平，基本满足城市景观功能的要求；其余国控断面中，受海河流域水资源短缺困扰等因素影响，子牙河小河闸断面 5 年间均处于干涸状态，黑龙港河东港拦河闸 2008 年和 2010 年干涸，其余 3 年与北运河土门楼断面相同，稳定在Ⅴ类水质水平；海河大闸、永定新河塘汉公路大桥 2 个断面污染严重，均处于劣Ⅴ类水平；独流减河工农兵防潮闸和潮白新河大套桥断面水质明显改善，除 2006 年、2007 年水质为劣Ⅴ类外，其余年份均为Ⅳ～Ⅴ类，至“十一五”末期的 2010 年，天津市劣Ⅴ类水质国控断面数量较 2006 年减少了 2 个，劣Ⅴ类水质断面比例下降了 9.1 个百分点。

水体中的氨氮、高锰酸盐指数和生化需氧量基本是常年影响天津市河流国控断面水环境质量的主要污染因子。2010 年，河流国控断面高锰酸盐指数平均浓度虽达到地表水Ⅳ类标准，但较 2006 年上升了 18.4%；氨氮和生化需氧量平均浓度分别为劣Ⅴ类和Ⅳ类水平，均较 2006 年有不同程度的下降。“十一五”期间，塘汉公路大桥、海河大闸始终为劣Ⅴ类水质，污染物浓度值居高不下，始终处于劣Ⅴ水平，“十一五”期间天津市河流各国控断面水质状况，见彩 1。

②海河干流水质状况。天津市海河干流由子牙河与北运河的汇流口三岔河口至海河防潮闸，全长 73.6 千米。海河干流历史上是南运河、北运河、子牙河、大清河、永定河北运河五大水系的入海河道，水资源充沛，历史上曾为水源地。1985 年建立海河二道闸，闸上段无径流，成为蓄水河道，自净能力降低，污染物沉积，水体水质多年以氨氮、氯化物、高锰酸盐指数高污染及重有机污染为主，水体富营养化和生物群落退化，咸涩苦成为海河水的特征。为解决河道狭窄、泄洪能力不足、经常泛滥成灾的问题，后经历次治理，现主要以城市景观功能为主，同时承担汛期排涝及引黄济津期间的饮用水输送、储存等功能。

海河二道闸以上的市区段流经天津市区、东丽区、津南区，全长 33.5 千米，以城市景观为主，设置水质监测断面 4 个，分别是三岔口、光明桥、光华桥、柳林、二道闸上；二道闸以下的海河入海段全长 38 千米，主要承接河道两岸工业废水、农田沥水以及汛期由二道闸下泄的市区段接纳的市政管道和景观河道排放的雨污水；入海段监测断面为二道闸下、杨惠庄、大良子、大闸。水质评价项目为 pH、溶解氧、高锰酸盐指数、生化需氧量、氨氮、石油类、挥发酚、汞和铅 9 项。“十一五”期间，依据《地表水环境质量标准》（GB 3838—2002）中的Ⅴ类水质标准对水质状况进行评价。由于水资源短缺等原因，近年来海河二道闸几乎常年关闭，因此海河市区段和入海段的水质状况存在较大差异。

“十一五”期间，海河市区段水质保护以景观功能水体为主，水质各项评价指标年均值均达到地表水Ⅴ类水质标准。在 2006—2008 年，氨氮、高锰酸盐指数、溶解氧三项指标存在频次超标现象。2010 年，海河干流市区段总体达到Ⅳ类水质，沿线各监测断面中，Ⅳ类水质断面占监测断面总数的 80.0%；Ⅴ类水质断面占监测断面总数的 20.0%，达到较好水平，见图 2-15。

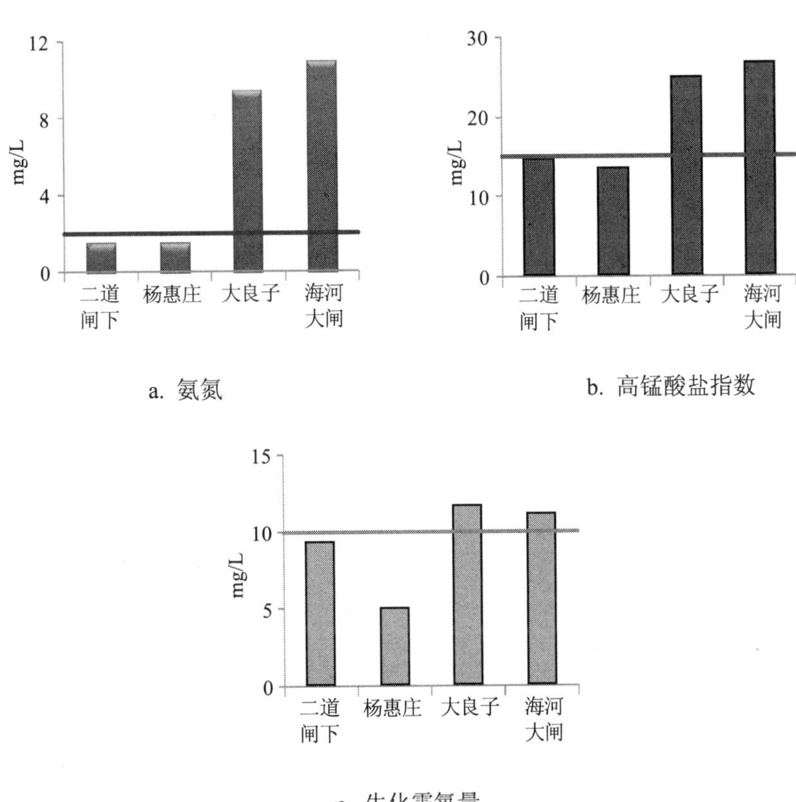

图 2-15　海河入海段沿线主要污染物空间变化趋势

海河市区段污染加重期主要出现在汛期，受降雨径流裹挟大量面源污染物通过市政管网进入河道，使氨氮和有机物污染加重；其次为春季，受冰层融化、河道表层和底层出现温差，造成水体纵向对流，使沉积在河道底部的污染物迁移，导致污染物浓度持续升高。由于天津市每年 4 月底和 9 月底，通过新引河和北运河向海河市区段调引滦河水，实施海河生态性补水，使当年 5 月和 10 月海河市区段水质得以显著改善，见图 2-16。

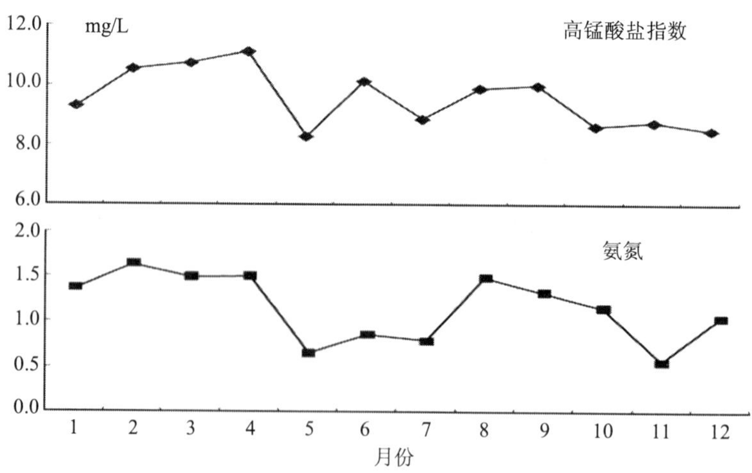

图 2-16　海河市区段主要水质指标月际（五年均值）变化趋势

常年以来，海河入海段的水质污染始终未得到根本改善，水体水质污染严重，总体水质始终处于劣Ⅴ类水平，沿线水质污染逐渐加重，位于中下游的大良子和海河大闸断面多年全部为劣Ⅴ类水质。综合 2001—2010 年海河入海段的水质监测结果可见，影响海河入海段水质的主要污染物为氨氮和高锰酸盐指数。其中，氨氮年均值连续 10 年超过地表水Ⅴ类标准，年超标率范围在 53.3%～93.5%，为首要污染物；高锰酸盐指数年均值出现交替超Ⅴ类标准状态，在“十一五”的后三年，自 2008 年以来，已连续三年超过地表水Ⅴ类标准，年超标率在 6.7%～

60.0%，平均浓度及超标率呈升高趋势，见图 2-17。

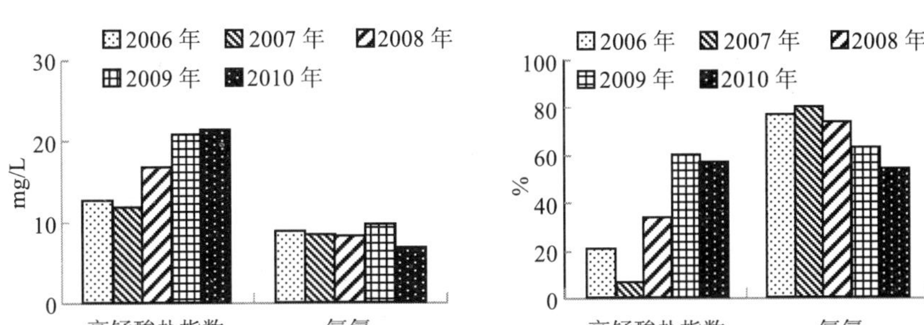

图 2-17　“十一五”期间海河入海段污染物浓度及超标率变化趋势

总之，海河干流水体水质在“十一五”期间的各断面水质状况变化趋势。由此可见，海河入海段水质污染明显重于上游市区段。

③主要河流（一级河道）水质状况。天津境内共有一级河道 19 条，除海河干流外，其他 18 条河流主要包括：北京排污河、北运河、潮白新河、大清河、独流减河、还乡河、蓟运河等。设置水质监测断面 44 个，依据《地表水环境质量标准》（GB 3838—2002）对水体水质进行评价。“十一五”期间水质评价项目包括 pH、溶解氧、高锰酸盐指数、生化需氧量、氨氮、石油类、挥发酚、总汞、总铅 9 项；“十五”期间还同时对总氰化物、氟化物、总镉进行评价。

2010 年天津境内的一级河道中，除大清河全年基本处于干涸、断流状态外，其余河流中，监测项目年均值达到地表水Ⅳ类标准和劣Ⅴ类标准的河流各有 4 条，占监测河道总数的 23.5%；9 条河流水质为Ⅴ类，占 53.0%。44 个断面中，除 3 个干涸断流断面未参与统计外，其他 41 个断面中，Ⅲ类水质断面 1 个，占监测断面总数的 2.4%；Ⅳ类水质断面 10 个，占 24.4%；Ⅴ类水质断面 17 个，占 41.5%；劣Ⅴ类水质断面 13 个，占 31.7%，一级河流水质状况见彩 2。

2010 年 18 条一级河道主要污染物为氨氮、高锰酸盐指数、生化需氧量、挥发酚等，年均值的分布情况见图 2-18。由此可见，永定新河、独流减河、子牙新河氨氮污染严重，子牙新河的高锰酸盐指数、挥发酚污染相对也较重。

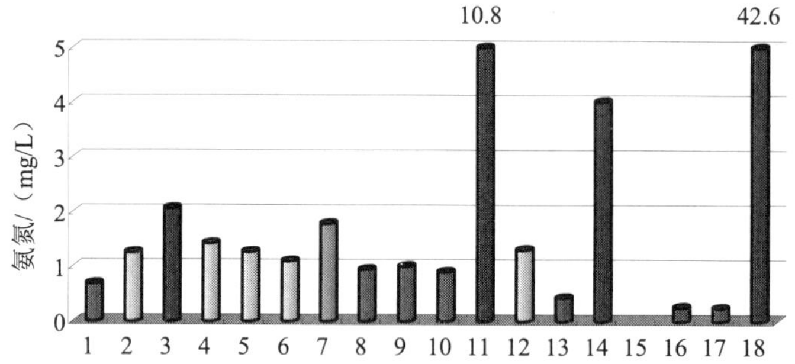

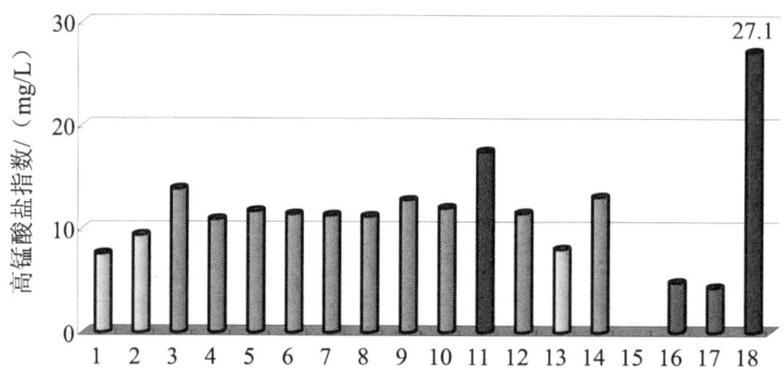

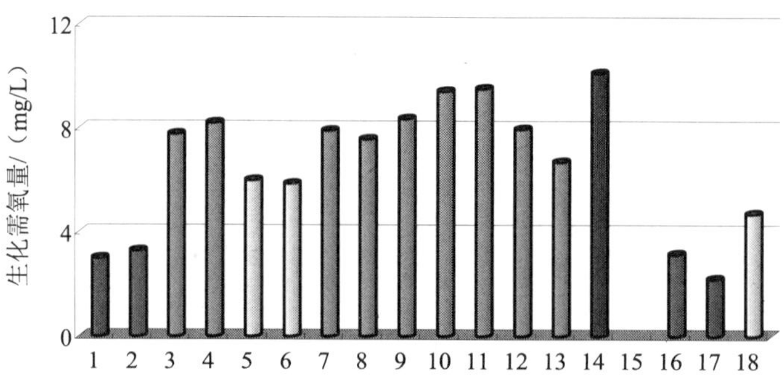

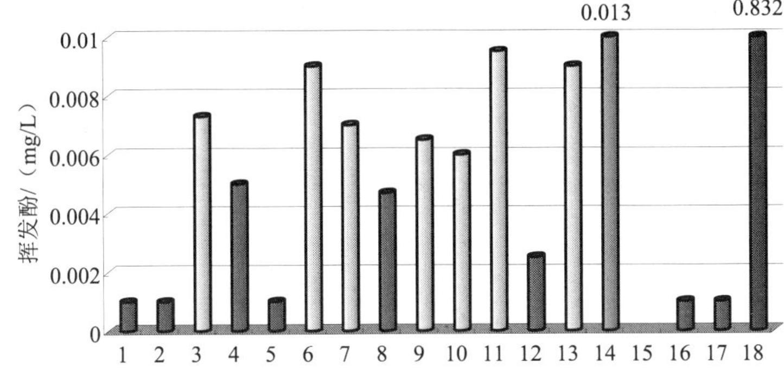

1—州河；2—泃河；3—蓟运河；4—还乡河；5—引泃入潮；6—潮白新河；

7—青龙湾河；8—北运河；9—北京排污河；10—永定河；11—永定新河；

12—新开-金钟河；13—子牙河；14—独流减河；15—大清河；16—南运河；

17—马厂减河；18—子牙新河

图 2-18　2010 年天津市一级河道主要污染物年均值比较

2001—2010 年，天津市一级河道水质均以Ⅴ～劣Ⅴ类水质为主。"十五"末期，总体水质已较初期有了一定的改善，受引黄济津输水工程的影响，劣Ⅴ类水质的河流有所减少。"十一五"期间，每年Ⅴ～劣Ⅴ类水质河道数量维持在 13～15 条，占监测总河道比例在 76.5%～93.8%。影响一级河流水质的主要污染因子为氨氮、高锰酸盐指数和生化需氧量，三项污染物年均值超标河流在各年监测的河流中所占比例范围分别为 23.5%～38.9%、11.1%～25.0%和 5.9%～31.3%。

"十一五"期间天津市一级河道水质类别比例和主要污染因子超标率变化趋势，分别见表 2-12 和图 2-19、图 2-20。与 2006 年相比，"十一五"末期一级河道总体水质有所改善，Ⅳ类水质河流增加 3 条，占全部监测河道比例升高了 17.3 个百分点，劣Ⅴ类水质河流减少 2 条，占全部监测的河道比例下降了 14.0 个百分点。主要污染物的污染程度均呈现较明显的下降趋势，见图 2-17。其中，氨氮平均浓度下降 1.69 毫克/升，降幅为 28.9%；高锰酸盐指数下降 2.10 毫克/升，降幅为 14.4%；生化需氧量下降 4.5 毫克/升，降幅为 40.2%。

表 2-12 “十一五”期间天津市一级河流水质类别统计

序号	河流名称	2006 年	2007 年	2008 年	2009 年	2010 年
1	北京排污河	劣Ⅴ类	劣Ⅴ类	劣Ⅴ类	劣Ⅴ类	Ⅴ类
2	北运河	Ⅴ类	Ⅴ类	Ⅴ类	Ⅴ类	Ⅴ类
3	潮白新河	劣Ⅴ类	Ⅴ类	劣Ⅴ类	Ⅴ类	Ⅴ类
4	大清河	Ⅴ类	Ⅴ类	Ⅴ类	Ⅴ类	干涸
5	独流减河	劣Ⅴ类	劣Ⅴ类	劣Ⅴ类	劣Ⅴ类	劣Ⅴ类
6	还乡河	Ⅴ类	Ⅴ类	Ⅴ类	Ⅴ类	Ⅴ类
7	蓟运河	劣Ⅴ类	Ⅴ类	劣Ⅴ类	劣Ⅴ类	劣Ⅴ类
8	泃河	Ⅴ类	Ⅳ类	Ⅳ类	Ⅳ类	Ⅳ类
9	马厂减河	干涸	干涸	干涸	Ⅴ类	Ⅳ类
10	南运河	干涸	干涸	干涸	Ⅱ类	Ⅳ类
11	青龙湾河	Ⅴ类	Ⅴ类	Ⅴ类	劣Ⅴ类	Ⅴ类
12	新开-金钟河	Ⅴ类	Ⅴ类	Ⅴ类	劣Ⅴ类	Ⅴ类
13	引泃入潮	Ⅴ类	劣Ⅴ类	Ⅴ类	Ⅳ类	Ⅴ类
14	永定河	Ⅳ类	Ⅴ类	Ⅴ类	劣Ⅴ类	Ⅴ类
15	永定新河	劣Ⅴ类	劣Ⅴ类	劣Ⅴ类	劣Ⅴ类	劣Ⅴ类
16	子牙河	Ⅴ类	Ⅴ类	Ⅴ类	Ⅴ类	Ⅴ类
17	子牙新河	劣Ⅴ类	劣Ⅴ类	劣Ⅴ类	劣Ⅴ类	劣Ⅴ类
18	州河	Ⅴ类	Ⅳ类	Ⅲ类	Ⅲ类	Ⅳ类

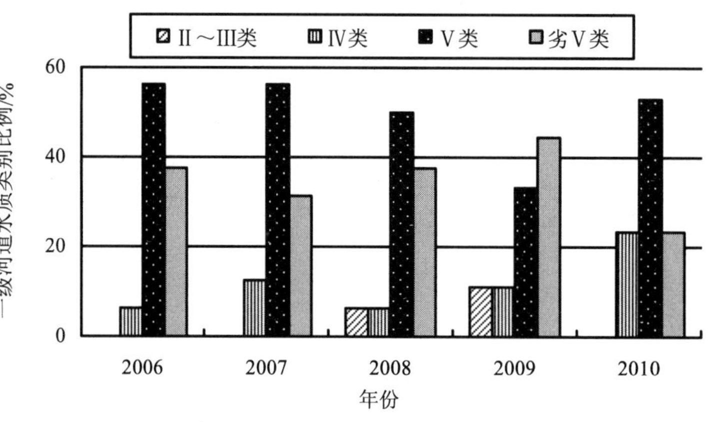

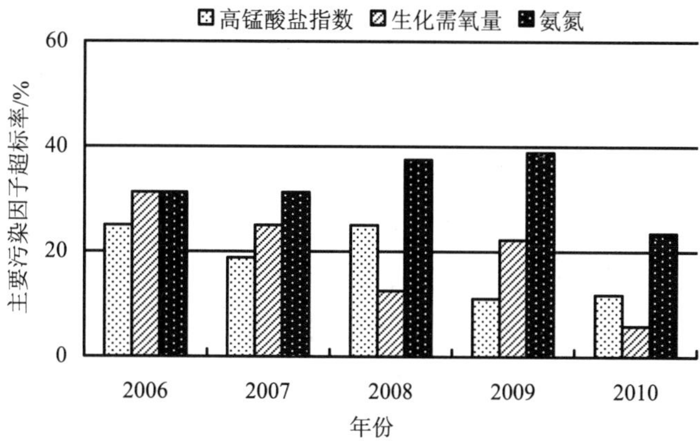

图 2-19　“十一五”期间天津市一级河道类别比例和主要污染因子超标率变化趋势

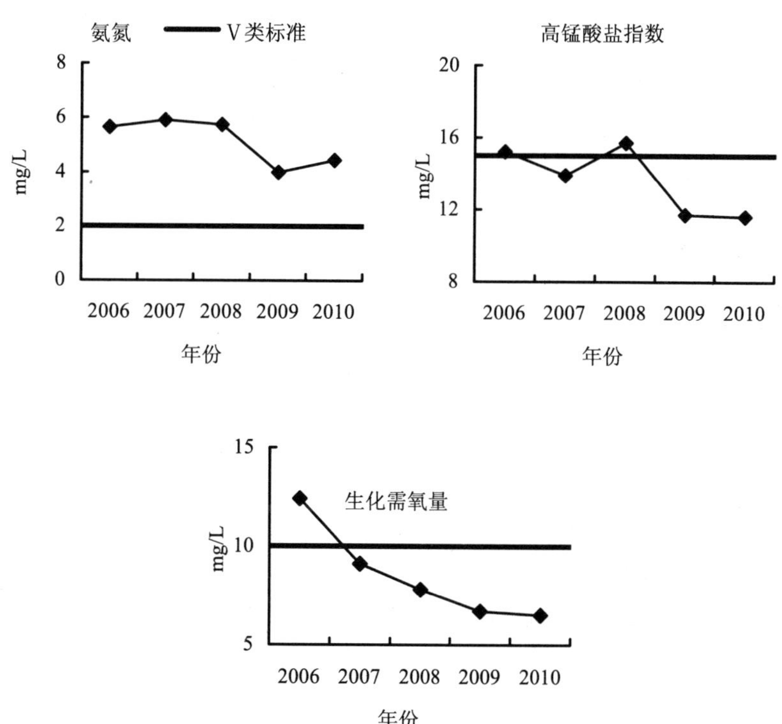

图 2-20　“十一五”期间天津市一级河道主要污染因子浓度均值变化趋势

（5）入境入海断面水质状况。

①入境断面水质状况。天津市为对辖区河流水质变化进行有效的控制，将入境的 20 条河流的 20 个断面设为入境断面，依据《地表水环境质量标准》（GB 3838—2002）中的Ⅴ类标准对其水质状况进行评价，入境河流与入境断面设置，见表 2-13。

2010 年，入境断面子牙河小河闸、大清河台头、黑龙港河东港拦河闸全年干涸，实际监测断面 17 个，其中引滦上游的 3 个断面均为Ⅱ类水质，占 17.6%；Ⅳ类水质断面 3 个，占 17.6%；Ⅴ类水质断面 7 个，占 41.2%；劣Ⅴ类水质断面 4 个，占 23.5%。由此可见，Ⅴ类和劣Ⅴ类入境水质断面比例高达 64.7%，入境断面的主要污染因子为氨氮、挥发酚和高锰酸盐指数，分别有 3 个、2 个和 1 个断面的年均值为劣Ⅴ类水平，分别占 17 个监测断面的 17.6%、11.8%和 5.9%，见表 2-14。入境断面中，子牙新河的五星断面污染最为严重，氨氮、挥发酚和高锰酸盐指数年均值全部超标，且是各断面中的最大值，分别超标 21.7 倍、10.9 倍和 0.9 倍。

表 2-13　2010 年天津市入境河流入境断面及水质类别

序号	河流名称	断面名称	备注
1	子牙河	小河闸	干涸
2	南运河	九宣闸	Ⅳ类
3	黎河	黎河桥	Ⅱ类
4	沙河	沙河桥	Ⅱ类
5	淋河	淋河桥	Ⅱ类
6	永定河	来家庄	Ⅴ类
7	潮白新河	大套桥	Ⅴ类
8	青龙湾河	土门楼	劣Ⅴ类
9	北运河	土门楼	Ⅴ类
10	还乡河	丰北闸	Ⅴ类
11	北京排污河	里老闸	Ⅴ类

序号	河流名称	断面名称	备注
12	凤河西支河	韩村闸	Ⅴ类
13	大清河	台头	干涸
14	黑龙港河	东港拦河闸	干涸
15	沟河	桑梓	Ⅳ类
16	沟河	辛撞闸	Ⅳ类
17	青静黄排水渠	大庄子	劣Ⅴ类
18	子牙新河	五星	劣Ⅴ类
19	北排水河	翟庄子	Ⅴ类
20	沧浪渠	翟庄子	劣Ⅴ类

表 2-14　2010 年天津市入境断面主要水质指标污染情况汇总

项目	断面水质类别比例/%			年均值
	Ⅰ-Ⅲ类	Ⅳ～Ⅴ类	劣Ⅴ类	范围
pH	100.0	0.0	0.0	7.37～8.38
溶解氧	94.1	5.9	0.0	4.45～11.62
高锰酸盐指数	23.5	70.6	5.9	1.02～27.8
生化需氧量	52.9	47.1	0.0	nd～9.4
氨氮	41.2	41.2	17.6	0.177～45.4
石油类	29.4	70.6	0.0	0.02～0.51
挥发酚	41.2	47.1	11.8	0.001～1.19
总汞	94.1	5.9	0.0	nd～0.165
总铅	100.0	0.0	0.0	nd～14.68

注：pH 量纲为 1；总汞、总铅单位为μg/L，其他项目单位为 mg/L；nd 表示未检出。

“十一五”期间，天津市入境断面水质污染状况有所改善，“十一五”末期劣Ⅴ类水质断面数量较初期减少了 2 个，占入境断面的比例下降了 9.8 个百分点。主要污染因子中生化需氧量、高锰酸盐指数污染呈减轻趋势，降幅达 63.7%。氨氮污染呈现波动变化，虽然入境浓度均值下降了 34.9%，但是断面年均值超标率升高了 0.9 个百分点。另近年来入境断面重金属浓度的变化值得关注，部分断面重金属汞的监测结果呈升高趋势，入境断面的重金属浓度升高对天津市的水环境安全构成一定隐患。“十一五”期间天津市入境断面水质类别比例变化趋势和主要污染因子断面年均值超标率变化趋势分别见图 2-21 和图 2-22。

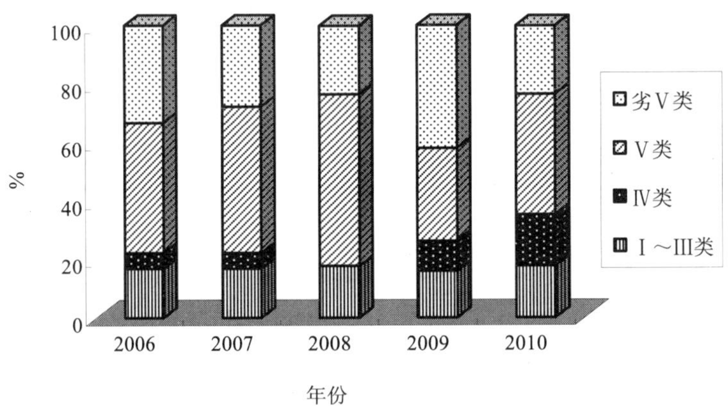

图 2-21　“十一五”期间天津市入境断面水质类别比例变化趋势

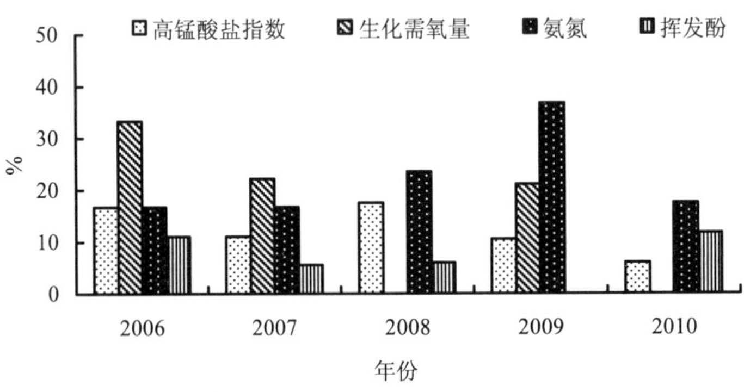

图 2-22　“十一五”期间入境断面主要污染因子断面年均值超标率变化趋势

②入海断面水质状况。为保护天津近岸海域海水质量，防治陆源水源污染，分别在入海河流蓟运河防潮闸、永定新河塘汉公路桥、海河大

闸、独流减河工农兵防潮闸、青静黄排水渠防潮闸、子牙新河马棚口防潮闸、北排水河防潮闸等处设置 7 个入海监测断面，依据《地表水环境质量标准》（GB 3838—2002）中的Ⅴ类标准进行水质状况评价。

2001—2010 年，天津市入海断面水质较差，主要以劣Ⅴ类水平为主。2010 年 7 个入海断面中，劣Ⅴ类水质断面占入海断面总数的 71.4%，水质污染严重。主要污染因子包括氨氮、高锰酸盐指数、挥发酚和生化需氧量。“十一五”末期，劣Ⅴ类水质断面较初期减少 1 个，下降了 14.3 个百分点。主要污染因子中生化需氧量年均值降幅达 64.0%；氨氮、高锰酸盐指数和挥发酚污染则呈加重趋势，氨氮年均值升幅达 15.9%；高锰酸盐指数年均值上升 65.7%；挥发酚年均值在 2008 年和 2010 年出现 2 次明显上升，见图 2-23。

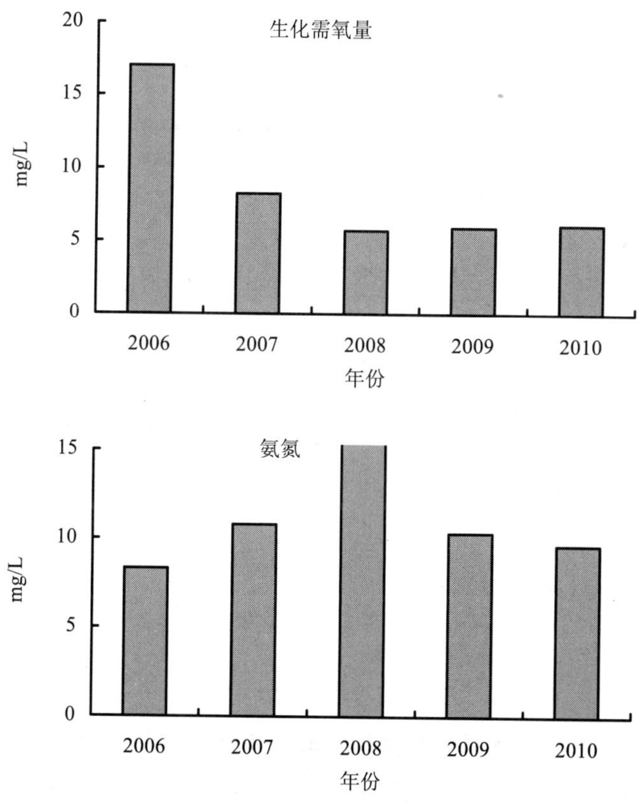

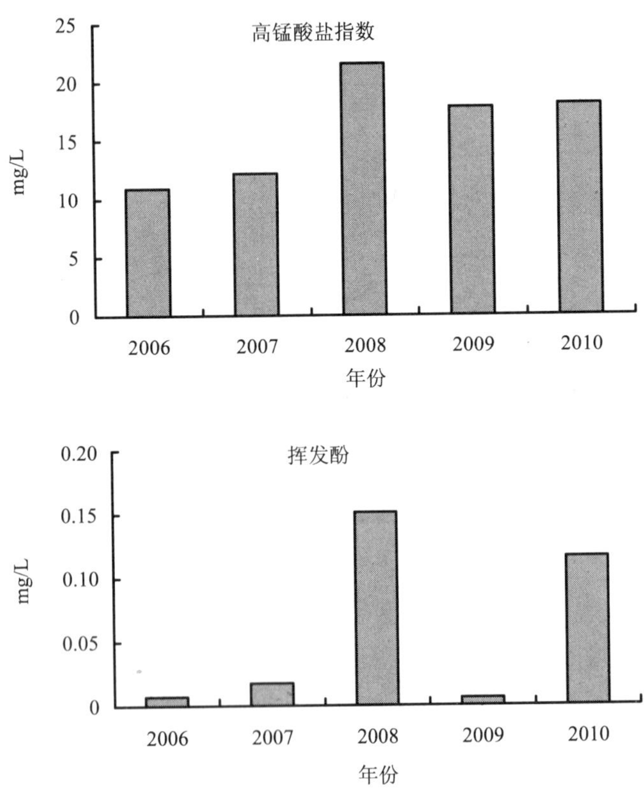

图 2-23 “十一五”期间主要污染因子入海浓度均值变化趋势

“十一五”期间天津市入境、入海断面水质类别状况见彩 3。

（6）城市景观河道水质状况。2000 年以来天津市逐步对流经中心城区及周边地区的一、二级河道进行了改造，使其具有景观功能，改善人民群众的生活环境。天津城市景观河道主要包括海河干流市区段以及与其沟通的小型河流。

“十五”末期，中心城区内具有景观功能的水域包括 9 条河流和 2 个公园湖泊，先后设置水质监测断面 14 个。近年来，随着城市建设的快速发展，中心城区具有景观功能的河道逐年增多。截至“十一五”末期的 2010 年，天津市城市景观水体功能区共设置水质监测断面 55 个，分布在全市 12 个行政区内。城市景观河道水质状况的评价，依据《地表水环境质量标准》（GB 3838—2002）中的Ⅴ类标准。

2010 年城市景观河道 55 个监测断面中，除北宁公园西湖等 5 个断面全年干涸外，其余 50 个监测断面以Ⅴ类水质水体为主，Ⅴ类水质断面占监测断面总数的 88.0%；Ⅳ类水质断面占 10.0%；劣Ⅴ类水质断面占 2.0%。主要污染因子为氨氮、生化需氧量和高锰酸盐指数，海河大良子断面水质相对最劣。

2001—2010 年，天津城市景观河道水质基本达到水体功能要求，以Ⅴ类水质为主，劣Ⅴ类断面所占比例相对较低。近年来，天津景观水体水质的优劣主要取决于引黄是否供水及其是否与海河换水等。受水文条件的制约，景观河道的水生生态环境比较脆弱，水体自净能力低，难以抗击外部环境的扰动，受汛期雨污水排放的影响，雨后水质常会明显下降，劣Ⅴ类水质断面则明显增加。

（7）农业用水环境质量状况。天津地处海河流域下游，河网密集，长期监控的河流数十条，累计河长达到 1 234.6 千米，这些河流的水体功能以农业用水为主，部分河道兼有排污功能。依据《地表水环境质量标准》（GB 3838—2002）中的Ⅴ类标准对其水质进行评价。根据河流流经的行政区，对上述河流按区域划分，形成区划功能管理与评价。

2010 年天津市农业用水功能区共设置断面 28 个，分布在 13 个行政区内。全年农业用水平均水质达标率为 85.1%，主要污染因子为氨氮、生化需氧量和高锰酸盐指数。“十一五”期间，天津市农业用水水质达标率整体呈现上升趋势，与 2006 年相比，全市农业用水水质达标率上升 20.3 个百分点。

2010 年全市农业用水质量状况及区域用水达标状况见图 2-24。

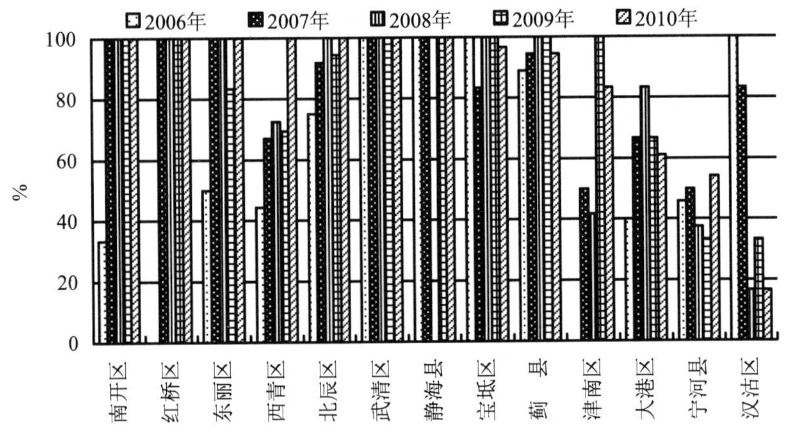

图 2-24　2006—2010 年天津市农业用水功能区水质达标率比较

由图 2-27 可见，2006—2010 年期间全市 13 个行政区农业用水功能区水质达标状况，除汉沽区、宁河县、大港区、津南区、西青区各年度达标率偏低外，其他区年度达标状况良好。

三、海洋环境质量

1. 近岸海域基本概况

天津近岸海域位于华北平原东北部，地处渤海西海岸，海岸线东起陡（涧）河口，南至岐口，天津近岸海域环境功能区划在东经 118°03′以西，北纬 38°36′以北，相夹区域面积约在 2 200 平方千米，呈西北弯凸的弧形，全长 153.33 千米。

进入 21 世纪以来，天津近岸海域面临入海水量急剧减少，且向汛期集中的突出问题，不仅加重陆源对海洋水质的污染，同时由此将对近岸海域水生态造成深远影响，海洋生态修复成为迫切需要解决的关键问题。

天津市近岸海域 20 世纪中期至 21 世纪初期入海径流变迁趋势，见

表 2-15。

表 2-15　天津市近岸海域 1950—2005 年入海径流变化状况　　单位：亿 m^3

入海径流时段	年均径流	汛期	非汛期	汛期占比例/%
1950—1959 年	144.3	89.3	55.0	61.9
1960—1969 年	81.7	49.8	31.9	61.0
1970—1979 年	33.1	27.7	5.4	83.7
1980—1989 年	9.8	8.5	1.3	86.3
1990—1999 年	7.7	6.8	0.9	88.3
2000—2005 年	3.8	3.6	0.2	94.7

2．监测概况与质量状况

天津市近岸海域监测与评价分为入海口监测评价、近岸海域环境监测评价两部分，其中入海口监测评价包括入海污染源监测评价和入海河流监测评价，近岸海域环境监测评价包括环境质量监测评价和功能区监测评价。

（1）入海口监测概况与质量状况。

①入海口监测概况。天津共有各类入海口 23 个，其中，污染源入海口 16 个，包括 6 个工业污染源、5 个市政生活源、5 个综合排口，另有 7 个河流入海口。污染源入海口每年监测 1 次；河流入海断面中，3 个国控断面实施月监测，4 个市控断面为单月监测。入海污染源的监测和评价依据国家环保总局下发的环函[2004]268 号“关于印发《全国沿海地区直排入海污染源调查实施方案》”实施。河流入海断面的评价与河流评价一致。入海口的评价方法、依据及项目见表 2-16。

表 2-16　2010 年天津市入海口水质评价方法、依据和项目

<table>
<tr><th rowspan="2">分类</th><th rowspan="2">排放去向</th><th rowspan="2">入海口数量</th><th colspan="2">水质评价标准</th><th rowspan="2">评价项目</th></tr>
<tr><th>名称</th><th>级别</th></tr>
<tr><td>工业源</td><td>四类海区</td><td>6</td><td>《污水综合排放标准》（GB 8978—1996）</td><td>二级</td><td>化学需氧量、石油类、氨氮、氰化物、砷、汞、六价铬、铅、镉（9 项）</td></tr>
<tr><td>市政源</td><td>四类海区</td><td>5</td><td rowspan="3">《城镇污水处理厂污染物排放标准》（GB 18918—2002）</td><td>二级</td><td>化学需氧量、石油类、氨氮、总氮、总磷（5 项）</td></tr>
<tr><td rowspan="2">综合排口</td><td>二类海区</td><td>3</td><td>一级 B</td><td rowspan="2">化学需氧量、石油类、氨氮、汞、六价铬、铅、镉、总氮、总磷（9 项）</td></tr>
<tr><td>三类海区</td><td>1</td><td>二级</td></tr>
</table>

②入海污染源口水质状况。2010 年天津市实际监测直排入海污染源 16 个，其中 8 个达到相应水质标准要求，水质达标率为 50.0%，主要污染因子为化学需氧量、氨氮、总磷。化学需氧量和氨氮在 7 个排口出现超标，超标率为 43.8%；总磷在 5 个排口超标，超标率为 31.3%。对污染源类型进行分析可见，工业污染源水质全部达标，市政生活源和综合排口中水质达标率仅为 20.0%，主要超标因子为氨氮、总磷和化学需氧量。另对排入海域的环境功能区类型可见，排入二类海域的 3 个污染源全部超标，主要污染物为化学需氧量和氨氮；排入三类海域的 1 个污染源达标；排入四类海域的 12 个污染源中，7 个实现达标排放，水质达标率为 58%，主要污染因子为化学需氧量、氨氮和总磷。

“十一五”期间，入海污染源口水质达标率在 33.3%～56.3%，水质状况有所改善，水质达标率呈升高趋势，主要污染因子为化学需氧量、氨氮和总磷。节能减排指标化学需氧量的超标率明显下降，“十一五”初期的重金属污染基本消失，但氨氮和总磷的超标率有所上升，大量营养盐的汇入，对近岸海域会产生潜在的富营养化隐患，见图 2-25。

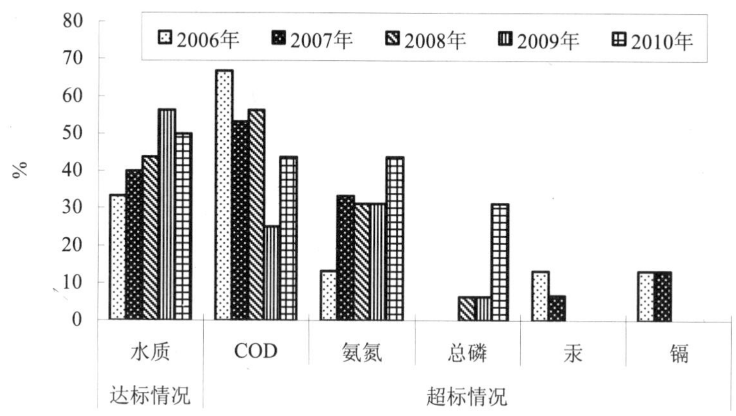

图 2-25　“十一五”期间天津污染源入海口水质及主要污染因子超标情况

③污染源污染物入海通量分析。为了对入海污染物实施有效削减与控制，天津市自 2007 年开始对污染源入海通量进行监测和统计。表 2-17 和图 2-26 给出了 2007—2010 年天津直排入海污染源入海污水量及污染物入海量。由此可见，2008 年污水入海量最少，2010 污水年排放量较多；各类污染物入海量按从大到小依次排序为化学需氧量（COD）、总氮、氨氮、总磷和石油类。另对 2010 年直排入海污染源入海污水量分析可见，综合排口在天津市污染源入海排放中占据较大比重，污水排放量和主要污染物排放量均超过市政排放源和工业源排放量总和，是减排的重中之重。

表 2-17　天津市直排海污染源入海量统计结果

统计年份	污水入海量/（万 t/a）	污染物入海量/（t/a）				
		化学需氧量	石油类	氨氮	总氮	总磷
2007	2 987.636	3 740.522	42.984	313.515	515.062	34.88
2008	1 187.805	966.052	1.675	136.94	229.543	18.406
2009	2 907.504	2 465.918	37.107	250.985	367.746	25.423
2010	3 934.630	2 017.22	2.576	300.23	465.004	42.092

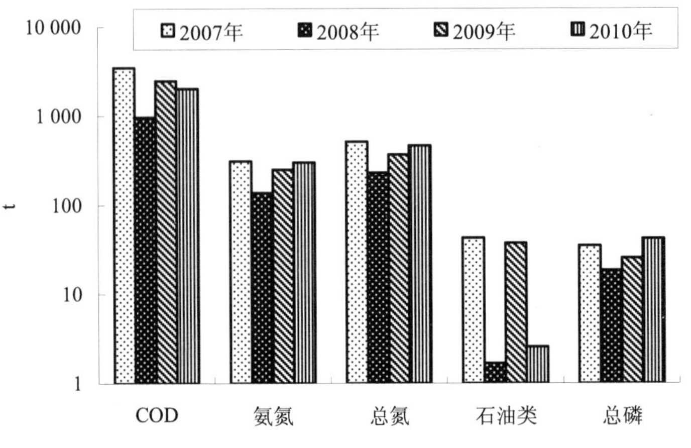

图 2-26 “十一五”期间天津污染源入海口排放量比较

（2）近岸海域监测概况与水质状况。

①近岸海域监测概况。2003 年中国环境监测总站对近岸海域监测点位进行了调整，天津近岸海域现有水质监测点位 17 个，监测覆盖海域面积约 2 000 平方千米。由于港区扩建原因，TJ05 和 TJ08 两个功能区点位已经不具有监测功能。近年实际监测点位 15 个，其中环境质量点位 10 个，功能区点位 12 个。其中，一类水质海区点位 3 个，二类水质海区点位 5 个，三类水质海区点位 3 个，四类水质海区点位 1 个。水质监测全年实施 3 次，分别在枯水期（5 月）、丰水期（8 月）、平水期（10 月）进行。其中，8 月开展海水水质全项（33 项）分析测试，覆盖了《海水水质标准》（GB 3097—1997）规定的除放射性核素和病原体以外全部项目。沉积物监测点位 16 个，沉积物监测全年实施 1 次，监测时间为枯水期（5 月）。

环境质量评价项目为 pH、溶解氧、化学需氧量、石油类、活性磷酸盐、无机氮、非离子氨、汞、铜、铅、镉、砷 12 项，评价依据为《海水水质标准》（GB 3097—1997）。功能区评价项目根据国家对全国近岸海域功能区水质评价的要求选择无机氮、活性磷酸盐、化学需氧量、石油类 4 项，评价依据为《海水水质标准》（GB 3097—1997）。沉积物监测项目包括铜、锌、铅、镉、砷、汞、石油类、六六六、滴滴涕、有机碳、硫化物 11 项。评价依据为《海洋沉积物质量》（GB 18668—2002）。

②近岸海域环境质量状况。2010 年天津市近岸海域环境质量以劣Ⅳ类水质为主，监测的 10 个环境质量测点中，劣Ⅳ类水质测点占 60.0%；Ⅲ类水质点位占 30.0%；Ⅳ类水质点位占 10%；无Ⅰ～Ⅱ类水质测点。影响 2010 年度天津近岸海域水质的主要污染因子为无机氮、石油类和 pH 等。

各监测点位无机氮浓度年均值范围在 0.246～0.957 毫克/升，海域年均值为 0.538 毫克/升，超过Ⅳ类海水标准。在 10 个监测点位中，2 个为Ⅱ类水平，占监测点位总数的 20%；各有 1 个点位为Ⅲ类和Ⅳ类水平，分别占 10%；6 个点位为劣Ⅳ类水平，占 60%。

各监测点位石油类浓度年均值范围在 0.01～0.05 毫克/升，海域年均值为 0.031 毫克/升，满足Ⅳ类海水标准。在 10 个监测点位中，9 个为Ⅰ类水平，占监测点位总数的 90%；1 个点位为Ⅲ类水平，占 10%。最高年均值出现在 1 号点位。

各监测点位 pH 年均值范围在 7.39～7.99，海域年均值为 7.76，满足Ⅳ类海水标准。在 10 个监测点位中，5 个为Ⅰ类水平，占监测点位总数的 50%；5 个点位为Ⅲ类水平，占 50%。对近岸海域枯、丰水期的监测，设置了 10 个环境质量测点进行，枯水期：8 个测点水质处于劣Ⅳ类水平，2 个测点水质处于Ⅳ类水平，无Ⅰ～Ⅲ类水质的测点；丰水期：各 4 个测点水质处于Ⅲ类和劣Ⅳ类水平，2 个测点水质处于Ⅳ类水平，无Ⅰ～Ⅱ类水质测点；平水期监测点位 7 个，其中有 5 个测点水质以劣Ⅳ类为主，各有 1 个测点水质达到Ⅰ类、Ⅲ类标准，见图 2-27。各水期水质由优到劣依次排序为丰水期、平水期和枯水期。

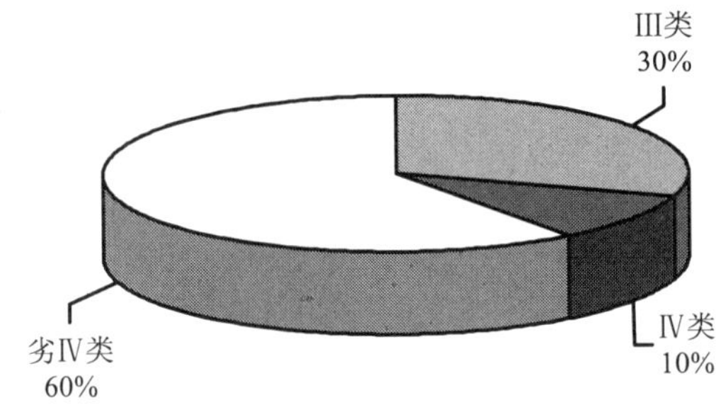

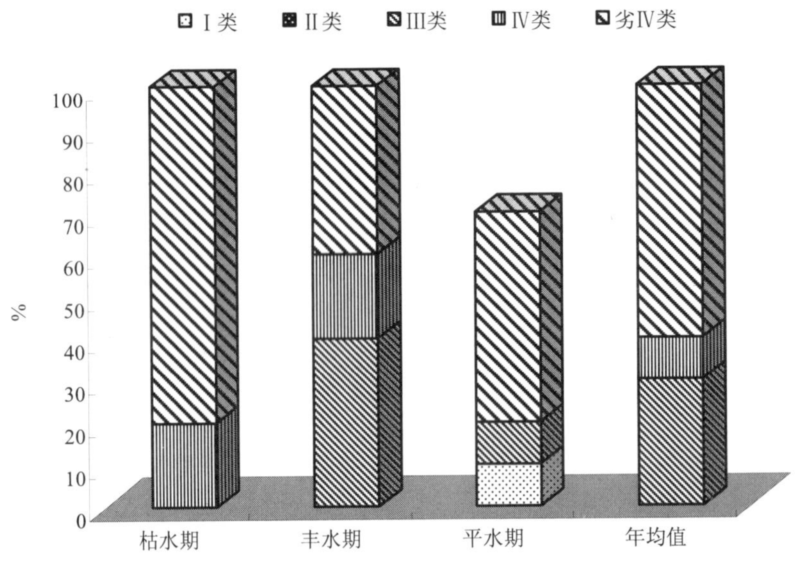

图 2-27　2010 年天津近岸海域环境质量点位水质类别分布

“十一五”期间的前 4 年，天津近岸海域水质整体呈逐年好转趋势，Ⅰ～Ⅱ类水质比例逐年上升，Ⅳ～劣Ⅳ类比例逐年下降；但 2010 年水质出现大幅下降，10 个环境质量监测点位未出现Ⅰ～Ⅱ类水质点位，且劣Ⅳ类水质点位数量上升到 6 个，再次表明入海污染物入海通量的增加，对海洋水质必将产生影响，海洋质量的改善仍很脆弱。无机氮是影响天津近岸海域水质的主要因子，“十一五”期间，除 2009 年外，其他年份的年均值全部超过海水Ⅳ类标准，劣Ⅳ类点位比例维持在 40%～60%，见图 2-28。

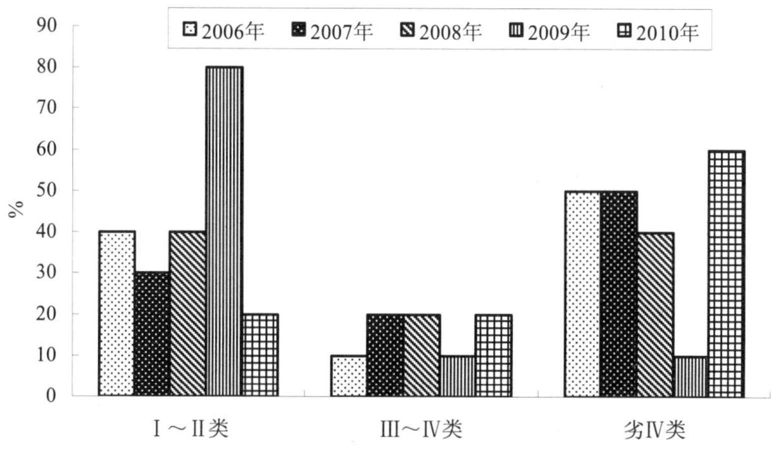

图 2-28　“十一五”天津近岸海域环境质量点位无机氮比例分布

多年以来，对天津近岸海域四个类别海水功能区的评价是实施海域功能区保护的主要内容。2010 年对天津近岸海域 12 个功能区按 3 个水期监测的 36 个样本统计，达到相应功能区标准水质达标率为 38.9%。丰水期达标率最高为 50.0%；枯水期和平水期达标率均为 33.3%，见表 2-18。无机氮仍为影响近岸海域功能区达标的主要污染因子，样本超标率为 61.1%。其他存在超标的因子还有化学需氧量和石油类，超标均为 2.8%。

表 2-18　2010 年天津近岸海域功能区水质达标情况

水期	达标点位数/个				测点位数	水质达标率/%	
	一类海区	二类海区	三类海区	四类海区		2010 年	2009 年
枯水期	1	2	0	1	12	33.3	58.3
丰水期	1	2	2	1	12	50.0	50.0
平水期	1	1	2	0	12	33.3	66.7
全年	3	5	4	2	36	38.9	58.3

“十一五”期间，天津近岸海域功能区监测频次达标率出现逐年下降的趋势，由 2006 年的 60.0%下降到 2010 年的最低值 38.9%，下降了 21.1 个百分点。在三个不同水期的监测中，丰水期的水质达标情况波动不大，平水期水质虽然优于枯水期和丰水期，但是近三年呈不断下降的趋势，枯水期的水质波动较大。无机氮各年份超标率均较高，最高值亦出现在 2010 年，达到 61.1%，无机氮已成为制约天津近岸海域水质状况的主要污染因子。

四、声环境质量

声环境质量的优劣直接影响人们的正常工作、生活和休息，环境噪声污染是一种感觉公害，严重时甚至影响人们的身体健康，成为社会的不稳定因素之一，正是由于噪声的种种危害，目前已成为世界性的四大公害之一。

噪声污染不同于大气污染、水体污染，噪声分布规律取决于噪声源的辐射情况，呈不连续分布。噪声污染的影响范围和噪声源分布具有局限性、分散性、非单一性及暂时性的特点，由此构成对环境不积累、不持久性的影响。城市类噪声源主要包括交通噪声、工业噪声、施工噪声、生活噪声等，噪声污染程度和强度与人类社会活动密切相关。天津市一直十分重视环境噪声污染的防治工作，早在 20 世纪 70 年代末期就开始注重环境噪声的监测、管理和治理，并从调查、科研、标准建立等方面逐步建立了环境噪声控制体系。自 1979 年以来，天津市相继开展了道路交通噪声、区域环境噪声和功能区噪声定期监测，为天津市噪声污染防治提供了技术支持。

1. 噪声监测概况

自 1979 年以来，天津市相继开展了道路交通噪声、区域环境噪声和功能区噪声定期监测。30 年间，天津市噪声监测方法与评价标准在不同的历史阶段，分别依据当时我国现行有效的声环境质量标准和城市环境噪声测量方法中有关规定进行。“十一五”期间，天津市声环境监测项目、监测点位布设情况，见表 2-19。

表 2-19　天津市各类噪声监测概况

监测类型	监 测 范 围
城市区域环境噪声	中心城区监测面积 205 km^2，覆盖区域市内六区及外环线以内的建成区；滨海新区、环城四区、三县二区监测面积 178 km^2，其中滨海新区监测面积 56.7 km^2
中心城区城市道路交通噪声	中心城区城市道路交通噪声监测道路 115 条，监测点位 185 个，监测总路长 276 km；滨海新区、环城四区、三县二区监测总路长 385 km，其中滨海新区监测总路长 178 km
噪声功能区定期监测	全市噪声功能区定期监测点位共计 75 个，其中国控测点 12 个，市控测点 63 个，基本保证各区（县）1～4 类声环境功能区均设有测点

“十一五”期间，天津噪声评价依据为《声环境质量标准》（GB 3096—2008），同时依据《声环境质量评价方法技术规定》，对城市声环境质量进行质量级别评价，即将城市声环境质量分为重度污染、中度污染、轻度污染、较好和好 5 个等级。按照平均声级等级对区域环境噪声、道路交通噪声进行评价，级别划分见表 2-20 和表 2-21。

表 2-20　区域噪声环境质量级别划分　　单位：分贝

级别	好	较好	轻度污染	中度污染	重度污染
平均等效声级	≤50.0	50.1～55.0	55.1～60.0	60.1～65.0	>65.0

表 2-21　道路交通噪声环境质量级别划分　　单位：分贝

级别	好	较好	轻度污染	中度污染	重度污染
平均等效声级	≤68.0	68.1～70.0	70.1～72.0	72.1～74.0	>74.0

2. 声环境质量状况

(1) 区域环境噪声状况。2010年天津市中心城区区域环境噪声平均声级为54.6分贝，声环境质量处于“较好”等级，声环境质量连续第18年低于城市定量考核60分贝的限值水平。在评价范围内区域环境噪声声级主要集中在51～55分贝，声级低于60分贝的评价面积为188平方千米，占总评价面积的92%，声级大于60分贝的评价面积为17平方千米，占总评价面积的8%，在评价范围内达到“好”及“较好”等级(≤55.0分贝)的面积为118平方千米，占总评价面积的58%，见表2-22，表2-23。

表2-22　2010年天津市区域环境噪声统计结果

网格面积/km^2	网格个数/个	声级/分贝			
		L_{eq}	L_{10}	L_{50}	L_{90}
205	205	54.6	56	50	47

表2-23　2010年天津市暴露在不同等效声级下的面积状况

声级范围/分贝	46～50	51～55	56～60	61～65	66～70	＞60
覆盖面积/km^2	20	113	59	9	4	17
占总面积的百分比/%	10	55	29	4	2	8

2010年天津市环境噪声源按其强度排序为：交通噪声（57分贝）＞施工噪声（56分贝）＞工业噪声=生活噪声（54分贝）。环境噪声源按其覆盖面积大小排序为：生活噪声＞交通噪声＞工业＞施工噪声，见表2-24。

表 2-24　2010 年天津市各类环境噪声源平均声级及构成比例

主要噪声源	噪声源平均声级/分贝	噪声源构成比/%
交通	57	22
生活	54	66
工业	54	11
施工	56	1

“十一五”期间，天津市中心城区区域环境噪声平均声级五年均值为 54.7 分贝，比“十五”末期的 2005 年下降 0.2 分贝，声环境质量评价属“较好”等级，2006—2010 年，各年度平均声级均低于城市定量考核 60 分贝的限值水平，五年期间平均声级下降幅度为 0.3 分贝，见表 2-25。

表 2-25　2006—2010 年天津市区域环境噪声统计结果

年份	声级/分贝			
	L_{eq}	L_{10}	L_{50}	L_{90}
2006	54.9	56	51	48
2007	54.7	56	50	48
2008	54.6	56	51	48
2009	54.7	56	51	48
2010	54.6	56	50	47
2006—2010 年平均值	54.7	56	51	48
r_s（秩相关系数）	−0.65	0.50	−0.13	−0.25

“十一五”期间，天津市区域环境噪声声级大于 60 分贝的高声级面积覆盖率范围为 7%～11%，与 2005 年相比变化不大；各年度区域环境噪声在 51～55 分贝的面积覆盖率最大，声级总体处于较好水平，见表 2-26。

表 2-26　2006—2010 年不同声级下的面积覆盖率　　　　单位：分贝

内容	年份	46～50	51～55	56～60	61～65	66～70	＞60
面积/km²	2006	21	113	51	14	6	22
	2007	15	122	54	12	2	18
	2008	20	100	74	10	1	15
	2009	22	96	65	13	4	23
	2010	20	113	59	9	4	17
面积覆盖率/%	2006	10	55	25	7	3	11
	2007	7	60	26	6	1	9
	2008	9.5	49	36	5	0.5	7
	2009	11	47	32	6	2	11
	2010	10	55	29	4	2	8

“十一五”期间，天津市环境噪声源中生活噪声源构成比最大，范围值为 59%～66%；交通噪声源构成比次之，范围值为 22%～25%，工业噪声源构成比位于第 3 位，范围值为 11%～15%，施工噪声源构成比最小，低于 3%。2006—2010 年，生活噪声源仍是影响最广泛的环境噪声源，其影响范围不断扩大，五年间生活噪声源构成比均值比 2005 年上升了 3 个百分点，见图 2-29。

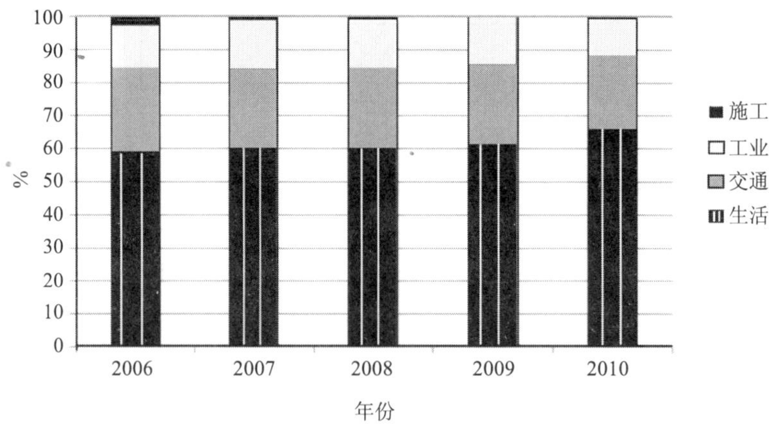

图 2-29　2006—2010 年天津市环境噪声源构成比

“十一五”期间，天津市各类环境噪声源平均声级变化不大，生活源和工业源平均声级为 54 分贝；交通源声级强度最大，平均声级为 58 分贝；施工噪声源平均声级为 56 分贝，且 5 年间变化幅度最大，2006 年最高值达到 59 分贝。与 2005 年相比，生活噪声与工业噪声持平，交通噪声基本持平，施工噪声上升 2 分贝。

（2）道路交通噪声状况。2010 年天津市中心城区道路交通噪声实测 184 个路段，总监测路长 276 千米。道路交通噪声平均声级为 67.7 分贝，在中心城区平均车流量为 2 201 辆/时，声环境质量等级评价结果为“好”，见表 2-27。

表 2-27　2010 年天津市中心城区道路交通噪声统计结果

路长/km	L_{eq}/分贝	L_{10}/分贝	L_{50}/分贝	L_{90}/分贝	重型车/（辆/h）	轻型车/（辆/h）	车流量/（辆/h）
276	67.7	69	64	60	192	2 009	2 201

2010 年天津市中心城区道路交通噪声声级主要集中在 66～70 分贝，路段长度为 181 千米，占监测路段长度的 65%；大于 70 分贝，评价等级为“轻度污染”及以上的路长为 46 千米，占监测总路长的 17%，主要有卫国道、马场道、新开路、建昌道等道路上的 23 个路段；小于 65 分贝的监测路段长度仅为 50 千米，占监测路段长度的 18%。

2000—2010 年，天津市中心城区道路交通噪声声级平均值为 67.7 分贝，其中，“十一五”末期比“十五”末期的 2005 年下降了 0.3 分贝，平均车流量为 2 329 辆/时，比“十五”末期增加了 108 辆/时。十年间，天津市城区道路交通噪声平均声级在 67.7～69.2 分贝之间波动，“十五”期间下降明显，2005 年较 2000 年下降了 1.2 分贝；“十一五”期间比较稳定，变化幅度不大；平均车流量维持在 2 201～2 700 辆/时，“十五”期间的变化趋势不明显，“十一五”期间的前三年呈大幅上升，2008 年达到近十年的最大值，随之有所下降趋于平稳。自 2004 年以来，道路交通已连续七年声环境质量等级评价达到“好”的水平，见图 2-30。

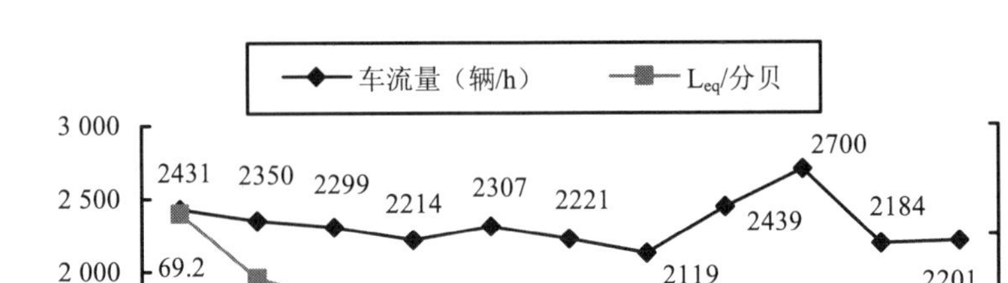

图 2-30　2000—2010 年天津市道路交通噪声与车流量状况

“十一五”期间，天津市城区道路交通噪声声级主要集中在 66～70 分贝，路长百分比范围在 65%～76%，声级大于 70 分贝的路段占监测总路长的百分比范围在 13%～20%，见表 2-28。

表 2-28　2006—2010 年天津市中心城区道路交通噪声不同声级分布

年份	声级范围/分贝	56～60	61～65	66～70	71～75	76～80	>70
2006	路段长度/km	0	36	209	29	0	36
2007		2	44	197	32	1	41
2008		1	55	181	32	3	47
2009		0	38	182	54	0	54
2010		2	48	181	46	0	46
2006	占监测总路长的百分比/%	0	13	76	11	0	13
2007		1	16	71	12	<0.5	15
2008		<0.5	20	67	12	1	17
2009		0	14	66	20	0	20
2010		1	17	65	17	0	17

（3）功能区噪声状况。功能区噪声监测目的在于掌握城市内不同区域环境噪声的时间分布规律。2010 年天津市功能区噪声国控点平均声级，昼间除 2 类声环境功能区超标 1 分贝外，其余类型功能区均达标；夜间 1、3 类声环境功能区均达标，2 类声环境功能区超标 3 分贝，4 类声环境功能区超标 10 分贝。

2010 年各类功能区监测次数达标率为：昼间 1 类声环境功能区全部达标，达标率 100%，2、3、4 类声环境功能区达标率依次降低，但均达到 50%以上；夜间 1、2 类声环境功能区达标率较高，在 75%以上，3 类声环境功能区达标率较低，不到 50%，4 类声环境功能区主要受交通噪声的影响全部超标，达标率为 0。

“十一五”期间，天津市功能区噪声国控测点 1 类声环境功能区昼间声级稳中有下降趋势，夜间声级呈显著下降趋势；2 类声环境功能区昼间声级比较稳定，夜间声级稳中有上升趋势；3、4 类声环境功能区昼、夜间声级均比较稳定。2006—2010 年五年平均声级与 2001—2005 年相比，1、2 类声环境功能区昼间声级持平，夜间声级基本持平；3 类声环境功能区昼间声级升高 2 分贝，夜间声级基本持平；4 类声环境功能区昼、夜间声级均基本持平。

“十一五”期间，各类功能区达标率表明：昼间 1 类声环境功能区达标率呈显著上升趋势，由 2006 年的 38%上升到 2010 年的 100%；2 类声环境功能区达标率在 70%～80%波动，呈不显著上升趋势，比较稳定；3 类声环境功能区达标率最高，在 75%～100%波动；4 类声环境功能区 2010 年达标率比 2006 年有所下降，五年变化趋势不显著。夜间 1 类声环境功能区达标率呈显著上升趋势，由 2006 年的 25%上升到 2010 年的 88%；2 类声环境功能区达标率较高，在 60%～80%波动，2010 年比 2006 年有所下降；3 类声环境功能区达标率在 38%～75%波动；4 类声环境功能区达标率最低，五年全部超标，超标率为 0，见图 2-31。

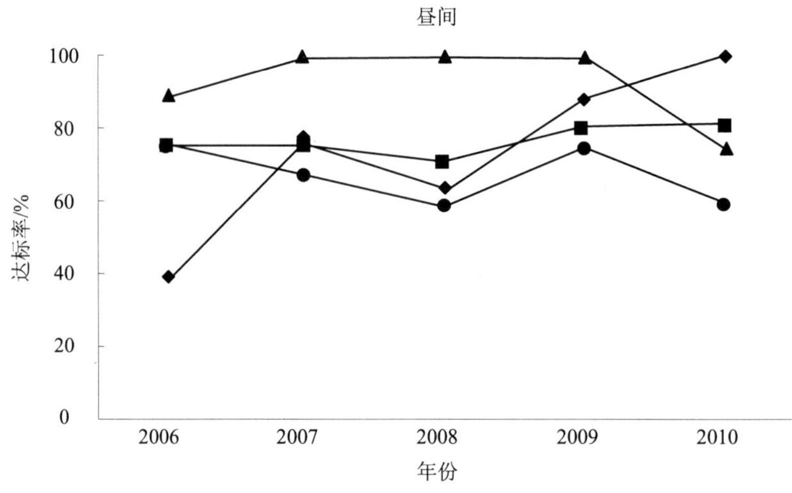

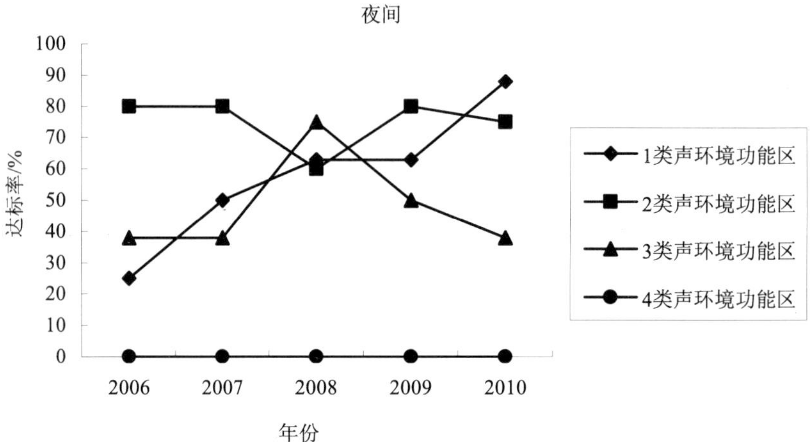

图 2-31　2006—2010 年天津市功能区噪声国控点达标率变化曲线

总之，“十一五”期间，天津市功能区噪声国控测点 1 类声环境功能区昼、夜达标率呈显著上升趋势；2、3 类声环境功能区声级均比较稳定，昼、夜达标率无显著变化趋势；4 类声环境功能区昼间达标率 2010 年比 2006 年有所下降，夜间主要受道路交通噪声影响，平均声级均严重超标，五年达标率均为 0。

五、辐射环境状况

1. 监测概况

天津市辐射环境监测始于20世纪80年代，承担了天津市环境天然放射性水平调查研究，国家环境保护总局从2003年开始建立全国辐射环境监测网络，天津市成为国家网络成员之一。天津市辐射环境监测网络系统包括天津市辐射环境质量监测、重点监管的电离辐射设施周围环境的监测、核与辐射事故应急监测。

辐射环境质量监测的目的是积累环境辐射水平数据，总结环境辐射水平变化规律，判断环境中放射性污染及其来源，报告环境质量状况，根据《国家辐射环境监测网站站点布设原则与要求》，2006年年底完成国控点和市控点的建设，点位包括辐射环境自动监测站、陆地γ辐射、水体、土壤及电磁辐射。监测内容包括陆地γ辐射剂量、空气、水、底泥、土壤和生物辐射水平。

2. 辐射环境质量

2006—2010年天津市对电离辐射环境质量γ辐射空气吸收剂量率的监测结果各年基本持平，在1989年天津市天然本底调查范围内。土壤中^{238}U、^{232}Th、^{226}Ra、^{40}K、^{90}Sr、^{137}Cs的各年监测结果比较稳定，基本在天津市本底调查范围内；水中U、Th、^{40}K、总β、^{90}Sr、^{137}Cs各年监测结果比较稳定，基本在天津市本底调查范围内；水中^{226}Ra、总α的个别监测结果略高于天津市本底调查范围，但不会对环境产生影响。

2006—2010年天津市电磁辐射环境质量各年的监测结果基本持平，且符合《电磁辐射防护规定》（GB 8702—88）中规定的限值。

2006—2010年天津市电离辐射设施周围辐射环境和重点监管辐射

源周围环境各年的监测结果基本持平，符合《电离辐射防护与辐射源安全基本标准》（GB 18871—2002）中规定的1毫希/年限值，说明天津市电离辐射设施的运行对周围环境没有造成影响。

2006—2010年天津市电磁辐射设施周围环境各年的监测结果基本持平，且符合《电磁辐射防护规定》（GB 8702—88）中规定的限值，说明天津市电磁辐射设施的运行对周围环境没有造成影响。

第五节　主要环境问题

一、自然灾害

1. 气候与气象灾害

天津市是我国气象灾害多发的地区之一。气象灾害主要包括：干旱、洪涝、暴雨（雪）、冰雹、风灾、小麦干热风、麦收连阴雨、高温、大雾、霜冻、寒潮、风暴潮、海冰等。近年来天津市主要出现了暴雪、低温、暴雨、高温、大雾、大风和沙尘等灾害性天气气候事件。

（1）干旱灾害。干旱灾害是天津最严重的气象灾害之一，多发生在春、夏、秋季。旱灾的形成是多种因素的综合反映，但降水是主导因素，从根本上看，持续少雨是形成旱灾的主要原因。20世纪50年代以来，相继出现全年或季节性降水偏少，旱灾频发。据气象部门统计，70年代之后，气温每年升高0.06℃，降水每年减少约2.6毫米，在全球升暖的背景下，天津的干旱持续发展。1949—2000年的52年中，只有1949年农田受旱面积在千亩以下。受灾轻微的年份仅6年，全部出现在1980年以前。受灾百万亩以上干旱年份有20年，多数发生在1980年以后，特别是1989—2000年连续12年受旱面积在百万亩以上。受灾达350万亩以上严重干旱年份有6年，大多发生在1990年以后。20世纪50年代以来，天津干旱灾害呈明显加重趋势，主要与华北和天津地区降水持续减少有关。农田因旱灾面积按年代统计，近乎成倍增长。受灾严重的年份增多，而且连年受灾面积增加，显示天津农业旱化趋势的严重性，其中 90 年代的年平均受旱面积已超过农田面积的 30%。1980—1984 年，最长一次连旱持续 5 年。旱灾最重的 2000 年，全市农田受灾 490.5 万亩，成灾 268.2 万亩，土地龟裂，禾苗枯萎。近年天津市多年偏旱，降水持续以偏少年居多。2010 年，天津市平均降水量 449.8 毫米，较常年天津年平均降水量 520～660 毫米偏少 2 成，降水量分布不均。干旱导致水资源匮乏，不仅严重制约农业的发展，而且影响工业及城乡人民生活饮水。

（2）洪涝灾害。天津位于海河流域九河下梢，特定的地理环境加重了洪涝灾害。暴雨洪涝灾害不仅由于本地降水量较常年偏多，还受海潮和上游来水制约。天津位于季风气候区内，其地理位置决定了天津的降水主要集中于夏季，而且年际变化极大。天津的年降水量全市平均 571 毫米，其中冬季占 2%，春季占 12%，夏季占 72%，秋季占 14%，暴雨主要集中在 7 月、8 月。暴雨是盛夏的主要灾害性天气，它的特点是强度大，时间集中，雨势猛烈，来不及渗入地下或排放，造成不同程度的水灾。由于季风进退的早迟、滞留时间的久暂和强度不同，天津暴雨年际之间发生的次数和强度差异很大。全市平均每年有 2 次暴雨日，最多年暴雨日可发生 6 次。天津暴雨基本出现在 6、7、8 三个月，有 90%集中在 6 月下旬至 8 月上旬，7 月是最高峰。暴雨最早可发生在 4 月下旬，最晚在 11 月初。天津市区域性暴雨天气形势主要有三种，一为台风直接暴雨和台风间接暴雨，二为低槽低涡暴雨，三为低槽地变暴雨。历史上天津暴雨灾害的形成，往往导致交通中断，铁路房屋冲毁，地面积水，人民生命财产受到威胁，河流饮用水水质受到严重污染。

（3）风灾。风灾是天津市另一严重的气象灾害之一，强烈的大风时常伴有沙尘暴，破坏力巨大。大风天气产生的扬沙、浮尘严重地加重了环境空气污染的程度。相对于干旱、洪涝灾害，大风灾害影响时间短、范围小。造成天津大风灾害的天气形势和气压系统既有大范围区域性的，也有小范围局地性的。其中，局地性的强烈大风过程常常顺风骤起，风速可达 30 米/秒（8 级以上），具有强烈的破坏力，造成巨大灾害，主要包括雷雨大风过程、龙卷风过程等。历史上关于天津市大风灾害的记载较少，1949—2000 年的 52 年间，关于风灾的记录已有 164 次，特别是 1981—2000 年的 20 年间大风灾害竟达 119 次之多。最多的 1990 年有 14 次大风灾害，这一年因风受灾农田面积达 70 余万亩，约为农田总面积的 10%。在 164 次大风中有 21 次龙卷风，另伴有冰雹和雷暴分别为 35 次和 24 次。

沙尘暴是风灾之一，天津市沙尘暴天气主要发生在春季，其次是初夏和冬季。天津的沙尘暴天气大多是受中国西北或偏北地区沙尘暴天气过程影响所致，每次沙尘暴过程对天津影响范围、强度有所不同，时常伴有扬沙和浮尘天气，明显加重城市空气中颗粒物污染程度。天津历史上对沙尘暴的记录开始较晚，现代沙尘暴的出现次数呈逐渐减少趋势，20 世纪 50 年代后期至 60 年代沙尘暴天气频繁发生，70 年代至 80 年代有所减少，90 年代沙尘暴基本呈下降趋势。2000 年以来，我国春季北方沙尘天气异常频繁，沙尘暴频发，其强度和范围不断增加。2000 年春季，全国共受到 12 次沙尘天气（其中 8 次源自蒙古国）袭击，其特点是强度偏强，影响范围广，出现时段集中；2003 年春季，我国共出现了 7 次沙尘天气过程，其中有 2 次沙尘暴；与过去几年相比，2003 年沙尘天气过程偏少、范围偏小，所造成的影响也较轻；2004 年春季，我国共出现 15 次沙尘天气过程，比 2003 年同期明显增多，但沙尘天气日数比常年同期偏少。2005 年春季，全国共出现 5 次沙尘暴天气过程；2009 年春季，中国北方地区共出现了 7 次沙尘天气过程，其中 5 次沙尘暴、2 次扬沙过程，未出现强沙尘暴过程，平均沙尘日数为 0.9 天，比常年同期偏少 4.7 天，为 1954 年以来春季沙尘日数最少的年份。沙尘天气过程较 2000—2008 年平均（13.3 次）明显偏少，与 2003 年相当，并列为近 10 年来最少年份。

（4）大雾灾害。大雾天气使能见度降低，影响交通，给人们日常生活和工作带来不便；浓雾弥漫，加重空气污染，危害人体健康。据统计天津地区每年都有因大雾造成不同程度的损失。历史上天津地区雾日南部多于北部，西部多于东部。20 世纪 50 年代和 60 年代雾日较少，年平均 17 天；70 年代和 80 年代雾日增加，年平均 23 天；90 年代略有下降，至 2000 年全市年平均大雾日数为 22 天。此间最多的 1990 年 40 天，最少的 1967 年仅 11 天，近半个世纪以来大雾天气逐渐增加，特别在 2006—2010 年近 5 年间雾日增加明显，全市雾日天数范围为：41.0～50.2 天；2010 年天津市全年各月均有大雾出现，大雾天气不仅使公路、航空和海运均严重受阻，且明显加重城市环境空气污染。

2. 海洋灾害

（1）赤潮灾害。赤潮是一种与气象因素有关的海洋灾害，它是在特定的环境条件下，海水中某些浮游植物、原生动物或细菌爆发性增殖或高度聚集而引起水体变色的一种有害生态现象。覆盖面积从几十平方米到数千平方千米不等，持续时间有长有短，短者数日，长者数十天。赤潮的发生，破坏了海洋的正常生态结构，因此也破坏了海洋中的正常生产过程，从而威胁海洋生物的生存。赤潮灾害分为自然灾害和人为灾害，我国现有的赤潮灾害大多属于人为赤潮灾害，发生频率高，危害也较重，特别是随着现代化工、农业生产的迅猛发展，沿海地区人口的增多，大量工农业废水和生活污水排入海洋，其中相当一部分未经处理就直接排入海洋，导致近海、港湾富营养化程度日趋严重。同时，由于沿海开发程度的增高和海水养殖业的扩大，也带来了海洋生态环境和养殖业自身污染问题；海运业的发展导致外来有害赤潮种类的引入，全球气候变化也导致了赤潮的频繁发生。全国赤潮灾害 20 世纪 70 年代后迅速增长，渤海海域 70 年代发生 3 次，90 年代已上升至 21 次；2000 年 7—9 月渤海共发生赤潮 6 次，地点主要在东湾鲅鱼圈附近，河北岐口海域、渤海湾湾口中部海域、辽东湾，渤海西部秦皇岛至滦河口以外海域等，总面积 3 934 平方千米；2005 年天津近海至滨州在 6 月 2—10 日发生赤潮，面积约 3 000 平方千米，赤潮生物种类为裸甲藻和棕囊藻，渤海湾和辽东湾的两次赤潮持续时间共 20 天，面积约 5 000 平方千米。“十五”期间，天津沿海未出现灾害性赤潮，5 年累计发生赤潮 10 余次，累计面积约 7 000 平方千米，与“九五”相比，赤潮发生次数及面积均有所下降。

（2）风暴潮灾害。天津市濒临渤海西岸，海岸线长达 153 千米。天津风暴潮发生的主要因素包括：天文大潮、地形和地理位置和气象因素的影响。历史上天津市对风暴潮的记载较少，到了现代（1949—2000 年），52 年间风暴潮的记载共有 32 次。但随着经济的发展，社会的进步，灾情主要表现为经济损失严重，人员伤亡很少，例如，1992 年 9 月份的一次严重的风暴潮，经济损失达 4 亿元，而无人员伤亡。2000 年天津塘沽沿海受季风性天气影响显著，导致了一些较大的增水或减水过程，其中超过 1 米的增水大多出现在低潮附近，因此未出现灾害性高位潮。2005 年 8 月 8 日第九号热带风暴“麦莎”北上对渤海中西部沿岸港口和海区带来了强风和大雨，并形成了风暴潮天气，塘沽潮位超警戒水位，实测 520 厘米（达到近十年来最大值），在大沽零点上 420 厘米，时间处在大潮期间，自 1997 年以来第二次潮位达到 500 厘米以上，略低于 2003 年，超警戒水位 30 厘米，强度接近 2003 年最高潮位。最低潮位发生在 12 月 5 日，实测–40 厘米，在大沽零点下 140 厘米，最低潮位是历年来较小的。

3. 地面沉降

地面沉降是天津市较严重的地质灾害，在宝坻城关以南的广大平原地区均有不同程度的地面沉降，涉及面积 8 000 余平方千米。南部平原区及滨海地区地面沉降尤为明显，形成了天津市区、塘沽、汉沽、大港及海河下游工业区多个沉降中心。近年来由于地下水过量开采，在武清区杨村镇一带、宁河县芦台镇一带、静海县城关镇一带以及西青区和津南区的部分地区相继出现了新的沉降中心，其沉降速率较原有的沉降区域更快。“十五”期间，中心市区外环线以内中心市区地面沉降得到基本控制，年均沉降量在30毫米以内，与20世纪80—90年代相比沉降量大幅度减小。值得注意的问题是，2002年以后中心市区地下水开采量明显减小，除地下水开采影响因素外，城市建设等因素对地面沉降也有影响。塘沽地面沉降监测面积200平方千米，“十五”期间年均沉降值在30毫米以内，与20世纪80—90年代相比沉降量大幅度减小。2004年以后年均沉降值小于20毫米，地面沉降状况明显缓解。汉沽地面沉降概况监测面积270平方千米，是天津市地面沉降最严重的地区之一。近年间地面沉降状况得到明显缓解，年均沉降值逐年下降。但个别地区沉降值仍然较大。大港地面沉降监测面积295平方千米，“十五”期间年均沉降值在35毫米以内，地面沉降发展趋势逐渐减缓，2004年以后年均沉降值小于20毫米。

二、环境污染问题

天津市是我国四大直辖市之一，是经济高速发展的沿海特大型综合城市。20世纪70年代末期以来，随着经济持续高速发展，工业化、城市化建设的快速推进，以及机动车保有量激增等，环境与发展的矛盾日益突出。资源相对短缺、生态环境脆弱、环境容量不足，逐渐成为制约城市建设发展的重大瓶颈问题。

近年来，城市经济建设始终处于快速发展阶段，资源、能源消耗和污染物产生量大幅度增加的情况下，环境质量时常处于脆弱状态，改善城市环境质量面临巨大压力。

1. 城市环境空气质量在煤烟型污染尚未彻底根治的同时，将面临区域性复合型空气污染问题

（1）采暖期煤烟型污染依然严重。长期以来，天津市受以煤炭为主要能源结构的影响，城市空气污染的主要特征是以颗粒物和二氧化硫为主的煤烟型污染。自 20 世纪 80 年代初期对天津市环境空气质量的监测结果表明，近 30 年间，天津市煤烟型污染的主要污染物二氧化硫的年均值，基本处于超国家年均二级标准（0.06 毫克/米^3）状态。80 年代初期的最高值超标 2 倍左右，2001—2010 年，年均值保持下降趋势，并步入达标阶段。30 年间，达到国家年均二级标准浓度限值的年份仅 3 年，分别为“九五”末期的 2000 年，及 2009 年和 2010 年。另对二氧化硫各期别浓度变化趋势分析，采暖期二氧化硫污染依然突出，采暖期均值全部处于超国家年均标准浓度限值，通常是非采暖期的 3～4 倍，冬季采暖期上升为首要污染物日的比例居高不下。2010 年采暖期间，二氧化硫有 76 天为影响环境空气质量的首要污染物，占采暖期的 62.8%，控制采暖期二氧化硫排放是降低二氧化硫浓度的关键环节，是防治采暖期煤烟型污染的主要任务之一。

（2）颗粒物污染仍常居首位。2001—2010 年，天津市环境空气中的可吸入颗粒物（PM_{10}）总体呈下降趋势，并于 2007—2010 年连续 4 年年均值低于和接近国家环境空气质量年均二级标准浓度限值(0.10毫克/米^3)，达到历史上的最好水平，基本结束了颗粒物常年超标状态。2010 年可吸入颗粒物（PM_{10}）年均值为 0.096 毫克/米^3，较“十五”初期的 2001 年均值 0.167 毫克/米^{3}下降了 73.9%，污染程度明显减轻。尽管如此，天津市环境空气中颗粒物污染总体仍处于较为严重的水平。对天津市环境空气中总悬浮颗粒物（TSP）自 1981—2010 年连续 30 年间的监测结果表明，30 年间仅 2008 年均值低于国家年均二级标准浓度限值（0.20 毫克/米^3），其他年份均处于超标状态，其中近 20 年超标幅度达

60%～80%。2001—2010年近10年间总体呈下降水平，达到历史较好水平，各年度均值浮动于超国家年均二级标准20%左右。但受燃煤为主的能源结构影响以及城市建设施工、机动车运输和尾气排放，风沙尘等影响，颗粒物基本常年为影响天津市环境空气质量的首要污染物。2010年，全年365个有效监测日中，可吸入颗粒物有250天为影响环境空气质量首要污染物，占全年监测天数的68.5%。另从污染期别上可见，采暖期污染相对较重，但非采暖期近10年的上升趋势更为突出，个别年份污染程度接近采暖期，甚至高于采暖期，可见对总悬浮颗粒物的污染控制除冬季采暖期外，对非采暖期污染问题更应关注，由天津地区颗粒物源解析的结果可见，近年来机动车尾气尘、施工扬尘的贡献比率明显加大。为此，除控制燃煤尘外，控制其他污染来源，机动车尾气尘、施工扬尘，风沙尘的任务仍很艰巨。

（3）氮氧化物污染不可忽视。“十一五”末期，天津市机动车保有量已突破150万辆，达到165.89 万辆，较“十五”末期的78.56万辆（除摩托车）净增69.06万辆；较“八五”末期的63万辆净增100万辆。城市机动车的激增，加重了机动车尾气排放的氮氧化物、碳氢化合物、挥发性有机物等形成光化学前体物的污染程度。对2001—2010年环境空气中二氧化氮的监测结果表明，二氧化氮年均值总体呈现起伏下降起伏的变化趋势，2010年二氧化氮年均值较2009年上升12.5%，较2006年上升22.5%。历年均值变化幅度不大，基本低于国家年均二级标准浓度限值（0.120毫克/米^3）近60%左右。但若按NO_2/NO_x的比例估算氮氧化物，近十年环境空气中氮氧化物年均值则相当于历史上污染较重时期，污染重于历史上的前20年。此外，天津市工业脱氮技术尚未全面开展，工业源排放的氮氧化物污染问题突出，“十一五”期间，氮氧化物排放总量呈总体上升趋势，氮氧化物排放量由2006年的15.999 6万吨上升到2010年的24.566 7万吨，净增8万余吨，是构成城市环境空气氮氧化物污染的又一重要来源。另据研究，天津市空气中来自机动车排放的氮氧化物污染分担率占 41.9%。总之，在城市机动车保有量快速上升，工业能源消耗不断上升的时期，来自氮氧化物的污染压力持续增加，污染防控问题亟待加强，不可忽视。

（4）区域性复合型污染值得关注。天津市作为正在建设的北方经济中心，京津及周边地区作为中国最重要的超大城市群之一，面临日趋凸显的区域性大气复合污染问题。复合型大气污染是经济快速发展的城市群大气污染的共同特征，具有经济阶段的特色，对其城市未来发展构成巨大压力。近年来，随着城市经济的高速发展和机动车保有量的不断增加，城市空气质量在煤烟型空气污染问题尚未彻底根治的同时，又面临着空气污染类型转变，以细粒子灰霾、氮氧化物、光化学污染物臭氧等氧化性污染为特征的区域性复合型污染问题有所显现，致使城市环境空气质量始终处于脆弱状态，给城市环境空气质量改善带来了新的压力。2010 年天津市所设的各臭氧测点均出现小时浓度超标现象，超标天数为 2～18 天，超标小时数为 3～60 小时，超标率为 0.04%～0.71%，位于城市夏季主导风向的下游区污染相对较重。臭氧污染物的生成，造成大气氧化性增强，从而促使细颗粒物（二次有机气溶胶）、硫酸盐、硝酸盐等的生成，加重细粒子的污染。2006 年 7 月至 2007 年底对天津市颗粒物细粒子（$PM_{2.5}$）进行监测，观测期间全市细粒子（$PM_{2.5}$）的均值达到 0.064 毫克/米^3，超过美国 EPA 年均值标准 3 倍多（年均值标准 0.015 毫克/米^3），日均值超标率达 40%左右。且细粒子（$PM_{2.5}$）占可吸入颗粒物（PM_{10}）的比例系数在 0.6～0.7，颗粒物细粒子是导致城市大气能见度下降，灰霾天气污染的重要原因之一。此外，主要来自机动车尾气排放的另一光化学前体物一氧化碳再度呈现稳定上升趋势，据研究天津市空气中来自机动车排放的一氧化碳污染分担率高达 95.4%。天津市近年已呈现明显的大气复合型污染特征，随着对煤烟型和粗颗粒污染的重点控制，以城市细粒子为主的大气复合型污染将更加突出。

2．水资源短缺和水质污染交互影响，天津市水环境质量依然十分脆弱，水环境安全隐患十分突出

（1）水资源短缺是构成天津市水污染的重要原因之一。天津市位于海河流域的尾闾，随着流域上游地区经济社会的发展和人口增加，入境河流水量剧减，使得天津市的年入海水量由解放初期的 140 亿立方米降至不足 10 亿立方米，有的年份甚至没有入境水量和入海水量。加上近年来连年的干旱少雨，使得水资源矛盾更加突出。近年来，人均水资源占有量小于 160 立方米，属极度缺水区域，为全国人均占有量的 1/15，加上引滦等外调水源，人均水资源占有量也不过 370 立方米，有限的水资源基本用于保障居民生活与工业生产，农业用水尚不能有效保障，维持河流基本功能的用水更没有保证。多年来除引滦、引黄饮用水水源入境水质保持良好，可以达到地表水Ⅱ～Ⅲ类标准外，其他入境断面水质均为Ⅴ类和劣Ⅴ类，地表水资源的严重匮乏，是水环境质量劣化，造成水污染及威胁人民健康和制约社会经济发展的重要因素之一。

饮用水水源水质安全存在隐患。多年来，尽管引滦和引黄饮用水输水河道水质保持达标，但引滦上游依然受到沿线工业废水和城镇生活污水直接排放的困扰。饮用水水源地于桥水库水质尚未达到饮用水水源标准，主要污染因子为总氮，于桥水库上游地区工业和生活污水排放、汛期降雨径流、库区周边农村生活、畜禽养殖、农田沥水所引起的面源污染，是造成饮用水水源地氮污染的主要原因。多年来虽然水库营养盐含量偏高，但由于其他污染物含量相对较低，于桥水库的富营养化程度基本处于中营养水平。但近几年受营养盐含量持续升高的影响，富营养化程度已经趋近中营养上限，且在每年夏秋季节已经达到轻度富营养化水平。藻类、水草的大量繁殖，不仅使水质状况下降，加大了水厂的处理难度，更增加了诱发于桥水库类似太湖蓝藻暴发等污染事件发生的潜在威胁，构成了天津市饮用水水源的安全隐患。

主要河流水质污染状况不容乐观。海河流域是我国水资源短缺及水污染严重的流域之一，也是渤海污染物的主要来源之一。天津市素有“九河下梢”之称，海河流域众多流经河北省、北京市的河流最终都在天津汇入渤海，不利的地理位置使天津市承接流域内大量的工业废水和生活污水。境内大多数河流为季节性河流，非汛期几乎无来水，河流稀释自净能力很差。“十一五”期间全市地表水总体污染程度虽有所改善，但并没有从根本上改变河流水质污染的局面，除饮用水输水河道水质能达到Ⅱ～Ⅲ类水平外，其他主要河流均遭受不同程度的污染，以Ⅴ～劣Ⅴ类水质为主，断面比例占70%。河流、水系间河水串流，致使天津地区水质劣化。“十一五”期间，入境断面有机污染程度虽有所下降，但仍然维持Ⅴ～劣Ⅴ类水平，由于境内点、面源污染的影响，使入海断面水质以劣Ⅴ类水质为主，氨氮、高锰酸盐指数和挥发酚污染呈加重趋势，这些陆源污染物最终汇入海洋，造成近岸海域生态系统的破坏。

（2）景观水体与部分河流功能区水质不能稳定达标。“十一五”期间，天津市区域景观水体水质达标率虽有所上升，但受水文条件等因素的制约，景观河流水生态环境始终处于比较脆弱的状态，水体自净能力较低，极易受到外部环境的干扰，特别是中心城区景观水体受汛期降雨径流污染问题突出。由于天津市景观河道周边市政管网的雨污分流尚不完善，汛期一旦出现降雨，地表径流裹挟大量污染物经市政管道排入河道，氨氮、高锰酸盐指数等主要污染物浓度明显升高，导致降雨后景观河道水体水质迅速恶化，出现水体黑臭现象，并伴有死鱼等生态破坏事件发生。此外，在一些河段闸门附近污染问题突出，由于闸门长期关闭，引发垃圾聚集，不仅水质较差，而且也丧失了景观功能，形成黑臭水体。“十一五”期间，尽管区域农业用水水质达标情况稳步提高，但由于区域之间差异较大，处于河流下游的水质难以稳定达标，尚未达标的主要河流包括：蓟运河、潮白新河、永定新河、独流减河。接纳上游大量工业污水、生活污水、农田沥水，有机指标、营养盐指标污染突出，导致超标现象出现。境外来水污染严重也日益成为天津水环境保护面临的重要问题，随着经济的发展和人口的不断增加，工业和城镇生活污水排放不断增加，非点源污染日益凸显，天津市水环境改善压力将会不断增大。

3．近岸海域水质现状堪忧，陆域排污与截流是导致近岸海水污染与生态退化的根本原因

（1）近岸海域环境质量堪忧。年平均入海径流已从 20 世纪 50 年代的 144.3 亿立方米减至 2000 年的 3.8 亿立方米，相应的海域盐度也从 24‰～26‰升高至目前的 31‰～33‰，同时全年径流变至集中于汛期，加之入海污水量的增大，氮、磷营养盐的排海量剧增，最终使近岸海域水生生态急剧衰退。2010 年天津市近岸海域环境质量以劣Ⅳ类水质为主，各测点监测中无Ⅰ～Ⅱ类水质，劣Ⅳ类水质占 60.0%。“十一五”期间，天津近岸海域功能区监测频次达标率出现逐年下降的趋势，由 2006 年的 60.0%下降到 2010 年的最低值 38.9%，下降了 21.1 个百分点。无机氮各年份超标率均较高，最高值亦出现在 2010 年，达到 61.1%，无机氮已成为制约天津近岸海域水质状况的主要污染因子。无机氮、活性磷酸盐等污染物浓度的偏高，不仅污染了海洋水质，还导致海洋水体的富营养化，成为出现赤潮的根源，因此控制陆源污染，尽快修复海洋生态系统刻不容缓。

（2）入海污染源水质达标率仍偏低，污染源主要污染物入海通量加大。“十一五”期间，入海污染源口水质达标率在 33.3%～56.3%，2010 年天津市实际监测直排入海污染源 16 个，水质达标率为 50.0%，主要污染因子为化学需氧量、氨氮、总磷。各排污口中化学需氧量和氨氮超标率为 43.8%；总磷超标率为 31.3%。对污染源类型进行分析可见，综合污水排口-荒地河入海口化学需氧量超标最为严重，工业污染源水质全部达标，市政生活源和综合排口中水质达标率仅为 20.0%，主要超标因子为氨氮、总磷和化学需氧量。“十一五”初期的重金属污染基本消失，但氨氮和总磷的超标率有所上升，大量营养盐的汇入，对近岸海域会产生潜在的富营养化隐患。

天津市自2007年开始对污染源入海通量进行监测和统计，2010年天津直排入海污染源入海污水量最高，年污水入海量为3 934.630万吨，较2007—2009年的年污水入海量平均值2 360.982万吨，净增了66.7%；对入海污染物化学需氧量（COD）、石油类、氨氮、总氮和总磷的年入海量进行统计，2010年化学需氧量和石油类年入海量较上年度有所减少，氨氮、总氮、总磷则呈不同程度的上升。各类污染物入海量按从大到小依次排序为化学需氧量、总氮、氨氮、总磷和石油类。另对2010年直排入海污染源入海污水量分析可见，综合排口在天津市污染源入海排放中占据较大比重，污水排放量和主要污染物排放量均超过市政排放源和工业源排放量总和，是减排的重中之重。陆源入海断面水质污染依然严重，大量污染物随之排入渤海，导致海洋水环境质量得不到根本性的改善。

（3）近岸填海、滩涂开发将加速海域水生态退化。随着天津沿海地区经济发展的需要，海岸带开发利用及近岸围填海工程随之增加，很多工程用海属性属永久性改变海洋自然属性。为保护海洋生物，多年对海区内中国对虾、虾蛄、毛虾、梅童鱼等多种经济鱼虾类产卵场，开展海水、贝类及沉积物监测。“十一五”期间，渤海湾天津海区鱼虾贝产卵场海水水质重金属铜、锌、铅、镉及汞、砷总体保持良好水平，全部符合渔业水质标准要求；主要污染物无机氮超标严重，5年中有3年超标率达100%；化学需氧量、石油类超标率在“十一五”末期呈上升现象。天津海区鱼虾贝产卵场水质中叶绿素a、浮游生物及游泳动物状况的调查表明，2006年以来，渤海湾天津海区水质叶绿素a浓度呈上升趋势，由3.20微克/升至2010年的7.01微克/升，主要是由于近年来海区营养盐浓度居高不下所致。鱼虾贝产卵场游泳动物种属没有发生明显变化，数量、品种不多，并多以本地的低值鱼虾为主。渤海湾天津海区鱼虾贝产卵场沉积物中的石油类、铅含量在“十一五”期间上升幅度较大，与

2006 年相比，石油类、铅浓度分别升高了 3.32 倍和 2.91 倍。围填海工程大量开发对一定区域内的水质生态系统将破坏严重，许多重要的经济海洋生物的产卵育苗场亦将有所消失，海洋渔业资源受到损害，长途迁移的鸟类饵料数量将随之减少，减弱了鸟类栖息地的功能，必将促使海岸带的生物多样性迅速下降。

4．生活噪声和道路交通噪声仍是影响最广泛的环境噪声源

（1）生活噪声影响范围不断扩大。2001—2010 年，天津市环境噪声源中生活噪声源构成比范围不断扩大。“十五”期间生活噪声源构成比范围为 52%～58%,“十一五”期间生活噪声源构成比范围上升至 59%～66%。由此可见，生活噪声源构成比范围在不断扩大，其中声源构成比下限值从 2001 年的 52%增大到 2010 年的 59%;上限值从 2001 年的 58%增大到 2010 年的 66%，声源构成比五年均值比 2001—2005 年上升了 6 个百分点，影响范围不断扩大，生活噪声源强度虽小，但其面积覆盖率最高，已构成影响最广的环境噪声源之一。

（2）交通噪声是强度最大的噪声源。2010 年天津市中心城区道路交通噪声声级主要集中在 66～70 分贝，大于 70 分贝，评价等级为“轻度污染”及以上的路长为 46 千米，占监测总路段长度的 17.2%，近 1/5 的路段处于轻度污染水平。“十一五”期间，交通噪声源面积覆盖率虽不大，但声级强度最大。2010 年环境噪声源按其强度排序为：交通噪声＞施工噪声＞工业噪声=生活噪声。天津市中心城区道路交通噪声五年平均声级在 67.7～67.8 分贝波动，比“十五”期间下降了 0.5 分贝，平均车流量为 2 329 辆/时，增加了 51 辆/时。平均车流量在 2201～2 700 辆/时浮动，变化趋势不显著。2004—2010 年连续七年声环境质量等级评价达到“好”水平。

（3）功能区噪声昼间达标率下降，夜间声级超标严重。“十一五”期间，天津市功能区噪声国控测点 1 类声环境功能区昼、夜达标率呈显著

上升趋势；2、3 类声环境功能区声级均比较稳定，昼、夜达标率无显著变化趋势；4 类声环境功能区昼间达标率 2010 年比 2006 年有所下降，夜间主要受道路交通噪声影响，平均声级均严重超标，五年达标率均为 0。"十一五" 期间，天津市 2 类声环境功能区昼间声级比较稳定，夜间声级稳中有上升趋势；3、4 类声环境功能区昼、夜间声级均比较稳定。"十一五" 期间的平均声级与"十五" 期间相比，1、2 类声环境功能区昼间声级持平，夜间声级基本持平；3 类声环境功能区昼间声级升高 2 分贝，夜间声级基本持平；4 类声环境功能区昼、夜间声级均基本持平。

第三章　环境科学研究

第一节　科学研究机构

一、天津市环保科研机构的发展

自20世纪70年代伴随着环境保护事业不断深入发展，天津环境科研机构和人才队伍不断扩大，研究领域不断扩展。1975年9月，天津市革委批准建立天津市环境保护科学研究所，定编200人，翌年5月天津市革委批准建立天津市环境保护监测站，定编70人。1980年天津市人民政府作出《关于加强各环境保护机构的通知》，决定将天津市政府环境保护办公室改为天津市环境保护局，并加强各区县环保机构。各区县相应建立环保局（或办），各区县设环保监测站，总定编270人。《通知》同时要求主要工业局相应设立环保处，工业公司、大厂设置环保科。至此，环境保护科研队伍从无到有，环保研究队伍不断壮大，初步形成一支有一定战斗力的专业队伍，活跃在全市环保科研战线上。

随着我国环境保护工作的不断深入，天津市环保科学技术力量不断加强和发展。除环保系统的专业研究队伍外，天津市各大专院校和科研机构，以及许多企业也都成为了重要的环境科研力量。经过近四十年的环境保护科研队伍建设和科研工作中的锤炼，天津市已形成了环保科技管理、环境科学基础研究、环境监测、环境污染治理、环境信息、环境教育等环境科研组织体系。形成了以天津市环境保护科学研究院、高等院校、各部门科研机构及环保科技企业组成的环境科研体系，也形成了以天津市环境监测中心为中心，以区县监测站为网络成员的环境监测体系，并通过积极吸纳各行业、各专业性监测网络成员如天津市气象局、天津市海洋局、农业部环境保护科学研究所等，使环境监测网覆盖到全市各个层面，为全市实施环境监督管理提供技术支持、技术监督和技术服务。环境影响评价技术体系和管理体系不断完善，形成了以环境评价技术管理中心和环境评价学会为主的技术管理机构和专业研究机构，大专院校，设计院及民营环评机构组成的环影响评价甲级资质 8 家，乙级资质 13 家，注册环评工程师 200 人的环境影响评价技术体系。

建设国家级工程技术中心，包括国家海水利用工程技术研究中心、国家海水及苦咸水利用产品质量监督检验中心、国家城市给水排水工程技术研究中心、国家工业水处理工程技术研究中心、国家危险废物处理处置工程技术中心等；建成国家恶臭污染控制重点实验室、国家环境保护城市颗粒物污染防治重点实验室等国家级和省部级重点实验室 8 个，市级工程技术中心 5 个。初步形成了资源环境领域科技创新体系。

二、主要环境科学研究机构

1. 天津市环境保护科学研究院

天津市环境保护科学研究院始建于 1975 年，行政隶属市环保局，业务和经费归口市科委管理，是天津市唯一市属综合性环境科研与服务机构。2011 年 2 月，经市编委批准，加挂天津市环境规划院牌子。目前已发展成为面向各级政府、发改委、经信委、环保局等部门及企业和社会的综合性技术咨询与技术支撑单位。

多年来，通过科学技术研发和应用推广，编制全市、区域、流域和专项规划，开展环境影响评价、环境治理、清洁生产审核、能源审计等咨询服务，为全市节能减排、生态市建设、循环经济与低碳发展提供了技术支撑，人才队伍建设和科研实力不断加强。

全院现有在职及外聘人员 264 人，其中正高级职称 19 人，博士及博士后 23 人，具有各类执（职）业资格 66 人。建有全国环保系统第一个博士后科研工作站和博士、硕士生培养点。设有国家恶臭污染控制重点实验室、国家危险废物处理处置工程技术中心、中国环保产业协会水污染治理委员会和天津市恶臭污染控制技术工程中心、天津市大气污染防治重点实验室等研发平台在内的 29 个科研与管理部门。正在申请成立天津市低碳发展研究中心。

“十一五”以来，承担“863”、“水专项”、国家公益性科研专项等国家及省部级重大科技攻关项目 60 余项；完成《天津生态市建设规划纲要》《天津市应对气候变化与低碳发展“十二五”规划》《天津市“十二五”主要污染物总量控制规划》等重大技术支撑项目 200 余项；完成环境影响评价、清洁生产审核、能源审计等技术咨询服务项目 1 000 余项；承接污水处理、废气烟尘、噪声控制等大型污染治理项目 150 余项。为政府和社会的管理需求和科技需求提供了长期、稳定、高效的技术支撑。

2. 天津市环境监测中心

天津市环境监测中心始建于 1976 年 5 月，属国家环境监测一级站，是社会公益性科学技术事业单位，隶属天津市环境保护局，业务上受中国环境监测总站指导。

天津市环境监测中心始终遵循 “行为公正、方法科学、数据准确、服务规范”的质量方针，坚持质量建站的发展方向，走标准化建设之路，强化环境监测基础能力的提升和监测人才的培养，不断适应环保工作发展需要，为环境保护决策和管理提供了有力的技术支持和保障。

目前，天津市环境监测中心拥有固定资产总值 7 551 万元，其中仪器设备资产 6 080 万元。包括教授级高级工程师、高级工程师、工程师专业技术人员 158 人，占职工总数的 86%。从事环境监测的专业技术人员均经过专业技术培训，持证上岗率实现 100%，环境监测数据合格率达到 100%。为了适应经济社会进步与环境管理的需求，环境监测质量体系建设与运行向国家实验室认可机制发展，1994 年监测中心首次通过国家级计量认证，2003 年首次通过了中国实验室国家认可委员会认可，通过计量认证复查、持证上岗考核，监测中心质量体系达到持续改善和规范化建设要求。监测中心具备承担水和废水；空气和废气；土壤、底质、固体废弃物、煤；植物、水产品；海水、海洋沉积物和海洋生物体；噪声、振动；机动车排气污染物、室内空气、加油站等九大类 384 项参数的监测能力。2009 年，监测中心在全国率先通过了国家环境保护部“环境监测站建设标准”验收。监测中心承担了多项环境科研、环境标准和标准分析方法等多项重大科研项目，获得国家级奖 5 项、省部级奖 17 项、局级奖 25 项，被评为“八五”、“九五”全国先进环境监测站，“十五”、“十一五”全国环保系统先进集体荣誉称号。

3. 天津市辐射环境管理所

天津市辐射环境管理所成立于 1989 年，具有独立法人资格，天津市环保局直属事业单位。天津市环境科学学会常务理事单位，天津市核学会理事单位。

天津市辐射环境管理所依法明确的职责为：贯彻执行国家和地方环境保护的有关法律、法规、政策和规章；负责起草辐射环境管理地方性法规和标准；受市环保局委托，负责天津市辖区辐射环境的监督管理工作；辐射项目“三同时”环境管理制度执行情况检查；负责天津市伴有辐射项目及设施实行放射性排污申报登记，发放辐射安全许可证等 16 项内容。

全所职工 31 人，技术人员占 83%，其中有高级职称 13 人、中级职称 7 人。具备α、β、γ 射线测量仪，微波-电磁测量仪等现代化电离辐射环境和电磁辐射测量装置。2000 年以来，天津市辐射环境管理所组织专业技术培训、专题讲座、委派所内技术人员赴美国、英国、德国和日本进行技术交流，参加高级研讨班并在多种学术研讨会上发表了 36 篇论文和 1 项研究课题，完成《辐射距离我们有多远》科普专著一部。

按照国家环保总局、国家辐射环境监测技术中心对全国辐射环境监测网络建设的要求，天津市结合实际，开展常规监测网络监测点位的补充调整和数据积累及重点污染源流出物监测站点的确定工作，逐步形成辐射环境质量常规监测网络和重点污染源流出物监测系统。每年对行政管辖区域水系、渤海近海域、城市功能区及重点电离辐射设施的电离辐射环境水平 111 个站位监测及样品采集、分析工作，对 9 000 个移动通信基站进行电磁辐射水平监督性测量。组织对 50 家辐射项目应用企业进行了验收监测，为管理部门把好“三同时”关做出了有力的技术支持。

在许可证发放工作上，天津开展了对全市放射性同位素和射线装置应用单位《辐射安全许可证》审查与核发工作，并向近 500 家验收合格单位颁发了《辐射安全许可证》。同时，率先在全市聘请 12 位核与辐射环境安全社会监督员。在电磁辐射环境管理上，以天津移动通信试点，在市内和滨海新区开展了电磁辐射申报登记工作，并公布监测结果。

天津辐射环境管理所在做好以往工作的同时，积极推动“辐射环境安全信誉等级制度”；做好核安全文化的宣传和核技术应用科普知识的推广工作；完善天津市核与辐射突发事件应急体系，充分做好突发事件应急工作，同时建立先进的辐射环境监测预警体系和辐射环境安全监管体系。

4．天津市环境保护技术开发中心（天津市环境影响评价中心）

天津市环境保护技术开发中心成立于 1983 年，与天津市环境影响评价中心合署办公，具有独立法人资格，天津市环保局直属事业单位，天津市环境影响评价协会常务理事单位。中心是国内开展环评工作最早的单位之一，主要业务范围包括：建设项目环境影响评价、规划环境影响评价、合理用能评估、环境治理工程设计及相关领域技术开发和咨询。持有环保部颁发的环境影响评价甲级资质证书、专项工程设计证书和环境保护设施运营资质证书、经信委颁发的合理用能评估机构资质证书。2002 年中心在国内专职环评单位中率先通过 ISO 9001 质量管理体系和 ISO 14001 环境管理体系认证。

中心现有职工 55 人，其中科技人员 45 人，占 82%。环境影响评价岗位证书持有人 35 人，环境影响评价工程师 20 人，合理用能评估岗位证书持有人 30 人。专业科技队伍结构合理，技术人员实现老、中、青阶梯式发展。中心十分重视人才队伍与专家队伍的建设，现有高级工程师 16 人并拥有国家及天津市环境工程评估中心常聘专家 7 人。

中心成立近 30 年，坚持“为企业服务、为经济发展服务、为环境管理服务”的宗旨，坚持“技术领先、质量第一”的原则，客观、公正、科学地开展环境影响评价工作。先后完成了天津、河北、山东、福建、深圳、西藏、新疆等地的 4 000 多个国家及省市重点建设项目的环境影响评价工作，涉及投资额 6 000 多亿元。主持完成的环境影响评价报告多次获得天津市环境保护科技进步奖、天津市优秀环境影响评价报告书奖。2008—2010 年期间共主持完成评价项目 1 500 余项，其中环保部审批项目 8 项，天津市审查项目 300 余项。

中心同时是环保部推荐的第一批规划环境影响评价单位，近年参与或主持编制了滨海新区发展战略环境影响评价技术报告、环渤海沿海地区重点产业发展战略环境评价报告、天津宝坻低碳工业区总体规划环境影响报告书，以及天津市静海县城乡总体规划、天津市城市快速轨道交通线网规划、天津海河工业区总体规划、天津市东丽区航空产业区总体规划等多个规划的环评工作。

中心还承接了 GEF（全球环境基金）水生态项目《于桥水库、海河干流、大沽河口水生态恢复研究及水生态修复规划》《大沽排污河工业污染控制规划研究》《天津滨海污水管理监测评价》和欧盟《水资源短缺管理——智能工具和协作策略》等课题的研究工作。

中心秉承科学发展观，十分重视政治思想的建设，牢固树立为环境管理和企业服务意识，高水平完成环评工作。数年连续被评为天津市规划建设系统思想政治工作先进单位、文明单位、天津市科技咨询信誉单位、南开重点企业。

5. 天津市固体废物及有毒化学品管理中心

天津市固体废物及有毒化学品管理中心 2001 年 12 月成立，是隶属天津市环保局的事业单位，中心现有 9 名管理人员，其中 4 名高级工程师。

主要职责有：宣传、贯彻国家和地方有关固体废物及有毒化学品管理的法规、政策和标准；受市环保局委托对危险废物进行监督管理；实施工业固体废物综合利用和处置；开展固体废物及有毒化学品污染调查；承担固体废物及有毒化学品污染防治的技术开发研究及咨询服务。

中心具有很强的培训能力，自中心成立后就编写了《危险废物环境管理培训教材》和《危险废物环境管理法规汇编》，并先后对全市危险废物产生单位及卫生机构等 800 多家单位 3 000 余人进行了危险废物和持久性有机污染物管理方面的培训，大大提高了环保工作人员对危险废物和持久性有机污染物环境管理的认识，为环境管理工作打下了扎实的基础。

中心有着很强的技术能力，成立以来编写了《2003—2010 年天津市工业固体废物污染防治规划》《2003—2010 年天津市危险废物污染防治规划》《2003—2010 年天津市医疗废物污染防治规划》《天津市持久性有机污染物“十二五”污染防治规划（2011—2015）》和《天津市废弃电器电子产品处理发展规划》；中心还自主开发了《危险化学品环境管理技术支持系统》，为天津市危险化学品环境管理和事故应急提供了有力的保障，并在环保部及国家化学品登记中心进行应用，该系统还获得了“天津市环境保护科学技术三等奖”。中心还承担了环保部《典型电子废物集中拆解场地调查（天津项目）》《持久性有机污染物调查》（2007—2010）和《二噁英类持久性有机污染物（POPs）调查》《2007年全国危险废物申报登记试点工作及重点行业工业危险废物产生源专项调查》《污染物排放、转移登记制度（PRTR）试点研究》等项目。此外承担了国际合作项目：与美国贸易署 TDA 开展《天津市医疗废物、放射性废物处理处置和化学品应急系统建立的可行性研究》项目；与日本合作《天津市工业固体废物综合利用信息系统》项目。2011 年中心承接了科技部、环保部公益项目《废物国际循环中的环境风险与管理模式研究》。

中心拥有工业固体废物、危险废物、有毒化学品、持久性有机污染物方面丰富的管理经验，在认真做好管理工作的同时，中心经常受国家环境保护部委托起草危险废物、持久性有机污染物、电子废物、进口废物等方面的法规、条例和操作指南。

6. 天津市环境保护科技信息中心

天津市环境保护科技信息中心成立于 1996 年。1997 年机构改革并入天津市环境保护局统计信息管理处。2001 年机构改革，天津市环境保护科技信息中心完成了职能转变，从此该中心成为负责天津市环境信息化建设工作的专业部门。

天津市环境信息化工作，在天津市环境保护局的领导和环境保护部信息中心的支持下，在全市环保系统的共同努力下，紧密围绕环境信息化为环境保护中心工作提供技术支持和服务这条主线，不断完善发展规划和管理制度，先后制定了“十五”、“十一五”、“十二五”环境信息化建设规划和《天津市环境保护系统信息管理规定》等文件；逐步健全组织管理体系，成立了天津市环境信息化领导小组，形成了市、区县两级环境信息机构；进一步加强基础网络建设和环境信息资源开发利用，改善了天津环境信息化发展环境；不断扩大环境管理业务应用系统规模，完成了办公自动化系统、视频会议系统、天津市环境保护网站、排污费征收管理系统、12369 环保举报热线指挥系统、天津市国控重点污染源自动监控、天津市环境地理信息系统、国家环境信息与统计能力建设、基层业务系统等一系列业务应用系统建设项目，逐步实现了天津环境信息管理工作从无到有、从起步到发展的跨越，为提升天津环境保护管理水平、提高办公效率发挥了重要作用。

7. 农业部环境保护科研监测所

1979 年，农业部环境保护科研监测所经国务院批准正式成立，直属农业部领导，其前身为中国农林科学院生物研究所设立的农业环境保护研究室。该所坐落于天津市新技术产业园区。占地 3 万平方米，拥有办公实验大楼 5 900 平方米，实验辅助用房 1 600 平方米，其他公用设施 25 000 余平方米。全所拥有大型仪器设备 40 多台件，藏书 25 万余册。现设有生态毒理与环境修复研究中心、污染防治研究室、资源再生研究室、环境监测研究室、生态农业研究室、环境评价研究室、信息中心 7 个业务部门和综合办公室、科技管理处 2 个管理部门以及后勤服务中心、天津市东方绿色技术发展公司。农业部农业环境与农产品安全重点开放实验室、农业部环境监测总站、农业部环境质量监督检验测试中心、农业部农业转基因生物生态环境安全监督检验测试中心设在本所。中国农业生态环境保护协会挂靠本所。

该所是我国最早建立的从事农业环境保护研究和监测的专门机构。其职能任务主要包括三个方面：农业环境科研、农业环境监测和农业环境信息交流。研究所的总体目标是保护农业环境，推进我国农业的可持续发展。

建所以来，全所共主持承担国家、省部（委）的重点科研项目 400 余项（包括国际合作项目 20 多项），共取得成果 230 余项，其中获国家和省部级奖励 60 余项，专利 6 项。在国内外学术刊物发表论文 700 余篇，出版专著 35 部，已经成为国家农业环境科研创新中心、农业环境监测网络中心、农业环境信息交流论证中心及农业环境人才培训中心。

8. 国家海洋局天津海水淡化与综合利用研究所

国家海洋局天津海水淡化与综合利用研究所 1984 年经国务院批准成立，为我国唯一专门从事海水利用公益技术、共性技术、产业化关键技术和发展战略研究的国家级公益类非营利性科研机构。现有职工 300 余人，其中半数以上为中高级专业技术及管理人员。

建所 20 余年来，承担完成国家科技攻关、863 计划、院所基金、高技术产业化专项以及省部级科技攻关等重大科技项目百余项，建成一批国家重大科技示范工程，技术支撑编制完成国家首部《海水利用专项规划》和《海水利用标准发展计划》，形成海水淡化、海水直接利用、海水化学资源利用、海水水质科学与工程、海水利用发展战略、海水利用检测与监测、膜技术和水处理（工程、产品）等业务领域，获得国家和省部级科技奖励二十余项、国家专利近百项，技术水平国内领先、国际先进。

具备国家海洋行业工程甲级设计资质、海域使用论证乙级资质、工程咨询单位丙级资质、“海洋功能区划编制技术单位”资格。通过 ISO 9001：2000 质量管理体系认证和国家计量认证，设有博士后科研工作站。为国家海水利用工程技术研究中心和国家海水及苦咸水利用产品质量监督检验中心挂靠单位。拥有国内一流的海水利用科研检测手段和一支高素质、专业配置齐全的科技队伍。

9. 南开大学环境科学与工程学院

南开大学环境学科始建于 1973 年。1983 年成立环境科学系，是我国综合性大学中最早成立的环境科学系。1998 年又在我国率先成立了环境科学与工程学院。1981 年获环境化学硕士学位授予权；1986 年获首批环境化学博士学位授予权；1993 年环境科学首次被评为天津市重点学科；2000 年获环境科学与工程一级学科博士学位授权点和一级学科博士后流动站；2001 年南开大学环境科学被评为国家重点学科，成为我国高等学校中首批 4 个环境科学国家重点学科之一；2006 年环境科学与工程学科被认定为天津市高等学校一级重点学科；2007 年环境科学学科再次被评为国家重点学科。此外，多年来一直为国务院学位委员会学科评议组成员单位，教育部高等学校环境科学与工程教学指导委员会委员单位（环境科学类专业教学指导分委员会主任或副主任单位）。还连续担任国务院学位委员会环境科学与工程学科评议组召集人及成员。

学院下设环境科学系、环境工程与管理系 2 个系，环境科学研究中心、南开大学环境评价所、南开大学泰达膜分离技术研究开发中心、南开大学环境与社会发展研究中心、南开大学城市公共安全研究中心、南开大学战略环境评价研究中心、南开大学循环经济研究中心、南开大学清洁生产研究中心、中美环境修复与可持续发展研究中心、南开大学中国再生资源研究中心。还拥有 3 个省部级重点实验室：环境污染过程与基准教育部重点实验室、国家环境保护城市颗粒物污染防治重点实验室、天津市城市生态环境修复与污染防治重点实验室，以及 985 工程“循环经济”哲学社会科学创新基地。

学院现有教职工 121 人，教学科研人员 90 人，其中教授 25 人（含博士生导师 24 人），副教授 39 人，讲师 26 人。教师队伍中有长江学者特聘教授和讲座教授各 1 人，国家杰出青年科学基金（含海外）获得者 2 人，国家新世纪百千万人才 2 人，教育部跨世纪人才 1 人、新世纪人才 5 人。在校学生 776 人，其中本科生 279 人，研究生 497 人。

学院现有校本部教学科研用房（使用面积）2 364 平方米，学院图书资料室收藏中外文图书 2 000 余册，期刊 130 余种，过刊 1 700 余册，学位论文 1 600 余册。学院现有仪器设备 3 000 余台，10 万元以上 50 余台。

学院连续承担了国家科技攻关（支撑）计划、863 计划、973 计划、国家重大科技专项、国家自然科学基金委及天津市科技项目等几百项重要研究任务，科研经费由 5 年前的 410 万元/年，增加到目前 4 485 万元/年。在环境污染化学、污染生态与毒理、污染环境修复、大气颗粒物污染防治、水污染防治技术、环境规划与管理、清洁生产与循环经济、安全工程等领域形成特色。每年发表论文 300 余篇，其中 SCI、EI 摘引论文百篇以上，部分研究达到国际先进水平，得到国内外同行的高度关注和认可。每年申请专利几十项，授权 20 多项，形成了一批具有实用价值的技术及行业标准，若干技术已经在环境保护工作中得到广泛应用。近年来获得国家自然科学二等奖 1 项，国家科技进步二等奖 3 项，省部级自然科学奖、科技进步奖等奖项十余项。

10. 天津市城市生态环境修复与污染防治重点实验室

天津市城市生态环境修复与污染防治重点实验室是 2004 年初经天津市科学技术委员会和天津市教育委员会批准正式成立的，挂靠于南开大学，实验室设立于坐落在天津市经济技术开发区中心地带的南开大学泰达学院，目前拥有办公室面积 500 余平方米，实验室面积 3 000 余平方米。重点实验室的定位是服务于天津市和滨海新区开发开放的战略需求，解决城市化进程中的重要环境问题，建立环境科学应用基础研究与环境工程新技术开发并重的科研创新平台。重点实验室根据南开大学环境科学与工程学院多年来的学科优势，设立了两个主要的研究方向：城市化进程中污染形成机制研究；环境污染控制和修复技术研究。重点实验室的研究工作以基础理论和实际应用并重为原则，以应用研究为目标，基础研究为应用研究服务。重点实验室现有全职研究人员23名（均为中青年学术骨干），兼职人员8名，并设有学术委员会（由13名国内外知名学者组成）。

11. 环境污染过程与基准教育部重点实验室

环境污染过程与基准教育部重点实验室于2007年12月14日经教育部批准在南开大学环境科学与工程学院建设，现有人员40人。这是国内第一个以环境基准命名的重点实验室。研究内容涉及污染物在水、土环境中的形成过程、生态毒理学机制以及水、土环境基准方面的基础研究。实验室的建设可为我国水、土环境污染控制和水、土生态容量总量控制特别是国家和地方各种环境标准的制定和进一步修订提供科学依据，保证我国国家层面上环境保护和生态安全的迫切需求；与此同时，有利于进一步提升我国环境科学基础研究和应用基础研究在国际上的地位和影响力。

12. 国家环境保护城市空气颗粒物污染防治重点实验室

2007年4月国家环保总局批准授牌正式成立国家环境保护城市空气颗粒物污染防治重点实验室，挂靠于南开大学，实验室成立以来取得了显著成果，近两年发表论文70多篇、出版学术著作及译著6部，SCI检索论文20多篇；研制的仪器和软件：NK-1型（10L/min）小型便携式双切割器大气颗粒物采样器；NK-ZXF型开放源颗粒物再悬浮采样器；YSYQ-2A型固定源烟道气颗粒物稀释湍流采样器；YSZMD型粉末状颗粒物真密度计；ZDGS-1型收集罐自动升降大气干湿沉降多功能采样器；NKCMB计算软件升级至3.0版本；以上成果达到国际先进水平；在国内外首次提出了二重源解析的理论并付诸实践；提出了由气象因素导致的颗粒物污染影响的评估方法，它能在去除气象因素影响的情况下，客观公正地评价城市在环境空气质量改善方面所采取措施的有效性。发表了多篇相关有影响力的研究论文，申请了十余项专利。研发的仪器设备已经在大气污染防治科研方面进行了广泛应用，取得了显著的环境效益和一定的经济效益。该实验室成功承办了两次国家会议，提高了实验室在国内外的知名度和影响力。该实验室总体上处于国内外颗粒物污染和控制领域的先进地位，部分处于领先地位。

13. 天津市循环经济与低碳发展人文社科研究基地

天津市循环经济与低碳发展人文社科研究基地，是经天津市教委批准，2010 年正式设立的省部级人文社科研究基地，是一个集文、理、工多学科交叉的科研平台，挂靠于南开大学。基地整合了校内外资源，凝聚校内研究队伍，充分利用环境学院、经济学院、法学院、哲学系、政府管理学院等相关领域的专家学者，成立了产业生态学、循环经济与低碳发展、人口与资源环境等研究室，组建了一支文、理、工交叉的国家级科研队伍，结合国家和天津市循环经济发展战略需求，全面系统开展前沿研究。重点研究内容包括：推进循环经济和低碳发展的基础理论与方法研究，城市化过程中的低碳化转型理论、方法与技术研究；推进循环经济和低碳发展的经济激励政策、法律法规、技术标准研究；积极探索“文理工”基础科研机构的运行机制，创新文理工学科合作模式；进一步融合环境经济与管理、区域经济与政策、公共政策与管理、产业生态学、环境法学等相关学科的理论与方法，推动循环经济本科、硕士、博士专业的建立，促进循环经济发展的学科建设，使研究基地成为循环经济发展的理论、政策、技术、人才培养的重要支撑机构，为推动国家循环经济示范城市、低碳经济示范城市、建设资源节约型、环境友好型社会建设提供强有力的学科支撑；成为促进天津市循环经济发展，加快推进滨海新区开发开放的理论研究机构、政策咨询服务机构、国际合作交流机构。

14．天津大学环境科学与工程学院

天津大学环境科学与工程学院是环境、能源、市政等方面的人才培养基地和科学研究中心。学院定位和建设目标为“国内一流，世界知名”，按照“高起点、新机制、办特色、创一流、持续发展”为建院方针，不断招揽国内外高级优秀人才，在学科建设、人才培养、科研开发和应用推广等方面协调发展，快速实现重点突破。

学院下设环境科学系、环境工程系、建筑环境与设备工程系三个教学单位和近海海洋环境研究所、水污染控制与资源化研究所、固体废弃物处理与资源化研究所、资源环境研究所、资源环境生态与社会可持续发展研究所共五个研究机构。目前学院共有教职工 78 名，其中教授 18 人，副教授 30 人。学院拥有环境科学与工程一级学科，环境工程、环境科学、市政工程、热能工程和供热、供燃气、通风与空调工程 5 个二级学科。拥有覆盖全部二级学科的博士点和硕士点，并与校建筑学院联合培养建筑技术专业博士研究生，建有环境科学与工程博士后流动站。目前，学院在校博士生 100 余名、硕士生 300 余名、本科生近 600 名。每年招收本科生 160 名左右，硕士生 100 多名，博士生近 30 名。

学院先后承担或参加“863”、“973”、国家“十五”、“十一五”重大攻关项目、国家自然科学基金项目、博士点基金项目、天津市重点攻关和基层研究项目。同时，积极开展对外交流，与国际上著名大学、研究机构和企业开展合作。

15．天津师范大学城市与环境科学学院

城市与环境科学学院的前身是地理系，始建于 1953 年，原称河北大学地质地理系。1962 年院系调整，并入天津师范学院，1982 年更名为天津师范大学地理系，2001 年在此基础上建立了天津师范大学城市与环境科学学院。

城市与环境科学学院是天津市高校中唯一的以地理学为基础，地理科学、环境科学、城市科学和空间信息技术学科交叉的教学科研单位。也是天津市地理学会和天津市地质学会科普委员会的挂靠单位。学院下设环境与发展研究所、地理教育研究中心、城市与区域研究中心、国土资源研究所等研究机构，为相关领域的学术研究与交流起到了积极的推动作用。实验室方面，目前已建成包括地质、气象、植物、土壤、环境检测、遥感测量、地理信息系统等 12 个分室组成的地理学综合实验室，能够满足现有本科专业课程教学中绝大部分的实践应用训练要求。实验室面积超过 1 300 平方米，现有 800 元以上设备 896 台件，价值 650 万元；资料室有馆藏约 1.9 万册，其中中文图书累积量约 16 986 册，外文图书累积量约 2 418 册，中文期刊合订本 3 536 册。

城市与环境科学学院现有教授 7 人，副教授 11 人，具有高级职称的教师占教师总数的 51%。具有博士学位（含在读）的教师 22 人，占教师总数的 63%。学院近 5 年来先后获得《天津污灌区土壤盐碱化对镉地球化学行为的影响与环境效应》、《气候变化和人类活动在华北地区植被覆盖变化过程中的相对作用研究》、《滨海盐渍土演变过程中盐生植物根际的响应及其对土壤环境的影响》等高水平科研项目 25 个，发表《荒漠盐生植物根际土壤盐分和养分特征的研究》、《小城镇发展建设模式研究》、《发扬地理学科优势，促进区域协调发展》等高水平论文 17 篇。

城市与环境科学学院制定学院专业建设总体思路：夯实基础、强化技能、突出特色、相互渗透、服务社会。各个专业发展目标分别是：地理科学专业保持传统稳步发展，资源环境专业突出特色，地理信息系统专业提高水平，形成以地理科学为基础，以地理信息系统为手段支持，以资源环境评价与城乡规划管理为特色的相互支持、交叉、渗透的本科专业体系。

当前，瞄准科技创新，天津市经济建设及滨海新区开发开放的需要，努力为国家和天津市的地理科学和资源开发与利用、环境保护、城市规划、城市建设和管理方面的应用型人才培养作出更大的贡献。

16. 天津市水资源与水环境重点实验室

天津市水资源与水环境重点实验室坐落于天津师范大学，是中国科学院地球化学研究所与天津师范大学联合共建服务于天津及环渤海地区水环境保护、治理、修复和水资源可持续利用的重点实验室。2009年4月被认定为天津市重点实验室。

实验室建筑面积4 000平方米，其中千级超净实验室200平方米，万级（10万～30万级）超净实验室180平方米；拥有连续流稳定同位素质谱仪、ICP-MS电感耦合等离子质谱仪、GC-MS气相色谱/质谱联用仪、HPLC高效液相色谱仪、CE毛细管电泳系统、高级微波消解系统、超纯水系统等价值1 000余万元先进仪器。另外可与中科院地化所共享的重要仪器还有：固体同位素质谱仪（TIMS）、多接收等离子体质谱仪（MC-ICPMS）、稀有气体同位素质谱仪、多接收核素分析用能谱仪等。

实验室现有专职人员22人，其中博士占64%；正高级职称3人，副高级职称5人；留学归国5人；40岁以下占80%，是一支富有朝气的创新研究团队。

实验室主要研究方向是水环境污染与恢复过程和机理、水循环与水资源评价和配置、水循环利用科学与技术。截至目前，实验室共承担国家973项目专题、国家自然科学基金、教育部、天津市科委、天津市教委、天津师范大学等各类科研项目50余项。其中省部级以上科研项目18项，其中国家973前期专题1项、国家自然基金项目5项、省部级项目12项。发表学术论文50余篇，是一所体现“院地合作”，集教学、科研为一体的开放型重点实验室。

17. 天津合佳威立雅环境服务有限公司

天津合佳威立雅环境服务有限公司坐落于天津市津南区二八路南

侧，占地面积 87 158 平方米，总投资 2 亿元，是 1999 年国家发改委批准的高科技产业化示范项目。2002 年动工建设，2003 年建成投入运行，是国内首座集焚烧、物化处理、安全填埋、综合利用危险废物和非焚烧方式处置医疗废物的综合性现代化危险废物处理处置企业。每年可焚烧处理包含医疗废物在内的危险废物 13 500 吨，物化处理 10 000 吨，资源化回收 8 000 吨，高温蒸汽消毒等非焚烧处理医疗废物 16 200 吨，固化及安全填埋 10 107 吨。该项目的建成运行，解决了天津市及周边地区日益增长的危险废物的处理处置问题，使我国在危险废物处理处置技术和设施上迈出了建设性的一步。

公司引进法国、美国等国家的先进技术，年危险废物处置能力 57 807 吨，达到国际先进水平。所有设备立足于国内现有条件，设备国产化率达到 90%以上。充分吸收了法国威立雅环境集团在危险废物处理处置及资源化方面的先进技术和全球管理经验，成功运行多年，始终保持最佳运行状态，每年连续开炉时间超过 300 天。

公司于 2003 年取得了天津市环保局颁发的危险废物经营许可证，2006 年取得国家级危险废物经营许可证、危险废物运输许可证、危险化学品储存许可证，可处理处置 49 类危险废物中的 48 类。2007 年获得国际认证机构颁发的 ISO 14001 和 OHSAS 18001 证书。

2004 年通过了世界著名环境审计公司西蒙（CHWMEG）的审计评估，评审结果表明公司从工厂的设计建设到运行管理均符合国际规范，达到了国际先进水平。还先后通过了摩托罗拉、英特尔、IMB、通用公司的环境审计。

2005 年被国家环保总局命名为“国家环境友好企业”；被国家发改委授予“国家高新技术产业化示范项目”称号；2006 年被天津市人民政府命名为“清洁生产示范企业”；2008 年 10 月，获得国家发改委“国家高新技术产业化示范项目十年成就奖”。

为了满足天津滨海新区建设发展的需要，2011 年公司又在滨海新区南港工业区投资 2.61 亿元人民币，建设年处置能力 4.3 万吨的危险废物集中处置设施，为天津滨海新区的发展提供必要的支持。

2010 年 4 月，公司与天津市环科院合作共同负责国家环境保护危险废物处置工程技术（天津）中心项目的建设，为全国危险废物处置技术的研发和设施建设以及危险废物环境技术管理体系的建设提供强有力的技术支持。

公司处置天津市和其他省市的各类危险废物中，还包括了“毒鼠强”、易制毒化学品、社会无主废弃危险化学品等大量的剧毒危险废物以及数千吨如多氯联苯电容器及含汞废物等国家严格控制的废弃危险化学品，为维护社会稳定和保护环境作出了应有的贡献。

18. 国家环境保护危险废物处置工程技术（天津）中心

2011 年 2 月 12 日，环境保护部下发了《关于同意国环危险废物处置工程技术（天津）有限公司开展国家环境保护危险废物处置工程技术（天津）中心建设的通知》（环函[2011]23 号），同意在天津滨海新区南港工业区建设国家环境保护危险废物处置工程技术（天津）中心，建设期两年。这标志着国家环境保护危险废物处置工程技术（天津）中心建设工作正式启动。

为建设和运营天津中心，由天津合佳威立雅环境服务有限公司和天津市环境保护科学研究院共同投资组建了国环危险废物处置工程技术（天津）有限公司。将依托天津合佳威立雅环境服务有限公司在天津滨海新区南港工业区投资 2.61 亿元人民币建设的天津滨海工业危险废物处置中心项目的资金、设施和人才优势，以及天津市环境科学研究院的环保科研开发推广能力和强大的科研硬件、软件支持。为完善中心的功能要件，在以上依托单位的基础上，新增投资 2 500 万元人民币，在滨海工业危险废物处置中心内增加建设培训基地、技术中试实验基地。在天津环境科学研究院建设小试实验基地。培训基地建成后，每年可为全国同行业企业培训大批危险废物处置领域的技术和操作人才。中试实验基地由中试车间、中试分析实验室及安装在滨海处置中心内部分车间里的中试设备组成。

中心的主要任务是根据国家危险废物管理规划和要求，围绕我国危险废物处置领域急需解决的关键性技术和产业发展需求，加强危险废物处置技术研发和推进产业化，促进危险废物处置运营和管理规范化，培养危险废物处置设施的运营和管理人才，为国家危险废物管理提供技术支撑，为政府、行业和社会提供技术、信息及咨询服务。

项目建成后，将为全国危险废物处置技术的研发和设施建设、危险废物环境技术管理体系建设提供强有力的技术支持。

第二节　科学研究领域

一、环境政策与管理研究

在国家和天津市政府领导下，天津市在环境政策与管理方面做了大量研究工作。自“六五”以来，天津市先后完成了国家及地方环境标准、管理制度研究、规划研究、清洁生产与循环经济、生态市建设等环境政策与管理研究工作，为各级管理部门科学决策提供了重要技术支持。

1. 环境标准研究

环境标准是国家或地方政府环境法规体系中的一个重要组成部分，是环境管理的重要技术依据。它为各级环保主管部门针对污染物排放综合量化管理、减少污染物排放总量，促进企业清洁生产、技术进步和强化管理、全面达标排放，进而实现环境质量达标提供依据和方法。环境标准体系的研究和建设为国家和地方环境保护管理部门的管理工作提供科学的依据。

（1）国家标准研究。

①环境质量标准。“六五”期间，天津市环境保护科学研究所参与国家《大气环境质量标准》（GB 3095—82）编制，1985 年获国家环保局科技进步二等奖、1987 年获国家科学技术进步三等奖。

1987—1990 年，完成国家环保局课题《天津市地面水功能区域划分及环境质量标准的研究》，及分报告《天津市地面水水质控制指标选项说明》。该项目获天津市科技进步二等奖。

两项工作的完成为我国和天津市大气和水环境的管理提供了科学的依据。

②污染物排放标准。“八五”以来，天津市环境保护科学研究所开展了天津市恶臭排放标准的研究。1987 年 12 月完成《国外恶臭污染研究概况及我国恶臭污染研究与防治对策》，并编制完成《全国重点城市恶臭污染源及恶臭污染状况调查资料》。1992 年，完成国家环保局下达任务，起草《恶臭污染物排放标准》（GB 14554—93）及《恶臭排放标准编制说明》并颁布实施。该项目获天津市科技进步二等奖。

2009 年，天津市环境保护科学研究院受环境保护部委托，开展《恶臭污染物排放标准》修订工作。主要修订方向为恶臭污染物控制指标及排放限值，目前已完成征求意见稿。

1990 年，天津市环境保护科学研究所开展《环境保护化学品测试准则》研究，获国家环保局科技进步三等奖。

2003 年，天津市环境保护科学研究院承担国家环保总局课题《橡胶工业污染物排放标准及测量方法》。2005 年，该课题在北京召开了开题论证会，原《橡胶工业污染物排放标准及测量方法》名称更改为《橡胶制品工业污染物排放标准》。在广泛开展调研基础上，于 2008 年 6 月完成《橡胶制品工业污染物排放标准》（征求意见稿）。目前，橡胶制品工业污染物排放标准已完成了环保部各司局意见征求工作，将开展标准的行政审查以及发布工作。

1992—1995 年完成国家环保局基础标准《环境标准实施监督规范化研究》。

（2）地方标准研究。

①标准体系研究。1992 年开始天津市环境保护科学研究所开展了《天津市地方环境标准体系》专题研究。1996 年 7 月完成天津市环保局下达课题《地方环境标准体系的研究》，同时提交《天津市环境标准管理规定》，该《管理规定》于 1996 年经天津市环保局批准下发。主要章节有，执行环境标准类别、管理机构职责、环境标准的制定、环境标准的实施，为规范天津市标准管理提供了技术支持。

②环境质量标准。开展了《天津市地面水功能区域的划分及环境质量标准的研究》（1989—1990），项目主要研究内容是：1）天津市地面水水质控制指标的选定；2）再生水资源用于改善市区景观河道水质状况的研究及方案的设想；3）天津市地面水水质控制标准；4）天津市地面水功能区域划分及水质分类标准的综合分析；5）天津市地面水标准分析方法；6）阳极溶出伏安法测定水体中硒（Se^{4+}）方法的研究；7）天津市地面水功能区域划分及水质分类标准的综合分析，该项目的完成为全市地面水功能区域的划分提供了科学的依据。

1997—1998 年完成天津市环保局下达任务《天津市环境空气质量功能区划》。项目分析了天津市各区县的环境质量现状，并划分天津市一类、二类、三类环境空气质量功能区。

此外，天津市环境保护科学研究所还先后开展了其他标准研究。1991 年 12 月完成天津市科学技术项目《环境实验室数据的质量控制》以及《环境实验室质控管理制度汇编》等。

③污染物排放标准。1983 年，按照天津市环保局下达任务，天津市环境保护科学研究所与天津市环境监测中心共同起草了《天津市水污染物排放标准（试行）》文本。1987 年 11 月完成《天津市汇水区污染物综合排放指标》文本。

1995年，天津市环境保护科学研究所完成了《天津市有毒有害气体排放标准研究》，获天津市科技进步二等奖。

1993—1995年，开展《天津市工业废水排放标准》研究。1995—1998年，完成《天津市污水综合排放标准》文本，并对《天津市水污染物排放标准（试行）》、《天津市纪庄子系统工业废水排放控制标准（暂行）》进行了修订。该标准根据天津市环境管理的需要，充分体现环境保护最新技术成果，推动企业实施清洁生产。

为落实国家“十一五”规划以及天津市政府“十一五”减排责任，支撑天津市科学发展，保证地表水环境质量达标的要求，自2007年起，天津市环境保护科学研究院政策法规与标准中心开展污水综合排放研究，起草完成《天津市污水综合排放标准》（DB 12/356—2008）。该《标准》的一级和二级限值较现行国家《污水综合排放标准》（GB 8978—1996）有了较大幅度的提高，更加接近于环境质量标准，标准的实施促进了全市地表水环境质量的改善。

2008年，天津市环境保护科学研究院承担了《锅炉大气污染物排放标准》（GB 13271—2001）修订工作，2010年4月形成标准文本和编制说明的征求意见稿。目前正在针对氮氧化物污染物控制采取的技术路线、标准限值制定的预期减排效果等问题征求各部门意见。

2. 管理制度研究

针对环境保护发展过程中各时期重点任务和突出的环境管理问题，以天津市环境保护研究院为主体开展了排污申报登记制度、城市环境综合整治及定量考核、总量控制研究、宏观环境管理等一系列研究。这些研究进一步充实天津市环境管理制度，为国家和地方环保工作顺利开展提供重要技术支持。

（1）排污申报登记制度。

①水污染物。1988—1990年，天津市环境保护科学研究所开展了排

放水污染物申报登记制度研究。先后完成《我国水污染物排放许可证制度研究（技术论证报告）》、国家课题《排污申报登记其在许可证制度中应用的研究》。1991 年 2 月与中国环科院等单位共同完成国家环保局污染管理司组织的《中国的排污许可证制度研究》，从综合篇、实践篇、技术篇等方面进行详细研究。1993 年，完成国家环保局课题《中国排污申报登记制度》。这些研究工作为天津市污水排放监督与管理工作提供了技术支持。

为规范排污申报制度实施，开展《排放水污染物申报登记规范化信息系统》、《地市级排放水污染物申报登记数据库管理系统》等研究。

②大气污染物。1991—1994 年，受国家环保局和天津市环保局委托，天津市环境保护科学研究所进行了“天津市排放烟尘许可证制度”专题研究。

1991 年 6 月，完成排放大气污染物许可证制度试点工作技术文件《排放大气污染物申报登记技术规范（试行）》、《排放大气污染物申报登记编码手册》。

1994 年起草完成全国排放大气污染物许可证制度试点工作验收系列材料，包括《天津市排放烟尘许可证制度（试点）工作报告》、《天津市排放烟尘许可证制度研究技术报告》、《天津市排放烟尘许可证制度试点工作文件汇编》、《城市煤气化及集中供热综合效益分析》、《除尘技术调查与筛选》、《天津市排放烟尘许可试点工作中总量控制的方法与对策》、《工业锅炉煤耗量核定参数及核定方法在天津市排放烟尘许可证试点工作中的应用》、《发挥三级环境管理网的作用强化对排放烟尘许可证的监督管理》。这些文件和报告对天津市排放烟尘登记的工作程序，除尘设施现状，以及排放烟尘总量控制与排放限值等进行了详细的论述和评价，为天津市大气污染防治管理工作提供了技术保障。

1994 年由天津市环境保护局与天津市环境保护科学研究所共同开展《天津市排放烟尘许可证制度》，通过在天津市开展排放烟尘许可证试点工作研究，增强了排污企业保护环境的法律意识和参与意识，为强化环境管理、健全环保法制、控制污染、保护环境提供了有力的保障措施。

（2）城市环境综合整治及定量考核。国务院 1988 年 9 月发布了《关于城市环境综合整治定量考核的决定》，推动环境管理由定性管理转向定量管理，由经验管理转向科学管理。天津市政府随即批准了《天津市城市环境综合整治定量考核规划》，要求各区县及有关部门签订环境综合整治定量考核指标为基本内容的环境保护目标责任书，并于 1995 年 4 月转批了天津市环保局《关于进一步加强环境综合整治定量考核工作的意见》，明确天津市不同时期和形势下，环保工作的方向和重点。对此天津市环境保护科学研究所在“八五”期间积极开展了一系列研究工作：

1991—1992 年，《城市环境综合整治定量考核指标体系研究》，从大气、水、固体废物、噪声 4 个方面进行指标体系研究，其中的权重分析、指标解释及有关技术规范，为国家实施考核制度提供科学依据。该课题获得天津市科技进步二等奖。

1991 年 12 月，完成《城市环境综合整治定量考核指标重要性分析》。1992 年 12 月，完成《城市环境综合整治定量考核指标体解释与计算方法》。

1993 年 1 月，完成天津市环保局课题《城市环境综合整治及定量考核规划编制技术导则》，用于指导和规范城市环境综合整治规划的编制工作。规划分近期 1995 年、中期 2000 年、远期 2010 年，分别从规划主要内容、指标体系、考核计划等方面介绍。同期完成国家环保局任务《城市环境综合整治规划编制技术大纲》编制。

1993 年 5 月，完成了《城市环境综合整治定量考核规范化研究》，该研究是《中国环境管理制度规范化研究》专项课题之一。研究系统涵盖了：《重要性分析》、《标体解释与计算方法》、《规划编制技术导则》、《管理办法及编制说明》、《简要回顾与实力分析》等。研究增强了定量考核制度的合理性和可操作性，其成果在部分城市得到应用。

为配合全国开展城市环境综合整治规划工作，受国家环保总局计划司委托，于 1993 年 6 月完成《城市环境综合整治规划方法》。分别从环境规划指标体系、城市环境宏观规划、城市综合环境区划、城市环境综合整治详细规划、环境预测与规划模型等方面进行研究。

（3）总量控制研究。实施污染物排放总量控制是我国在“九五”期间环境保护工作的重大举措之一，是推行可持续发展战略和落实“两个根本性转变”的需要。天津市积极开展水污染物、大气污染物总量控制，以及天津市及区县的总量控制研究，为全市污染物排放总量控制和环境质量改善提供了有力技术保障。

①水污染物总量控制。1987—1989 年，天津市环境保护科学研究所完成《东郊区水污染物排放总量控制规划方案研究》。主要研究成果包括：《区域污染物总量控制规划方案与管理政策研究》、《污水厂汇水区污染排放总量控制规划指南》、《东郊汇水区污染排放调查与评价》、《东郊汇水区有机污染排放总量控制规划方案研究》和《东郊汇水区重金属排放总量控制规划方案研究》。

“九五”期间，为贯彻落实国家环境保护总量控制战略，开展了《海滦河水系（天津地区）污染物排放总量控制研究》，对海河水环境生态系统进行了大规模多学科综合型的调查与评价。采用实验室试验及现场观测等手段探讨主要污染参数的变化降解规律，完成污染物量平衡及正常江水年份污染负荷预测及各污染来源贡献比分析。汇集 32 年来河床变迁图与沉积速率图。采用室内模拟方法测定了海河不同层深底泥主要污染指标溶出特征和针对不同治理方案的底泥污染物溶出削减量实验，揭示了海河底泥污染物贡献量的时空变化规律，首次揭示了海河底泥污染物贡献量的时空变化规律，用现场观测及物理模型模拟的方法建立了海河一维及二维冲污扩散数学模型，从水动力学的角度论证了调引滦水冲污的最佳方案，制定了分管道、分渠道的治理方案，并通过多方案的比较，优化出切实可行的以市区、郊区排水系统为主的单元治理工程方案，与相应的管理对策，以海河水环境容量为基础，把水质控制目标、治理技术方案以及工程投资费用联系起来，对各种污染控制措施进行分析、比较、优化组合，提出分阶段、分步骤实施的、符合国情国力、技术经济可行的综合性污染控制技术方案及相应的管理对策。

1998 年 3 月，天津市环境保护科学研究所还完成了国家环保总局课题《蓟运河污染物排放总量控制研究》。

1998—1999 年，天津市环境保护科学研究所开展了《地面水重点控制断面达标方案及饮用水水源地保护方案研究》，在《海河流域天津市水污染防治规划》、《天津市污染物排放总量控制实施体系研究》总量分配基础上，提出了地面水环境质量达标行动方案及相关政策。

②大气污染物总量控制。“八五”期间，天津市环境保护科学研究所等单位进行了天津市环保科技发展计划项目《天津市区大气总悬浮颗粒物总量控制规划研究》。内容包括：天津市区大气 TSP 来源解析研究、大气污染调查和污染源数据库、总量控制规划中气象要素研究，以及规划研究和控制方案研究等。同时还完成了《大气污染物总量控制规划信息管理系统编制说明》、《天津市区大气 TSP 点源总量控制规划方案》、《天津市区大气 TSP 点源排放量清单》、《天津市区大气 TSP 面源排放量清单》。

1998 年由天津市环保局、区县环保局、天津市环境保护科学研究院、天津大学、天津市气象所、天津市环境监测中心及天津市灯塔涂料有限公司联合开展《天津市污染物排放总量控制实施体系研究》，研究划分为总量控制实施方案、总量控制管理办法和总量控制核查系统三部分，最终形成完整的总量控制实施体系。

2005 年，由南开大学、天津市环境保护局完成的“天津市大气污染总量控制及分阶段防治技术研究”获得天津市科学技术进步二等奖。该项目在国内首次研究并编制了开放源类污染源调查技术大纲，在 GIS 系统上建立了开放源类污染源数据库，利用大气颗粒物源解析和大气扩散模型、气象因素相结合的技术方法，制订了“蓝天工程”分阶段方案，并提出了环境空气质量分阶段目标值，为天津市“蓝天工程”实施提供了技术支持。

2006年由天津市环境保护科学研究院承担，天津市环保局大气处协作开展《天津市大气污染物总量控制与排污许可证的实施》，通过对天津市大气环境质量现状和污染气象的资料收集和研究，对天津市现有大气污染源进行调查，建立行政手段和市场手段相结合的新型排污指标的配置方式，建立天津市排污许可证发放制度和动态监督管理机制。通过此项目的研究，为天津市实现经济发展高增长、资源消耗低增长、环境污染负增长提供了技术支持。

为了落实环境质量管理、总量控制和实施排污许可证管理的要求，天津市环境保护科学研究院于2006年承担天津市科委课题《天津市大气、水污染物总量分配与排污许可证的实施》，该项工作提出了大气污染物和水污染物总量分配的技术路线，并按区域和重点污染源对二氧化硫和COD进行了分配，提出了排污许可证制度与保障措施，设计了排污许可证正本（副本），制定了排污许可证管理条例。

③全市及区域总量控制。1997—1998年，天津市环境保护科学研究所承担天津市科委自然科学基金项目，并与天津市开发区环保局共同完成天津市科委自然科学基金项目《天津经济技术开发区区域环境总量控制研究》。重点分析区域内主要污染物TSP、SO_2、COD的排污总量控制问题，在预测分析基础上，结合控制方案对比分析，在区域环境质量目标可达基础上，提出合理的控制目标和优化的控制方案。从能源现状及增长趋势、能源需求预测及供需平衡分析、水资源需求分析、污染物总量控制分析、固废综合利用与总量控制等方面进行研究。

2005年由天津市环境保护科学研究院开展《天津滨海新区环境容量与总量控制研究》，通过对天津市滨海新区各行政区域环境质量现状、各企业污染物排放总量，以及自然条件研究确定大气、水环境容量，通过对污染物削减能力预测、产业发展方向、产业结构、产业布局及环境功能区划制定合理的污染物总量分配方案。研究为推进滨海新区的开发开放提供环境资源，为经济社会发展的空间合理布局以及开展控制和整治工作提供支持。

2006年，滨海新区纳入国家发展战略之际，临滨海新区未来的产业结构仍然偏重，能源消耗产生的大气污染物和石化工业产生的大气污染物将对区域大气环境质量产生严重影响，大气环境容量是滨海新区开发开放环境制约因素的挑战。天津市环境保护科学研究院承担了《滨海新区大气环境容量与总量控制研究》工作，该项工作从环境角度综合协调环境容量、资源分配、产业布局、经济发展等方面的关系，根据环境容量确定经济可行、技术合理的污染物削减方案和计划，采取有效的污染物排放控制管理手段，为促进滨海新区又好又快的发展提供技术支持。

天津市环境保护科学研究院依托于《海河流域天津市水污染防治规划》，1998年8月，完成《天津市污染物排放总量控制实施体系研究》，内容包括水污染物、大气污染物总量控制方案研究，主要污染物总量控制暂行管理办法，开发区区域环境总量控制研究，污染物总量控制监测系统研究等。为天津市实施总量控制，改善环境质量水平提供了依据。相关成果有：天津市大气主要污染物《总量控制区地理位置及区域范围图集》、《实际排放量清单实例（东丽区）》、《重点高、中架源削减量清单》、《总量控制技术方法计算实例》、《天津市污染物排放总量控制立法与管理保证体系研究》。

（4）宏观环境管理。1983—1985年，天津市环境保护科学研究所参加国家“六五”攻关项目《天津市社会经济环境的研究》中“天津市经济发展与环境保护关系研究”。完成了《天津市关于资源利用与环境污染关系研究》、《环境经济投入产出模型在城市生态系统研究中的应用》、《环境经济投入产出现行规划模型及应用》、《工业经济结构与环境污染关系研究》、《1990年环境经济预测》、《天津市环境经济投入产出计算和制表程序设计》等专题研究成果。该项目获 1985 年天津市科技进步二等奖。

1993 年，天津市环境保护科学研究院开展了《美欧等国家环境科技管理的研究》，针对性地提出我国污染防治科技管理的对策建议，为环保行政主管部门进行环境管理，实现环境目标提供了重要技术支持系统。1996 年完成《美欧环保战略变革及我国对策建议》。

1999 年 11 月，天津市环境保护科学研究院完成《地面水环境质量达标行动方案及政策研究》，提出了天津市水环境质量功能区划分及水质标准、水质达标工作方案及政策建议。

1996—1998 年，天津市环境保护科学研究院和天津市环保局自然保护处共同完成天津市科学项目《天津市乡镇工业污染防治战略研究》，为乡镇污染防治提供了有意义的建议和措施。

2001—2003 年，天津市环境保护科学研究院承担市科委课题《天津市滨海新区新建项目环境保护管理研究》，建立了总量控制下的滨海新区项目环境管理体系，并试点实施。

随着点源污染的控制，非点源污染问题变得越来越突出。2005—2010 年，天津市环境保护科学研究院承担世界环境基金（GEF）项目，先后完成了《城市和农村非点源污染控制研究》、《天津市县级农村非点源污染防治模式研究——以宁河县为例》、《潮白新河下游流域畜禽养殖面源污染控制示范》。项目依次纳入天津市科委成果库，其中《城市和农村非点源污染控制研究》于 2009 年获得天津市科技进步三等奖。

（5）环境管理体系。1998 年，天津市环境保护科学研究所完成《环境管理体系认证程序》。研究了国内试点城市 ISO 14000 认证现状调研、确定认证程序。

1999 年，受天津市环保局委托，开展《实施 ISO 14000 环境管理体系的咨询、培训及案例研究》，为有条件企业提供一整套的咨询、培训模式，指导企业建立环境管理体系，加强企业环境管理，适应国际贸易市场发展需求。

3. 环境保护规划研究

环境保护规划是环境保护对经济、社会发展进行宏观调控的政府行为，是规划期内环保工作的纲领。环境保护规划研究和编制工作是为环境管理服务的主要领域。随着国家对环境保护的重视，天津市环境保护规划的发展从"六五"开始，经历了从无到有，从探索到成熟，从单一规划到体系研究的过程，天津市环境保护科学所研究院是天津市唯一的市属从事环境保护规划研究的专业研究院，是天津市环境保护规划的主要技术依托单位。

"七五"期间，开展了《城市污水资源化总体规划研究》(1989—1991年)，项目研究内容是：城市污水水质综合评价研究；城市污水资源化系统中可回用水量的研究；区域污水回用技术方案、优化方案分析研究；系统分析及影响回用水污染物控制措施研究；污水回用系统中难降解有机物的研究；对纪庄子污水处理厂二级出水生物毒性的研究。建立了化工、石油化工、电力工业等总用水量、总产值、总产量的相关关系。摸清了天津各泵站污水水质基本状况，找出主要污染物，为天津市污水回用规划提供科学定量依据。

"八五"期间，天津市环境保护科学研究所承担完成了天津市环保局课题《城市环境规划方法研究》，提出并建立了一套适合我国国情的规划方法，成果先后被列入国家环保总局颁布的《城市环境综合整治规划编制技术大纲》、《城市环境综合整治及定量考核规划编制技术导则》，以及国家环保局主编的《环境规划指南》一书，作为国家环保局基础培训教材，对推进城市环境综合整治规划工作起到积极指导作用。此外，还完成天津市科技项目之中瑞科技合作项目《天津市滨海地区生态环境规划研究》。分专题研究了《天津市滨海新区土地利用规划研究》、《天津市滨海地区宏观水环境综合整治研究》、《天津市滨海地区生态环境规划研究》等专题。

“九五”期间，天津市环境保护科学研究所完成天津市环保局委托项目《天津市环境保护科技发展“十五”计划和2015年规划研究》，项目通过分析现状，国内外情况及天津市差距，科技需求及发展目标，提出未来15年环境科技发展方向和优先领域。同时，参与完成《大港区区域发展环境影响评价与环境保护规划》（市19990424），荣获天津市科技进步二等奖。

天津市环境保护科学研究院开展《渤海天津碧海行动计划》规划研究。考虑天津特点，把天津陆域到近岸海域的水环境作为一个整体，强调污染控制和生态保护并重，最终实现对入海氮、磷的有效削减。提出了2001—2005年、2006—2010年碧海行动计划，2015年碧海行动纲要及环境监测计划等。

2000年天津市环境保护科学研究院完成天津市城建委软科学项目《天津市自然保护区发展建设规划实施方案研究》，对全市各个自然保护区现状分析，并提出工程建设实施方案。

1999—2001年，完成市城建委软科学研究计划项目《天津市滨海新区大气环境规划地理信息系统研究》，项目根据污染物分布情况，选用新区地形图进行数字化，并与市污染物排放申报登记数据库、污染气象数据库联结，建立天津市滨海新区大气环境规划地理信息系统研究。为滨海新区大气环境管理、大气环境质量控制、总量控制以及大气污染物排放权交易和可持续发展提供有效技术手段，1999—2002年，完成天津市科委课题《天津市环境管理与环境规划GIS支持系统》，为环境管理和环境规划提供技术支持。

4. 清洁生产与循环经济

（1）清洁生产研究与实践。20世纪90年代我国工业污染防治战略面临末端治理向生产全过程控制转移的重大变革。推行清洁生产，是工业污染防治必由之路，是依靠科技进步、强化企业环境管理的具体体现。

①清洁生产技术研究。国家环保总局为推进清洁生产，组织天津环保局、天津市环境保护科学研究所等编译国外清洁生产技术资料，作为“预防污染审计师资培训班”的主要教材。天津市环境保护科学研究所于 1993 年完成《防止废物和排放物手册》。参与完成国家环保总局污染管理司组织编写的《清洁生产——认识与实践》，该书全面阐述了我国开展清洁生产的宏观政策，以及原辅材料替代、改革工艺和设备、加强管理、物料循环与综合利用、清洁生产产品等具体清洁生产实例。

1994 年天津市环境保护科学研究所完成国家环保总局污染控制司下达任务《我国推行清洁生产总体规划框架研究》；1995 年受国家环保局委托，起草完成行业标准《企业清洁生产环境审计技术规范》，将我国企业开展的环境审计活动加以规范化、标准化，形成综合的技术规范，为我国推广这一技术奠定基础；1997 年受国家环保局污染控制司委托，起草了《企业清洁生产审核规范》，规定了企业清洁审核的程序、内容和方法。

1997—2001 年，天津市环境保护科学研究所完成天津市科技发展计划项目《天津市清洁生产典型企业示范工程技术研究》。课题在充分研究清洁生产审计及环境管理模式基础上，阐明如何实地在企业开展清洁生产审计和初始环境评审，将清洁生产与环境管理模式有机结合起来，将清洁生产技术充实到环境管理体系中。

②开展清洁生产实践。“天津市环保局引进国际环境标准 ISO 14000”项目经过近二年的调研、准备和可行性评估后，中德双边政府于 1998 年 6 月正式就此项目签署了双边合作书。天津市环境保护科学研究院于 1998—2002 年、2003—2005 年先后参与了该中德项目一期、二期项目，与德国经贸部下属技术单位合作开展了“ISO 14000”和“有效益的环境管理”研究，率先将 ISO 14000 环境管理体系的理念和方法引入到中国。

自 2002 年 6 月《中华人民共和国清洁生产促进法》颁布以来，天津市环境保护科学研究院积极推进企业清洁生产审核。成立循环经济与清洁生产中心，开展企业清洁审核。先后承担完成了天津市生物生化制品、电子、钢铁等行业 30 余家企业清洁生产审核工作，为企业提供清洁生产技术咨询服务，举办各种清洁生产培训班，并编写完成《天津市清洁生产审核企业确认与公示办法》、《天津市〈清洁生产审核暂行办法〉实施方案》等相关文件文本。

（2）循环经济。南开大学“985”工程循环经济创新基地自 2004 年以来，围绕循环经济基础和应用、循环经济技术体系与清洁生产等研究内容，积极开展了跨学科的综合研究和联合攻关，先后承担或完成与循环经济相关的国家多项国家社科重大项目，包括我国第一个循环经济研究国家重大项目《经济发展与生态环境保护双赢的循环经济深入发展研究》（2006），我国第一个生态文明研究国家重大项目，《我国生态文明发展战略研究》（2007），国家科技重点支撑计划项目《中国循环经济发展模式的系统评价与决策支持技术研究》、国家自然科学基金《“十二五”时期我国转变经济增长方式、实现科学发展的循环经济关键政策研究》，我国第一批循环经济与清洁生产的国家科技支撑项目《废旧轮胎资源综合利用技术》（2007）。

《内外均衡，一体循环——循环经济的经济学思考》作为国家社会科学基金重大项目的重要研究成果，课题组对上海市、北京市、杭州、天津市、天津市泰达生态工业园区、天津临港工业区、天津子牙工业园区、北疆电厂、废旧轮胎资源综合利用行业，家电回收利用行业等国家循环经济示范试点城市、园区、企业发展情况进行了广泛调研，以新颖独特的研究视角与分析路径、系统深入的分析架构与逻辑体系、科学实用的方法与评估体系，成为近些年国内循环经济基础研究方面较为突出的成果。荣获教育部人文社科二等奖。

《经济发展与生态环境保护的循环经济深入发展研究》从促进循环经济深入发展，实现经济发展与生态环境保护双赢出发，从循环经济的基本概念、目标模式、运行机制、制度建设、循环经济产业、循环经济管理调控方法等方面对循环经济的理论和实践进行深入系统的研究，并提出“十二五”时期我国循环经济深入发展的战略思路和具体实施路径，课题组运用研究成果，先后为国家循环经济示范试点单位天津市、临港工业区、子牙循环经济区、泰达开发区等规划编制和发展战略制定服务，在推动国家循环经济发展政策和国家循环经济示范区建设产生了较大的影响。

南开大学承担国家自然科学基金《物质经济代谢分析与调控管理研究》，在充分借鉴产业生态学、产业代谢研究经验的基础上，从代谢视角下进行经济过程与代谢过程的类比，围绕经济系统本质是一个代谢管理机制这一核心思想，深入剖析艾瑞斯产业代谢理论的基本特点，提出以融入社会经济因素的物质流分析，即物质经济代谢理论与方法，初步解决现实问题。在此过程中，先后建立了物质经济代谢分析通量模型、物质经济代谢路径选择模型，对经济系统的物质经济代谢的机制进行解释。该课题研究出版学术专著《循环经济与物质经济代谢分析》入选国家“十一五”重点图书出版规划。

为推动天津市循环经济与低碳经济发展，南开大学先后承担完成《天津市国家循环经济试点城市实施方案编制》、《天津市循环经济发展战略研究》、《天津子牙循环经济园区政策研究》、《天津临港工业区循环经济与生态工业园区规划》、《天津空港加工区循环经济与节能减排规划》等多项工作任务，促进了天津市、滨海新区以及子牙循环经济园区建设和发展。

2005 年，天津市环境保护科学研究院作为主要完成单位，完成天津市中长期科技发展规划战略研究专题之一《天津市水资源利用、生态环境与循环经济中的重大科技问题战略研究》专题论述了天津市水资源利用、建设生态市、发展循环经济中的重大科技问题。

5. 生态城市建设研究

自 2005 年天津市成功创建国家环境保护模范城市之后，市委、市政府于 2005 年底做出了开展生态市建设的重大决策，将生态市建设的目标和任务列入了《天津市国民经济和社会发展第十一个五年规划纲要》。2006 年 7 月 27 日，国务院批复了《天津市城市总体规划（2005—2020 年）》，要求天津市逐步建设成国际港口城市，北方经济中心和生态城市。

为保障生态市建设的顺利开展，在市政府统一部署下，2005 年，天津市环境保护科学研究院为主要技术支持单位，编制了《天津生态市建设规划纲要》（以下简称《纲要》）。《纲要》与《天津市国民经济和社会发展第十一个五年规划纲要》、《天津市城市总体规划（2005—2020 年）》及有关专项规划有机结合，并吸收运用了上述规划成果，具有较强的可操作性，是管理部门指导各区县编制生态区、生态县建设规划和推动全市开展生态市建设的重要依据。《纲要》同时产出的课题成果包括：《天津市建设生态城市的若干重大科技问题研究》、《天津市生态城市构架与关键技术方法研究》、《天津市生态宜居高地指标体系研究》、《中新天津生态城指标体系研究》等。

由南开大学主持的国家社科重大项目“我国生态文明发展战略研究”，围绕我国推进生态文明建设的重要战略问题，开展了全国范围的广泛调研，覆及上海、天津、河北、河南、内蒙古、辽宁、山东、山西、云南、湖北、湖南、江西、福建在内的多个省、市、自治区，遍及我国重点城市及广大农村地区，形成城市、农村以及民族地区生态文明建设情况研究等多份调研报告。经过 3 年多的系统研究，抓住经济增长的资源环境代价过大这个主要矛盾，以转变发展方式、生产方式、消费方式为突破口，从生态文明建设的主客体良性互动的角度，深入探索促进我国生态文明建设的战略思路和主要途径，提出了一系列有价值的观点和思路。

二、天津市水污染控制技术及研究

“七五”至“十二五”期间天津市科研院所及高校多次承担了国家重点科技项目、天津市科技发展计划重大科技攻关项目、天津市 21 世纪青年科学基金项目、天津市自然科学基金项目，并多次获天津市科技进步奖及科技成果（应用技术类成果）奖，多项研究成果填补国内空白，达到了国内领先水平，部分技术的应用达到国际先进水平。项目及课题所涉及领域包括环保成套设备、汽车行业废水处理技术、高浓度难降解有机废水、纳滤膜工业废水污染控制技术及应用、南水北调（天津市）水质保护技术、酒精废水、制药废水、采油废水、印染废水、污水养鱼、水体富营养化治理实用技术、重金属污染源综合治理技术、城市渗滤构筑湿地和天然湿地系统污水处理等众多领域。以上多项项目成果已成功应用于示范工程，取得了良好的经济、社会和环境效益。

1. 饮用水水源、备用水源、景观水体保护

20 世纪 80 年代初为解决城市居民和工业用水问题，国家做出了引滦入津工程建设决定。为保护好来之不易的饮用水水源，全市开展了饮用水水源保护的研究。1982 年启动《引滦入津工程水质预测和污染防治对策研究》，研究内容为污染源的分布及其对引滦水质的影响；于桥水库水质和水量关系的研究预测和影响因素的分析；尔王庄水库水质预测；引滦工程沿线污染防治对策的研究；潘家口、大黑汀水库水质现状；引滦入津工程水质管理规划；引滦入津工程初步设计等 11 个分题；这些研究系统评价了河流、水库的水质现状，确定了对输水系统有影响的工业污染源，论证了锰、氟污染发生的可能性，并较为系统地开展了地表径流非点源污染对城市水源和专用输水系统的污染影响，对引滦入津工程通水后于桥水库的营养负荷作出了定量化预测，在此基础上提出了

于桥水库营养状态的急剧发展是引起输水系统现在和潜在污染的原因。报告提出的主要结论已被验证，并为分析引滦通水后天津水厂出现的问题提供了科学依据，对天津市水源管理具有重要的应用价值，部分成果已被国务院引滦水源保护领导小组及有关部门决策引滦水源保护工作而采纳应用。此课题为保证引滦入津工程的经济效益作出了重要贡献。该研究在国内首次揭示了地表径流非点源污染特征，提出了一定条件下地表径流污染负荷定量化的方法，探讨了地表径流非点源污染对湖泊和水库富营养化的作用，这一工作对我国湖泊水资源的保护有重要的借鉴意义，具有我国城市供水系统水资源预测研究工作的先进水平。

“七五”期间针对引滦通水后的于桥水库的富营养化问题。对于桥水库环境保护开展了较为系统和深入的研究工作。“于桥水库富营养化及防治研究”的主要成果包括：①对于桥水库的水质、底质、生物特征开展全面、深入调查，系统揭示了水库的富营养化生态本质和特征，对其营养状态作出科学评价。②从于桥水库富营养化发生的流域因素、营养盐输入因素以及水库自身与周围环境作用机制等三个环节入手，揭示于桥水库富营养化发生原因；实现水库营养盐负荷输入、输出及库内累计的定量化研究，为水库的富营养化治理提供依据。③根据水库的氮、磷负荷—库中响应关系，综合考虑水库用水功能、水质以及技术经济条件，确定水库营养状态控制标准及氮、磷允许负荷量。为水库的富营养化控制提供管理准绳。④针对于桥水库富营养化问题的实际需要，开展各种治理技术的可行性讨论，在技术经济效益综合分析基础上，提出前置库等多种因地制宜的治理适用技术以及综合治理方案。该研究为天津市饮用水水源的保护管理决策和富营养化治理提供了科学基础和技术支持，同时为我国同类水库富营养化的治理提供了先进的研究方法及适用技术。经专家鉴定，研究成果总体上达到国际先进水平，在研究的系统性、综合性等方面达到国际领先水平。获天津市科技进步二等奖。

开展了“于桥水库悬浮物沉降特性及底泥营养盐释放作用研究”

（1986—1989 年），该课题以现场实测和实验室内模拟相结合方法，首次揭示了水库底泥氮、磷溶出在底泥氮磷溶出机制和对营养化所作出的贡献，开展于桥水库悬浮物沉降特性研究，以沉降物质平衡和指标物质质量平衡原理，首次提出以 Ti 元素作为分离指标物质来区分于桥水库自生性悬浮物与非自生性悬浮物沉降量，并从理论和水库实际特性上验证了该方法的正确性。为控制于桥水库氮、磷营养盐来源，为制定于桥水库富营养化防治对策提供了可靠依据。该项研究成果，在于桥水库底泥氮、磷溶出研究方面，达到国际同类研究水平，在沉积物沉降特性研究方面达到国际先进水平。为制定水体富营养化防治对策投资方案的确定提供可靠的科学依据。

开展了“于桥水库流域营养盐输出现状及防治措施研究”（1990 年），该项目研究内容是：①于桥水库流域范围营养盐负荷状况；②于桥水库流域生态经济系统主成分分析研究；③于桥水库流域不同生态环境下汇水-径流-营养盐输出规律的研究；④于桥水库流域生态经济系统土地利用与水土保持规划研究；⑤于桥水库流域生态经济系统营养盐输出综合防治措施研究。该课题总结出一些带规律性的结论和一套于桥水库流域研究的组图，为保护于桥水库水资源提供了可靠的依据，为我国湖泊—水库富营养化的非点源污染研究提供了新经验和新思路。

“于桥水库利用大型水生植物净化水中氮磷的研究”（1987—1989 年），利用水库中自然生长的大型水生植物对净化氮、磷的合理运行管理方法开展研究，通过调查、模拟实验，筛选出一些适合人工发展的大型水生植物品种，如枯草、芦苇等，达到了净化水质，并充分合理利用这些植物，如饲料、肥料、燃料等，以达到化害为利，变废物为产品。

“七五”期间，还开展了“遥感技术在于桥水库富营养化及防治研究的应用”（1987—1990 年）；“利用多光谱摄影探讨于桥水库叶绿素 a 分布特征”（1987—1990 年）；“彩红外航片解译及其定量化在于桥水库富营养化研究中的应用”（1987—1990 年）；“于桥水库富营养化及防治研究图集”（1987—1990 年）；“于桥水库富营养化防治前置库对策可行性研究”（1988—1990 年）；“黎河上游化肥厂污水中含氮化合物在黎河水体中转化迁移规律及排放标准研究”等，这些研究中引进先进的遥感技术，进一步揭示了于桥水库富营养化湖沼学特征，提出了利用水库现有地形、地貌的有利条件，在水库上游段拦截河道形成前置库，削减营养盐对主库的输入，以防治于桥水库富营养化的发生和发展。

“八五”期间针对于桥水库富营养化过程水生植物呈现的生态问题，开展了“引滦入津输水系统水域中大型水生植物控制技术研究”（1992—1995 年），本课题全面系统地分析了引滦入津不同水域，尤其于桥水库中大型水生植物的种类以及生态特点，总结了大型水生植物在引滦入津水域中的作用。对防止由于大型水生植物过量生长而引起的水质和输水问题，有效控制主要水域发生富营养化进行了系统研究，从保护和合理利用水生大型植物相结合发展草食性养殖业提出了有效的工程措施和管理措施。

“十五”期间，天津市环境监测中心、南开大学、天津市气象研究所等完成“引滦输水工程流域生态环境状况及污染防治对策研究”。该项目对天津引滦输水工程流域 234 千米输水河道、水库的水体、底质、水生生物进行系统调查研究，系统地评价了流域水生生态环境和富营养化状况，定量提出于桥水库营养盐的来源和比例，同时应用遥感技术对引滦上游及于桥水库周边土地利用状况进行定量分析，科学地评价于桥水库的富营养化水平，建立于桥水库径流模型，针对流域面临的富营养化加重趋势提出了相应的防治对策和措施，为防治引滦输水工程流域水污染和维持流域生态平衡提供技术支持。

2003 年，为制订饮用水的污染防治措施和确保水源安全，市环保局、市环境监测中心等单位与美国环境保护署（EPA）等单位合作开展“天津市于桥水库饮用水安全研究”。该项目以于桥水库为中心，对汇入水库的河流、地表径流、地下水、水库底泥释放等污染负荷进行调研，分析水质、底质变化趋势，利用污染负荷评估模型对各类污染贡献率进行计算，提出各类污染源的防治和削减措施，针对流域管理提出一套完整的管理方案；在此基础上，天津市环境保护科学院继续与美国 EPA 合作开展了乡镇污染控制示范研究。

在景观水体环境问题方面，开展了“水上公园水体富营养化治理实用技术及对策研究”（1993—1995 年），对水体和污染源进行了系统的生态特征现状及水质调查，提出了水草的最佳维持量、水草的控制技术、生物除草、藻类的治理、控制技术等综合治理方案，有效地改善公园水体景观和营养状态，保证公园水体发挥其游览、娱乐功能，吸引更多的游人，增加公园的经济收益。

为深入了解市区景观河道水生生态环境质量，天津市环境监测中心等单位开展了“城市景观河道水生生态环境的维护与管理研究”。该项目就降雨径流对河道的影响进行实际监测，研究表明，城市不同功能区地表径流的污染状况随降雨时长、季节更替呈现显著动态变化，降雨径流强烈的冲刷机制将累积在地面的各种污染物带入河流，造成景观河道营养盐污染严重，而建立植被缓冲带修复、水资源再生、雨水综合利用与控制等工程可改善景观河道的生态环境。

开展了“海河流域缺水城市水环境问题诊辨与总体控制技术集成研究”、“北方典型缺水城市水环境问题诊辨及污染控制配套标准研究”（2009—2011 年），该项目研究目标是：针对北方缺水城市面临的“水资源量少、水体污染重、水生态平衡破坏、缺乏管理技术支持”等共性水环境问题，以天津市主城区和滨海新区为典型案例，通过对水环境问题的历史溯源和现状分析，识别城市水体污染与水环境管理问题，初步辨识城市水体的水污染结构与水污染物来源，提出水污染源复合解析的关键技术框架，构建天津城市水环境治理关键技术的技术经济评估分析方法，研究并提出解决天津市水环境问题的相关配套技术标准。

2. 水资源合理利用与水污染综合防治的研究

天津是一个严重缺水的城市，为缓解用水危机，在20世纪80年代初开始了引滦入津工程，但缺水问题依然存在。为有效利用水资源，开展了“水资源合理利用与水污染综合防治的研究”（1982—1986年），主要研究内容是：①从合理利用水资源与逐步控制水污染探求优化经济结构和发展速度的研究；②引滦入津水质预测及防治对策的研究；③重点行业回收物料和水减少污染的途径与技术研究；④保证纪庄子污水处理厂生化处理效果及上游工业污染源优化治理规划的研究；⑤充分利用南排污河自净能力及利用污水库蓄水蓄肥净化污水的研究；⑥南排污河系统充分利用灌溉（土地处理系统）净化污水能力研究；⑦渤海近海主要污染物环境容量研究；⑧天津市工业污染源治理规划及制定天津市水质和废水排放标准的研究。研究提出了行业污染综合治理规划、区域污染综合治理规划和一系列环境管理、污染治理实用技术。

为解决天津市海河咸化、过量开采地下水引起地面沉降、城市用水系统分析、污水资源利用、陆源性污染源对渤海的影响等问题，开展了“天津市水环境质量评价和综合防治的研究”（1983年），该课题研究针对天津市水资源严重不足的实际情况，把水资源的合理利用与水污染的综合防治统一考虑，在评价各类水体的质量同时，研究如何利用有限的水资源发挥最大的经济效益，又有利于污染防治和改善水环境。在各类水质评价分析方法和红外遥感热污染检测技术应用等方面作了科学探索，在城市水环境综合分析方面达到了国内先进水平。

1976—1980年，天津市汉沽区发生47 000亩小麦受工业污水污染的事件。南开大学、天津市化工局、天津市卫生防疫站、中国科学院环化所（现生态环境研究中心的前身）、北京地理所、南京土壤所等单位进行了“京津渤区域环境综合研究”。南开大学环境科学系负责研究天津化工厂的汞污染和革命化工厂的黄磷污染，以及蓟运河入海口附近海域的汞和“DDT”、“666”等农药污染问题。该项目研究了蓟运河汉沽段水体中黄磷的分布及其形态，建立了环境中不同形态汞和黄磷的测定方法，包括树脂富集—冷原子吸收法测定天然水中痕量无机汞和有机汞，反相高压液相色谱法测定二苯基汞，水环境中黄磷的光度法和气相色谱法测定；研究了农作物对元素态汞蒸气的吸收，过氧化氢酶活性与汞吸收的关系，以及汞对小麦生长的影响等；研究了水体中腐殖酸对汞对浮游植物和无脊椎动物毒性的影响；较系统地研究了黄磷、汞和有机氯农药“DDT”、“666”对鱼类的伤害。

开展了“利用坑塘蓄净北排污河系统研究和汉沽污水库技术改造对策的研究”（1983—1986 年），其研究内容是：①北塘排污河系统坑塘洼淀的分布即利用现状考察；②北塘排污河水质可生化性评价；③南淀苇塘净化城市污水的效果；④利用坑塘洼淀净化北塘排污河城市污水的规划。取得的主要成果有：①北塘排污河系统坑、塘、洼、淀的分布；②北塘排污河城市污水可生化性研究；③南淀苇塘和程林庄污水坑净化城市污水的效果；④南淀苇塘和程林庄污水坑的卫生学评价；⑤利用坑、塘、洼、淀净化北塘排污河的规划方案。

开展了“工业废水处理设施调查与研究”（1983—1987 年），其研究内容是：全国工业污水处理设施技术经济评价研究；工业废水处理设施效益分析方法研究；工业废水处理设施的对策研究；工业废水处理设施费用函数研究；工业废水处理设施现状分析；美国工业废水处理调查与分析；工业废水处理设施分类方法研究；我国工业废水处理设施调查与研究。课题形成了如下研究报告：《全国工业污水处理设施技术经济评价》；《工业废水处理设施效益分析方法研究》；《工业废水处理设施费用函数研究》；《工业废水处理设施的对策研究》；《工业废水处理设施现状分析》，《美国工业废水处理调查与分析》，《工业废水处理设施分类方法研究》和《我国工业废水处理设施调查与研究总报告》。绘制了《全国工业废水处理设施效益分析调查布局图》。

经国家环保总局主持鉴定，该项调查研究首次摸清了我国工业废水处理设施在投资、运行费用、处理水平、处理能力利用率、污染物去除率和直接受益率等方面的情况。全面揭示了在政策、管理和技术上存在的主要问题；初步建立了工业废水处理设施数据库；提出了工业废水处理设施分类和效益分析的方法；建立了主要行业的359个投资和运行费的费用函数；从政策高度系统地提出了适合我国国情的工业废水治理对策。

“天津市南排污河自净能力与提高自净能力技术措施的研究”（1983—1985年）。利用包括气相色谱质谱联用法（GC/MS）在内的各种手段建立了一套分离富集、鉴定分析多种痕量有机污染物的方法，全面鉴定出排污河水和底泥中存在的百余种有机污染物，并对某城市污水处理厂有机物的处理效果进行了评价，对南排污河进行了综合水生生态毒理学研究，丰富了污水生态学，利用电镜和X射线能谱分析技术研究烷基苯磺酸钠对鱼类肝胰脏中元素代谢影响和对鱼鳃丝损伤在国内尚属首次；用形态分析、吸附热力学、动力学以及调研底泥中污染物含量和垂直分布等手段系统研究了南排污河水体中典型重金属的迁移转化规律、自净机制和二次污染可能性；对木质素合成洗涤剂等典型有机污染物的自净规律和用水生植物加以净化的研究取得明显效果。

开展了“城市污水处理厂上游工业有机污染源工厂内预处理规划的研究”（1985年），其主要研究内容是：①城市污水处理厂上游工业有机污染源合理预处理的问题；筛选上游的对生物处理有害的污染源和难降解的污染源；对预处理问题进行系统分析和最优设计。②UVA-DOC-凝胶层析法研究；对废水中有机物的特性及生物分解性进行研究，通过对水质转换矩阵的适用范围以及对矩阵的修正研究；对纪庄子区域城市污水、重要工业废水、生活污水进行分析，以及对城市污水的影响分析。③纪庄子系统颜色污染处理研究，解决处理污水带色问题。通过研究建立了UVA-DOC-凝胶层析法，从而可以将城市污水和工业废水直接依据水质判断所选工艺的可行性。对纪庄子系统颜色的研究得出纪庄子处理厂进水悬浮物质经两级处理可有效地去除。

开展了“北仓工业区水环境综合治理方案的研究”（1993 年），研究内容有：从水环境和工业废水的分析评价入手，通过对主要工业污染源筛选，污染源预处理程度，分散源纳入系统或单独治理，分散片汇入统一系统或分片治理，收集系统和排放系统的组合，联合集中治理工艺选择和排放去向等分层次多目标优化得出较为可行方案，如：工业源预处理方案，集中治理方案，系统外分散片及分散源的治理等，提供选择并以此为主线配合相应的管理措施以便达到改善水环境的目的。

1994—1998 年，中国科学院生态环境研究中心、南开大学环境科学系、中国科学院动物研究所共同承担了国内首个环境科学领域的重大基金项目——“典型化学污染物环境过程机制及生态效应”。南开大学主要承担有机锡化合物为主线的系统研究。建立了可同时测定天然水中六种不同形态的烷基锡化合物的氢化物发生/低温捕集/气相色谱/原子吸收光谱联用方法；研究了富里酸（FA）、胡敏酸（HA）对无机锡化学甲基化作用及其机理；模拟河口水生生态系统的微宇宙，运用同位素示踪技术，以 ^{14}C 标记的丁基锡氧化物为目标化合物，建立了包括食物链在内的多介质环境中的综合数学模型预测结果与实际采样测定值符合；研究了有机锡对藻类、轮虫和罗非鱼的生态毒理效应，讨论了组成结构对有机锡毒性影响的规律；基于 7 种物化和拓扑参数研究了一些有机锡化合物对轮虫毒性的定量结构活性相关（QSAR），提出两种新分子连接性指数，并发现由 Hansh 参数和 Taft 常数作自变量组成的双参数 QSAR 模型与有机锡毒性的关系最好。项目研究期间应邀去韩国参加国际学术会议，项目成果引起韩国学者浓厚兴趣。获得由韩国国际协力团（KOICA）资助 20 万美元的中韩环保合作项目，帮助韩国学者确定了釜山近海海域海洋渔业减产的重要原因——有机锡污染，并共同在国际会议上发表了论文，产生了良好的国际影响。以项目成果为基础，由科学出版社于 1998 年出版了题名“典型化学污染物在环境中的变化及生态效应”的专著。项目先后获得 1999 年度中国科学院自然科学一等奖和 2005 年度国家自然科学二等奖。

1997—2000 年，天津市环境监测中心和北京大学完成“天津市养鱼水质监控系统的研究”。为了摸清污水养殖对水生生态系统带来的污染和影响，该项目对淡水养殖的水质进行研究，指出鱼外周血微核率报警浓度，污养鱼塘特征水质指标的含量范围及不同月份的变化趋势，筛选和确定污水鱼塘水质监控指标和鱼体监控指标，建立监控体系和警情报告制度，从技术和管理上对污染加以控制，从而保护淡水养殖，生态健康和公众食用水产品的安全性。

2002 年，天津市环境监测中心等单位完成“水质生化需氧量测定微生物传感器快速测定法研究”。为快速、准确测定生化需氧量，及时反映水体水质状况，该项目就生化需氧量这一反映水体状况的重要监测指标进行研究，制定水质生化需氧量微生物传感器快速测定方法，该方法可以满足对环境监测快速、准确的需要，及时对地表水，生活污水和工业废水排放进行监控，项目于 2002 年经国家环保总局认可并于 2002 年 7 月 1 日起实施。该标准同时被纳入中国环境科学出版社出版的《水和废水监测分析方法》第四版和增补版中，已被广泛的普及和应用。

1999—2002 年，南开大学与中科院生态环境研究中心合作承担了国家自然科学基金重点项目——“有毒化学品多元复合体系的多介质环境行为研究”。该项目的研究发现表面活性剂对憎水性有机污染物有增溶作用；发现涕灭威在土壤中有不可逆吸附行为并实验测定了不可逆吸附量；较详细研究了涕灭威在土壤中的吸附机制，并确定氢键是涕灭威与土壤结合的一种重要形式；建立了一种简便、快速检测涕灭威对土壤微生物 DNA 损伤的方法，实验研究结果表明涕灭威-SDBS 复合体系中二者对土壤微生物的联合作用是拮抗作用。该项目首次提出研究环境介质和污染物的双重复合体系问题，项目研究成果共在国内外学术刊物和国际学术会议上发表论文30篇。

2007—2010年，南开大学环境科学与工程学院作为第二牵头单位参与国家自然科学基金重点项目——“土壤中持久性有机有毒污染物的迁移转化规律及对地下水的影响”的研究。该项目针对国内外土壤中典型的持久性有机污染物，系统地研究其在土壤环境中的迁移归宿机理和对于地下水的影响趋势。该研究深化了对于持久性有机污染物环境危害的认知，在研究方法学上得到了创新，对于我国生态安全和地下水资源保护具有重要的理论与实际意义，在环境科学顶级期刊 Environ. Sci. Tehcnol.上发表论文多篇。

南开大学积极推进再生水用于景观及农灌，并对再生水的生态安全性进行了系统评价，提出了新的评价技术体系，参加了《再生水作为城市杂用水水质指标与准则》的研究与制订。积极开发新型的废水处理技术，如开发出油田采出污水经曝气催化除铁除氧的优化集成工艺技术，申报国家发明专利4项；在超临界水氧化及深度氧化技术开发方面，也获得了多项专利技术。

2005年，南开大学环境科学与工程学院完成了国家高技术发展计划（863计划）的北方地区安全饮用水保障技术课题中的分项课题“去除微量有机物、氨氮、藻和藻毒素的技术与工艺”及“水蚤、红虫等水生动物的灭活及去除技术”研究工作。采用强化气浮工艺，研究了颗粒物—混凝剂—气泡—水的相互作用机理，明确了决定因素，优化了工艺参数，建立了高效气浮系统，满足高藻水、低温低浊水处理的要求，该工艺已成功用于天津芥园水厂改造。对自来水中出现的红虫进行了培育、繁殖和杀灭实验，明确鉴定该红虫为颤蚓类并提出杀灭红虫的工艺技术。该项技术对北方地区自来水厂工艺改造，提高自来水水质，保障人民身体健康有重要的经济价值和社会价值。

2009年，南开大学环境科学与工程学院开展课题——“基于集成膜过程的重金属废水零排放与资源化关键技术研究”（863计划）。课题组在电去离子（EDI）水处理技术研究领域取得突破性进展。继而大幅度降低水处理系统的设备投资、废水排放和运行费用。课题组申报的“集成膜过程工业超纯水清洁生产技术与设备”项目，成功入选科技部《中国水污染控制技术与设备汇编》。对于重金属废水处理，课题组通过一级 EDI 实现了高效同步浓缩与纯化，单级浓缩倍数达到 70～200，显著高于国内外其他研究者所报道的 4～30 倍的数据。该特种分离过程的实现为重金属废水的零排放和资源化提供了新型高效技术路径。2009 年度，课题组在纯水制备和重金属废水处理领域分别获得发明专利授权，同时建成首个电厂锅炉补给水示范工程。

2005 年，南开大学完成了教育部南开大学天津大学两校共建项目——“废水及微污染水的创新处理技术”的研究工作。研究了在消毒之前的各项水处理工艺中尽可能地把水中的有机物去除，避免生成三卤甲烷（THMs），从而提高供水质量和安全性；水源地有机微污染防治措施及营养盐、藻类的削减技术；有机微污染水的消毒副产物三卤化物等三致物的削减技术；新的强化絮凝技术；强化混凝——气浮工艺去除微污染水中有机污染物；强化絮凝——吸附工艺去除微污染水中有机污染物；强化过滤工艺去除微污染水中的有机污染物；去除微污染水中以干扰素为代表的持久性有机物的强化处理工艺；去除微污染水中有机物、氨氮、藻类及藻毒素的水厂集成工艺。该项技术可明显提高对微污染原水的处理效果，降低自来水中消毒副产物，提高自来水水质，保障人民身体健康。

南开大学在环境泥沙学和数值模拟方面进行了系统研究：①从水环境中泥沙问题的普遍性和泥沙运动引起的环境问题两个方面，提出“环境泥沙学”的概念。其核心是将力学和环境科学的基本原理结合起来，研究受泥沙运动影响的污染物在水环境中的迁移转化和归属。②提出冲积河流受泥沙运动影响的污染物迁移转化数学模型（包括数值模拟模型）。数学模型包括水流运动方程、泥沙运动方程、污染物迁移转化方程、污染物对流扩散型吸附-解吸动力学方程及相应的初、边界条件。至此，以水流运动、泥沙运动和河床变形数值模拟为基础，科学建立并完善受泥沙运动影响污染物迁移转化数学模型和数值模拟模型。③提出化学品泄漏生态毒理学数学模型（包括数值模拟模型）。模型包括水流运动方程、泥沙运动方程、化学品迁移转化方程、化学品对流扩散型吸附-解吸动力学方程、扩展的化学品生态毒理学方程及相应的初、边界条件。

3. 利用湿地进行污水处理

天津湿地面积较大，为有效利用湿地，开展了污水土地处理系统的研究，并取得了较好的效果。

“七五”期间，开展了“天津市污水土地处理系统的研究”（1987—1990 年），建立一套湿地净化养鱼示范工程，开展了净化后污水生物生产能力与鱼产能力的测定研究、污水鱼主要残毒研究；不同污水净化工艺与鱼产力、与产品质量关系的研究、不同鱼种的搭配与污水净化污水回用的关系研究。并采用分子连接性指标法筛选出优先难降解有机物名单，为污水的处理准确选择优先有机物提供了理论依据。

开展了“天津市城市渗滤构筑湿地和天然湿地系统污水处理研究”（1990 年）该项目研究内容是：合理利用天然苇地的净化功能，结合适当的工程措施，建立苇地污水渗滤处理系统，发展低成本、低能耗的芦苇湿地污水处理技术。通过研究提出利用苇地渗滤系统处理城市污水的适用条件和技术方案。提出该系统的工艺参数和设计参数。建立了一级推流动力学净化模型，确定了湿地系统速度常数 K_t 值。为 IWS 和 NWS 工程实施提供了主要工艺设计数据。证明放射性示踪方法与传统水力学研究方法相结合，可以简便检测水文地质参数及模拟污水运移规律，丰富了示踪技术的应用领域。出水水质优于二级处理，氮和磷的去除达到三级处理水平，研究达到国际领先水平，芦苇渗滤湿地新工艺在国际上尚无先例，系国际首创。目前在天津汉沽、塘沽，山东青岛，辽河油田，新疆等地进行了工程设计应用。

开展了“城市污水土地处理系统对环境影响的研究”（1990年），其研究内容是：城市污水土地处理与利用系统对地下水影响的水质研究，获取土地土质特征性状指数、水质本地值等研究；城市污水土地处理与利用系统场地研究；城市污水土地处理系统生物性污染卫生学研究等。

开展了“天津市城市污水土地处理系统进水水质及预处理程度的研究”（1990年7月），项目主要研究内容是：①自由水面湿地系统不同水力负荷、污染负荷处理效果的研究；②系统运行参数和工程设计参数的研究。项目主要成果是：提出了一系列城市污水的系统运行参数和工程设计参数，在此基础上研究了主要污染物的净化规律及主要工艺参数的适用范围，建立了以土壤生物活性为主要参数的工艺设计新方法。

开展了“实用性污水土地处理工程的计算机辅助设计系统研究”（1996—1999年），研究内容：①工艺规划设计模块；②工程图管理信息系统；③辅助支持数据库系统；④污水土地处理工程辅助设计集成平台。

4. 重金属废水治理技术研究

“D-152树脂处理碱性锌酸盐镀锌废水工艺研究”（1980年），针对镀锌废水在含锌废水中占相当比重，镀锌槽液量占全国电镀行业的60%。镀锌漂洗水中含锌量10～40毫克/升，超过国家排放标准，漂洗用水量大，造成了水体污染和浪费等问题。建立了运用D-152弱酸性阳离子交换树脂，以氢型和钠型交换使用的方式处理碱性锌酸盐镀锌废水，并解决了部分酸洗废水的处理问题，经小试、中试和短期的生产试验，证明其工艺路线比较合理，系国内首次应用。处理后的水和回收的锌绝大部分都能回用。本工艺和逆流漂洗工艺结合使用，设备体积小，操作简单，占地面积较小，处理前废水锌含量10～30毫克/升，pH 9～11或3～4，处理后出水锌含量低于3毫克/升，水回用率90%，锌回用率 90%。

开展了“天津市重金属污染源综合治理途径和技术的研究”（1983—1985 年），其研究内容是：电镀锌行业废水排放及治理现状调查研究，电镀锌行业综合治理方案和规划研究，电镀工艺改革研究；社会化处理废渣废液综合利用研究；行业治理技术评价研究；现有电镀废水治理方案的技术经济评估。天津市重点电镀厂重金属污染剖析和电镀行业治理对策研究。摸清了天津重金属污染源的排放和治理状况；摸清南北运河上游城区近郊市政污水泵站和下水道重金属排放现状，对指导污染源治理和区域控制有较大的实用价值。摸索出一套新的重金属污染源调查法；采用中和沉淀、离子交换、电解和萃取四种治理技术对四个主要行业进行试验，确定最佳治理技术，提出天津市重金属污染源污染治理对策，首次建立了行业总量限制的模式。

开展了“用电化学方法对污水中痕量重金属（铅）化学形态的分析及络合容量的研究”（1985 年），选用抗坏血酸-氯化钾等为底液做阳极溶出伏安法测定污水中重金属离子，可以消除六价铬离子的影响，同时还能起除氧作用。在微酸性溶液中加入抗坏血酸除氧效果良好，并弥补了底液中的某些不足等。

开展了“天津重金属废液回收方式和技术的研究”（1986—1988 年），该研究内容是：扩散渗析——还原法回收糖精生产废液中的铜；热镀锌退镀废液中锌-铁分离回收治理工艺研究；苯绕蒽酮废液中锌铜回收治理工艺的研究——化学沉淀法、扩散渗析法；铬镀层退镀液中镉的回收治理技术研究；溶剂萃取法回收处理有机含锰废液工艺的研究；溶剂萃取法从合成脂肪酸沉降废液中回收治理锰工艺的研究。研究建立了提高反萃液锰浓度，改进催化剂配置方法和回收有机相等方面技术方法，提供了适用的处理设备和较佳萃取和反萃取工艺条件。使锰的回收率达到 99%，锌铜回收工艺中回收纯度达 85%，锌回收率达 95%以上，取得较好的效果。

开展了“天津市重金属污染物资源化工艺、设备和工程研究”(1991年)，主要研究内容是：采用集中处理方式处理废液。对项目的场址选择、运营方式及设备和工艺进行筛选。其主要成果是：高浓度重金属废液重金属排放比例由22%～70%降至2%～6%，可使污水达标排放，排放到河道新生底泥中的重金属含量达到农用污泥标准。此项目获天津市科技进步二等奖。

开展了“金属表面处理行业废液金属和酸回收治理技术研究”(1992—1993 年)，该课题引用了国外酸阻滞技术填补国内空白，将其用于处理国内金属酸洗废液，以便回收废液中的酸和金属。同时对酸阻滞剂进行筛选。主要成果有：选取了既具有高萃取效能又廉价的国产萃取剂和反萃取剂，从而确立新回收处理技术路线；以生石灰等代替烧碱、纯碱作为反萃剂，取得了很好的反萃效果。对萃取技术的新分支——液膜萃取工艺进行了小试探讨，结果表明对于酸性较强的废水，通过适当增大表面活性剂用量，也可采用液膜萃取工艺提取；该课题还首次建立了紫外分光光度法测定水体系中 N-503 含量的方法。建立了酸阻滞静态和动态实验装置和方法；探讨了树脂层高度、通液和洗脱流速、废液性质、收集方式、穿透比和进液体积以及树脂寿命等因素对酸阻滞效果的影响，确定了最佳的工艺条件。

开展了“污水养鱼重金属污染和防治对策研究”(1995 年)，该研究对南开、西青、大港和静海的污水养殖鱼类鱼体重金属含量进行采样分析。在全市污水鱼重金属含量和污染状况研究之上用系统分析法对污染明显的养殖场进行进一步深入研究。提出了淡水鱼食用卫生标准，该研究证明淡水养殖鱼食用对人体无害。弄清淡水鱼重金属含量，提出了淡水鱼食用卫生标准。并得出重金属主要沉积在淤泥中，提出实时清淤、设置预沉池、提前注水、尽量保住原池水、培育水生植物等五项防治对策。

5. 印染废水的治理技术研究

天津市是一个老工业城市，尤其是棉纺和化工工业在天津的经济发展中起着一定的作用，但是这些企业的环境污染问题也是非常突出。20世纪 80 年代初，天津即开展了印染废水的治理技术研究，但由于当时涉及产业结构性调整，有些研究项目没有得到深入开展。直到 90 年代初先后开展了一系列印染废水处理技术研究，取得显著进展。

“八五”期间，开展了“染料废水脱色技术研究”（1991 年）项目，主要涉及染料废水化学转化及超声波脱色技术（组合脱色工艺），通过该项研究，该课题提供的脱色技术简单、可行，运行费用合理，易于推广应用，研究成果在天津长城化工厂污水治理工程中采用。

开展了“小型染料厂高浓度染料及中间体废水综合治理优化流程示范研究”（1991—1995 年），此研究确定示范工程点，结合染料废水性质探索研究优化处理工艺方案。建立优化处理流程的动态模拟实验，探索高效低能耗生活脱色处理工艺。继续研究生活脱色处理工艺，完成优化流程动态模拟实验，完成部分示范工程扩充设计。完成示范工程施工设计，示范工程实施。完成示范工程全部建设任务，进行工业性实验。

开展了“染料及其中间体废水处理用混凝剂研究”（1991—1995 年），该研究的处理对象是带有磺酸基萘系、蒽系染料及其中间体废水。研究内容以获得合适的混凝剂为主。解决了染料及其中间体废水处理缺乏合适的配套药剂问题，开发适用于水溶性染料及其中间体废水的絮凝剂，为我国治理这类废水提供一个有效实用的方法。以此项研究为基础，带动水处理药剂的深入研究。

开展了“溶剂萃取法回收染料废液中的有用成分的研究”（1991—1995 年），以回收萘系磺酸染料中间体、降低出水 COD 和色度为目标，从建立有效成分分析方法入手，采取理论计算与实验相结合的方法，建立一套中试水平的从高浓度单一染料废水母液中回收有用成分的技术工艺。主要成果是：完成处理水量为 50 吨/天。有用资源回用率为＞80%，处理出水脱色率为＞80%的中试技术工艺。由于成果具有较好的投资效果比，在染料行业中广泛推广。

开展了“小型染料厂高浓度染料及中间体废水综合治理优化流程示范研究”（1991—1995 年），研究内容是：①结合长城化工厂染料废水，根据其他研究成果研究综合治理优化工艺（包括资源回收、物化预处理、生化处理）并进行示范工程工艺设备设计；②染料混合废水高效低能耗生物处理研究；③染料废水优化流程示范工程的实施；④染料废水示范工程工业试验，实施天津长城化工厂染料废水日处理规模 50 吨/天的示范工程，处理后出水达国家排放标准，有用资源回收利用率＞80%。经鉴定委员会确认，专题组研究成功的 H 酸、J 酸和吐氏酸废液资源化综合治理成套技术，在国内外属首创，达到国际领先水平。在类似染料及染料中间体废水治理方面有广泛的应用前景，具有很大的推广价值。

“九五”期间，开展了“颜料、油墨废水的物化、生化法综合治理技术研究”（1994—1998 年），该研究创立了物化处理与厌氧生化处理相结合的颜料、油墨废水处理新方法，首先采用物理和化学方法，对高浓度的颜料母液废水进行预处理，去除废水中的多种重金属离子和有毒、有害物质，随后应用先进的水处理——上流式厌氧污泥床及厌氧填料床处理。从而使颜料、油墨废水中的各项污染指标达到国家规定的排放标准，实现废水达标排放。该项工艺技术由于具有投资低，技术先进可靠，占地面积小，对颜料生产中品种转化有较大的适应性，操作灵活性强和便于管理等多种优点，在国内外类似的生产企业的污水治理工程将具有广泛的推广价值。

开展了“磁化技术用于印染废水处理的研究”（1999 年）：该研究针对现有生化法及物化法在废水处理中的弱点，以磁化技术在印染废水中的应用为目标，探索磁化技术在印染废水物化处理和生化处理中的应用可能性，以便开发出经济有效的处理印染废水的新方法，为印染废水的资源利用奠定了基础。

“纤维印染废水处理技术研究项目调查研究”分别对中国的纤维印染废水处理技术现状，天津市对纤维印染废水的防治对策等开展了研究。主要成果有：研制开发出两套适用于高温采油废水的达标排放处理组合工艺，并分别应用于示范工程，工程一次性投资和运行费用节约1/3～1/2以上，出水水质优于国家二级标准，开发研制了屋脊式斜板隔油器，分离效率达到90%以上，水力旋流器作为油水分离设备价格较国外低1/3，分离效率70%以上。开发出的生物转盘提高了整个系统的耐冲击负荷能力，价格比国外低1/2；提出了油田含油废水优势菌好氧生物处理工艺、投加白腐真菌毛发载体好氧+厌氧造纸黑液生物膜处理工艺、投加苯胺优势菌SBR苯胺废水优势菌处理工艺，研制开发出一系列实用型生物制剂，并成功应用于示范工程。对中国的印染废水的处理技术现状进行了归纳总结，采用日方提供的臭氧发生器进行了印染废水的深度处理实验，得到了系列工艺参数，并通过对比分析，研究了臭氧技术进行印染废水深度处理的运行成本与投资等经济指标。该项目成果已成功应用于多项示范工程，研制出的采油废水高效优势菌制剂已达产业化规模，屋脊式斜板隔油器、苯胺优势菌、含白腐真菌的毛发载体生物膜技术、降解油脂的菌-酶制剂和生物转盘已具备了产业化条件。示范工程的建立和生物制剂的产业化，使该项目取得了显著的经济效益和环境效益。

6. 有机废水处理技术

“定序间歇式有机污水处理设备研究”(1997年)，研究内容是：SBR设备关键技术研究——以射流曝气辅以空压机补气曝气系统和多组射流曝气器并联运行的曝气系统为研究对象，通过供氧性能评价研究等，确定最佳曝气系统；出水技术——以开发静态出水控制设备为重点，研究最佳出水技术及设备；以SBR系统为基础的使用条件及控制方法。

主要成果有：将新型的射流曝气器应用于SBR技术中，避免能量浪费，设计出两种静态出水装置，该装置简单，操作简捷，克服出水携带污泥特点。

“纳滤膜处理抗生素制药工业废水设备研究”（1998—2000年），该课题以抗生素类结晶母液作为处理对象，采用80年代中期发展起来的新兴技术——纳滤膜处理技术分离回收废水中有用物质，同时除去后续生物处理的干扰，改善难降解有机工业废水的处理效果。该研究成功实现了从废水中高效分离回收抗生素；确定了用于洁霉素萃取母液废水综合处理工艺流程；该项研究所设计研制的纳滤膜抗生素废水处理设备的压力范围、自控能力、设备材质与国外进口的同类设备基本相同，具备清洗、冷却、加热等多种系统，经运行试验符合分离回收工艺要求，实现了配套设备的国产化。

“催化氧化法处理高浓度难降解有机废水的研究”（1999年），研究内容是：该研究针对我国化工行业在生产过程中排放的高浓度、高色度、高含盐量、难生物降解有机废水的特性，进行了以去除废水中COD浓度为主要目的，以催化氧化法为主要物化处理手段的实验研究。主要成果是：该研究以过氧化氢（H_2O_2）为氧化剂对废水做了空白氧化实验，并在众多的催化剂中筛选出比较理想的Fenton试剂，通过大量实验所得数据总结了一条简单有效的污水处理工艺。

“催化湿式氧化（CWAO）法处理有毒难降解有机废水研究”（1999—2002），该项目综述了湿式空气氧化法及其在废水处理中的研究与应用进展情况：按催化剂（贵金属、铜系列、稀土元素）类别描述了各自的催化活性、稳定性及反应条件；指出了湿式催化氧化法应从新型反应器的研制、催化反应机理、催化剂和载体前处理等方面着手进行研究，并取得了一些研究成果。主要成果形式为：①CWAO反应器样机；②CWAO处理有机废水成套工艺系统；③CWAO处理制药及染料中间体高浓度难降解有机废水工艺研究。

“CWAO 法处理有毒有机废水的研究”（2001），研究内容：印染废水由于浓度高、色度深、高含盐量，属于极难治理的有机工业废水之一。在诸多的处理方法中，能彻底去除高毒性、高浓度污染物的方法首推催化湿式氧化法 CWAO。重点研究了 CWAO 法在废水处理中应用及其研究进展；按催化剂类别描述了各自的催化活性、稳定性和反应条件；指出了催化湿式氧化法应从新型反应器的研制、催化剂和载体制作等方面着手进行研究。

7. 其他污水治理技术研究

随着环境治理技术研究领域的不断拓展，天津市水污染治理技术也在不断扩宽和提高。如“混凝沉淀-粉煤灰吸附法处理地毯工业废水试验研究”（1984 年）以混凝沉淀作为一级处理，以粉煤灰吸附作为二级处理，去除废水中的 COD、悬浮物、色度和六价铬及余氯，处理后的出水达排放标准，一部分水回用做锅炉冷却水及车间地面冲洗水等。

“电凝聚废水处理技术研究”（1992—1996 年），研究内容有：①电凝聚设备高压脉冲装置研制；②电凝聚设备电极的连接与布置方式；③浮渣收集方式；④设备处理化工废水、含油废水的实验。通过该研究解决了电凝聚存在的一些缺陷，找到最佳设备和工艺设计参数，提供一种高效水处理设备，完善电凝聚废水处理技术，使之成为一种更有前途的废水处理手段。

“天津市南系（市区及滨海区）污水综合治理及利用方案的研究”（1995 年）。该项目的研究对天津市南系及滨海地区的水环境污染状况进行系统调查、环境质量评价、提出综合治理及回用优化方案。改善生态环境，为决策提供依据。

“污水处理生物促进剂研究”（1996 年），进行了活性污泥微生物分离和生物促进剂微生物菌源选育研究；微生物促进剂对污水处理研究：促进剂对活性污泥 BOD 去除研究；污水净化过程中系统内微生物数量的动感规律研究。从纪庄子污水活性污泥中分离出 6 个菌种，以此为基础试制出两个污水处理生物促进剂——液体状和固体状生物促进剂，为深入开展污水处理生物促进剂的中试研究和生产化示范奠定了基础。

“膜技术在环保中的应用及成套装置研究”（1996—2001 年），在传统固液分离技术工艺流程的基础上，采用经国产化研究改进的微孔膜过滤设备以及美国戈尔公司的微孔膜研究开发出微孔膜过滤成套设备。可使固液分离过程一次完成而无需其他的附属设备，从而避免了传统方法中所需的庞大的脱泥设备，复杂的污水输送系统及多次投加絮凝剂等繁杂的程序，并可大大降低运行能耗。此研究从我国国情出发，吸收、改进国外产品性能，研究和开发出了造价能被使用者容易接受，性能与国外产品相同或更高的产品。此设备已在天津市宏利集团两个酸洗车间及春雷公司冷轧钢带两条酸洗线废水治理工程中成功应用，废水处理后 80%的废水循环利用，20%的废水达标排放，取得了良好的经济、社会、环境效益。乳化液膜处理技术是通过合理的预处理方式，并采用改性聚偏氟乙烯中空纤维超滤膜对乳化液废水进行处理，乳化液废水油的去除率达到 99%，使 COD 去除率可达 95%以上，采用金属清洗剂可使膜的透过量恢复率达到 97%以上，超滤后的透过液再添加适量乳化剂后可回用。这样既减轻了对环境的污染，又节省了乳化剂用量，与传统的气浮技术处理后乳化液相比，乳化液膜处理技术是一项节省投资、简便易行的新技术。研究建立了乳化液处理与利用一体化装置，其占地面积小，结构简单、操作方便、高效节能，已于 1998 年 6 月成功运用于约翰克兰（天津）有限公司，为在机加工行业推广应用奠定了坚实的基础。

“工业废水处理技术与设备的消化吸收研究”（1998—2003 年），研究内容是：石油开发废水处理技术研究及成套设备研制：对油田采出水可处理性评价与工艺优化进行了研究，对油田采出水深度处理工艺及达标排放技术进行了研究，及进行了相关设备的开发研究；生物转盘水处理工业设备国产化研究：对转盘工艺参数进行了研究，对生物转盘的机构工艺进行了研究，对生物转盘载体结构及衬料耐腐蚀、抗老化性能进行了研究；工业废水处理优势菌技术及其工程化研究：对美国 InterBio 微生物产品 RBC 系列产品的工程应用及国产化进行了研究，对高浓度苯胺废水优势菌技术及其工程化进行了研究，对造纸黑液生物膜处理技术及其优势菌选育和工程应用进行了研究。

“生化法处理高含盐量油田污水的应用研究”（1999 年），针对油田采油过程中产生的大量高含盐、含油废水，根据多年工业废水治理的科研与工程的成果和经验总结，并结合大量工程试验，筛选出适合处理此种废水的物化及生化处理工艺。该技术已成功应用于胜利油田王家岗污水处理站扩建工程，实践证明，此项技术对于其他油田类似污水的治理极具推广应用价值，产生的社会与经济效益可观。

“油田采油废水高效生物处理工程技术研究”（2001 年），该项目主要应用于油田采油废水的治理。针对采油废水特点，结合大港油田东二站污水处理工程和河南油田双河站污水处理工程，天津环科院和南开大学生命科学学院联合开发了“油田采油废水高效生物处理技术”。通过在废水中添加高效优质菌，再辅以生物载体填料，能在超常规生物处理温度下不经人工降温直接生物处理，提高采油废水的可生化性，使高温采油废水直接生物处理成为可能。经过优势菌处理后的废水直接达标外排或进入稳定塘系统，通过塘系统的微生物作用，最终实现净化，污水达标排放。该研究开发的“油田采油废水高效生物处理技术”在国内属首创。该成果的应用具有明显的经济效益。以大港油田为例，由于采用了该研究成果，工程一次性投资节省了 50%，不足常规工业废水处理投资的 1/3；运行费用低，是常规工艺的 1/2，为油田节省了大量的投资和运行费用。该项目成果的应用极大地促进了大港油田的生态和环境建设。该项目成果已经成功用于万吨级规模的采油污水处理，解决了采油废水达标排放难题。

“汽车行业废水处理技术研究”（1998—2002 年），该研究根据汽车工业生产废水污染源复杂，污染物种类多，废水量和水质变化处理难度高等情况，重点剖析了高浓度废液的来源、组分和浓度，采用相应的预处理工艺，减轻了废水处理的负担，减少了废水中污染物含量的波动，使自动运行成为可能，使出水水质更为稳定。该课题提出了碱性沉淀去除电泳漆，降低废液中 COD 的新工艺。单级处理可使电泳废液的 COD 由 100 万毫克/升降至 3 万～4 万毫克/升，去除率高达 95%以上。通过丰田污水处理站实际运行表明，预处理后的废液，经常规破乳、絮凝沉淀处理后 COD 可降至 200～300 毫克/升。最终经生物处理后，COD 仅为 10～50 毫克/升。从而攻克了电泳废液和废水难于物化处理和难生物降解的难题，使生产废水处理得以正常运行，该研究成果已在天津丰田汽车污水处理站应用，其运行结果表明：出水水质均可达到国家《污水综合排放标准》（GB 8978—1996）中的二级排放标准，部分指标达到了一级标准。天津丰田汽车有限公司采取了该研究成果，不仅压缩了占地面积、出水稳定、操作简便，还为该公司节省一次性投资 200 万元左右。经专家鉴定，该科研成果整体上达到了国内领先水平，电泳漆废液处理技术的应用达到了国际先进水平。获 2002 年度天津市科技进步三等奖。

“城市污水处理用复合菌制剂的开发及产业化研究”（2002—2004 年），针对城市污水中的多种有机质、洗涤剂、工业污染物，选育能形成絮凝体并能利用城市污水中成分的微生物，由此增加有效生物量，改善污泥的沉降性，提高处理效果。结合添加营养物，开发出系列复合生物制剂。可使传统活性污泥法降低 25%的一次性投资，节省 15%的运行费用，带来良好的环境及经济效益。

“高浓度废液纳滤膜分离工艺设计”（2003 年），进行纳滤膜分离工艺试验，完成膜的筛选工作；确定纳滤膜分离规律、分离模型、膜污染规律。确定主要操作运行压力、浓缩液流量、膜面积、组件数目、膜组件排列方式、建立了高浓度废液纳滤膜分离工艺。同时，开展了“纳滤膜工业废水污染控制技术及应用理论研究”（2004 年），以高浓度工业废水治理需要为出发点，在理论与实验研究的基础上，力求实现纳滤膜技术在高浓度工业废液处理领域应用理论的系统化及创新。

“天津滨海工业园区产业布局优化与节水控源减排技术研究与工程示范研究”（2008—2010 年），该研究主要内容包括基于水环境与水资源承载能力的滨海新区工业园区布局优化研究；化工园区高含盐难降解污水分类收集与集中处理关键技术研究与示范；大型冶金工业园区节水减排关键技术研究与示范工程。

“北运河下游污染源治理技术与示范”（2008—2010 年），该课题以武清第四污水处理厂、武清区运东干渠治理工程和铬渣治理工程为示范和依托工程。对北运河下游汇水区域内各水文单元污染进行调查，完成北运河下游流域污染与减排分析报告；以区域减排目标为指导，确定主要污水处理厂的排放标准和处理工艺，结合功能区水质要求，研究河道缓冲带污水处理厂出水进行深度净化技术；调查铬渣堆放造成的土壤重金属污染状况与分布规律、土壤重金属的迁移转化特征及其对河流水质的影响，在此基础上，开展近河铬渣堆放场污染土壤修复技术研究。

“钢铁企业节水减排关键技术研究与工程示范”（2008—2010 年），研究内容是：集成开发钢铁企业非常规多水源平衡调度、处理与回用成套技术；分质供水和串级利用保障系统技术；循环供水高浓缩倍数稳定运行技术；规模化国产双膜水处理系统运行调控技术；剩余浓水达标排放技术；供水、工艺用水与工艺节水系统管理指标体系。主要成果为：针对缺水高盐碱地区钢铁联合企业水资源供应与消耗特点，系统集成了污水资源化、雨水利用、中水制备、工艺节水、分级供水与梯级利用成套技术，研究了钢铁联合企业以非常规水源供水、企业工艺节水、优化用水及科学配置技术，通过系统的技术集成和研究建立工程示范，基本实现吨钢耗水降低约 20%；水的重复利用率提高到约 98%；吨钢耗新水量为 2.8 吨；开发出 1 项具有自主知识产权的综合污水处理回用核心设备（日产水量 40 000 吨，设备投资降低 26.7%）；开发出 1 项循环冷却水高浓缩倍数高效运行技术，基础参数达到预期目标。

“分散小区生活污水零排放示范工程研究”（2009—2010 年），研究内容是：为推广采用 MBR+微絮凝过滤+活性炭吸附+紫外消毒处理工艺处理小区生活污水零排放技术，将污水深度处理技术的研究成果应用于天津市小区污水再生利用，尤其是没有市政管网的居住区，通过示范形成城市污水再生回用高效低耗短流程处理系统，为城市污水再生利用技术应用推广和设备产业化提供示范。主要成果为：在天津市人大代表进修学校建立了新技术项目示范工程——分散小区生活污水零排放示范工程，设计规模 40 米^3/天，设计最大服务人口 120 人。项目实施后每年减少污水排放，节约用水 12 000 吨，削减 COD 排放 3 000 千克。

“滨海盐碱退化湿地修复与高盐景观水体水质改善技术研究与示范工程”。研究内容：①滨海新区生态水系构建、调控与盐生湿地修复技术研究；包括滨海湿地退化机制与水质动力学演变及调控技术研究；滨海新区景观湿地生物种筛选及生物种群构建与控制技术研究及示范；北方滨海高盐景观生态水体水质改善技术集成；滨海新区水体“库-河-湖”水量水质联网调配生态调控技术方案研究。②滨海大型功能区非常规水源景观水体生态修复技术与示范工程；包括高盐再生水景观河道构建技术与工程示范；大型滨海功能区雨污水生态湿地再净化技术与工程示范；功能区非常规水源综合平衡调度技术与应用示范。③中新生态城水系统建设及配套技术研究；包括中新生态城新型生态水系统构建的关键技术研究与示范；中新生态城生态水系统的工程建设与运行维护技术研究。主要成果：①提出适合高含盐区生态处理技术及成套示范项目；②建设合理调控和利用非常规水的示范工程，为区域水环境、景观建设及水资源综合利用，提供技术支撑及综合效益分析；③提出不同植物筛选结果及处理效果，提出各种类型和组合类型人工湿地的处理效果和工程方案；④提出中新生态城复合水系统构建技术方案。

三、大气环境及污染控制技术

天津市大气环境多年来呈现煤烟型污染特征，城市大气中主要污染物为总悬浮颗粒物、二氧化硫和氮氧化物。天津作为中国的特大城市，要建成现代化港口城市和我国北方重要的经济中心，其环境质量必须持续改善，因此天津市一直在积极探索应对大气污染的防治技术、政策和对策。

自20世纪80年代起，天津市以颗粒物和二氧化硫的污染特征为重点开展了一系列的研究工作，进入21世纪，先后在全市及滨海新区针对空气污染的、重点问题和国家重点任务开展了更广泛深入的空气质量改善和污染综合防治研究工作，对重点行业实施污染治理取得了显著成效，为天津市大气环境质量改善提供了有力的支撑。

1．空气质量改善和污染防治战略和策略研究

1979—1982年，南开大学主持“天津市大气环境质量评价及污染综合防治的研究”，开创了以多目标决策支持系统分析城市大气污染防治对策的基本理论和模型，并首次将其应用于城市大气环境质量评价。研究成果为今后大气环境质量评价理论方法的建立打下了基础，获1982年天津市优秀科技成果二等奖。

1985年由天津市环境保护科学研究所、南开大学、天津大学、天津市气象科学研究所、天津市园林绿化研究所、天津市环境监测中心、中科院环境化学研究所、中科院高能物理研究所、天津市环境保护局组成课题组，联合开展并编制《大气环境系统污染综合防治的研究》，搞清了天津市区烟煤污染源的分布规律和大气环境污染气象条件；全面总结天津市区大气飘尘的物理化学特征和分布规律；提出了大气颗粒物的源解析技术，并确定了大气飘尘的分担率；探讨了天津地区大气二氧化硫的转化过程和硫酸盐污染对大气能见度的影响，以及气挟菌的种属和分

布；通过计算和实测对比，确立了适合天津市区的点、面源扩散模型以及有关参数；建立了以大气扩散模型和能源——经济模型为基础的大气环境、能源、经济规划模型，最终提出了天津市区的大气污染综合防治对策和规划方案。

1985年由天津市环境保护科学研究所和天津大学联合开展“天津市大气污染综合防治工程的环境经济效益分析研究”，通过开展煤气化工程的效益分析、热网化工程的效益分析、道路尘对大气环境影响的研究、集中采暖的效益分析、工业颗粒物的治理投资效益以及建筑尘污染的分析，为管理部门开展环境保护管理工作提供了科学的依据。

1985年由天津市环境保护科学研究所承担，由兰州大学地理系、天津市环保局、天津市气象研究所协助，开展“天津市区大气颗粒物和二氧化硫时空分布和扩散规律研究”，研究在选定修正高斯模型的基础上，通过实测的资料验证模型，大量调查、汇总天津市区各类污染源资料，收集天津市气象资料，最终得到天津市区各网格的飘尘、降尘、总尘以及二氧化硫的浓度。

1987年由天津市环境保护科学研究所、天津大学联合编写《大气环境污染综合整治规划编制手册及应用程序》，主要内容包括系统分析方法在环境规划中的应用、大气环境规划模型的建立、有关参数的计算分析方法，以及有关的计算程序。该手册对各类城市和乡镇的大气环境规划具有一定的指导价值，并能使规划编制以及决策者通过人机对话的形式确定符合客观实际的环境规划方案。

1991年由国家环保局主持，天津市环境保护科学研究所承担，北京劳保所协作参加，开展“大气污染源排放系数的研究”，研究确定了各种燃烧设备的大气污染物排放系数，重点工业行业生产过程的大气污染物排放系数，建立了大气污染源排放系数数据库，为大气总量控制及污染预测和大气环境综合整治工作提供科学支持。

2000年由天津市环境保护科学研究院编写“大气环境地理信息系

统建立方法及应用”，系统地介绍了大气环境地理信息系统的建立方法，该系统在天津市大气环境质量计算及环境污染预测领域的得到应用，制定了城市大气环境综合整治措施的技术方法。研究应用环境地理信息系统将环境质量与污染物排放总量控制两项工作相融合，为进一步确定在不同天气条件下天津市的大气环境容量做探索性研究，为编制“天津市第十个五年环境规划和2020年远景规划”做技术和数据的积累。

2000年，天津市环境监测中心和天津市气象科学研究所完成“天津市空气污染预报研究”。该项目就城市空气污染状况进行研究，开展空气污染预报的探索，通过对历年空气污染监测数据和相应气象条件的分析，建立城市空气污染数值预报和统计预报模式，并在天津市空气质量预报中应用，也为全国开展空气污染预报业务化提供可借鉴的模式。项目荣获2002年度天津市科技进步二等奖。

2000年，天津市环境监测中心和天津市气象科学研究所完成“空气质量预报方法在滨海地区的应用研究”。该项目通过对天津滨海地区多年空气污染源状况、污染气象条件、空气质量监测数据的收集与分析，运用数理统计方法将多种数据相互间规律性关系实施定量表征，构建可模拟污染物时空分布规律空气污染统计预报方程，并应用于空气质量的预报，提高空气预报时效和预报精度。

2001 年由天津市环境保护科学研究院开展“天津市滨海新区大气环境规划地理信息系统研究”，研究从滨海新区大气重点污染源调查入手，明确大气重点污染物排放情况，根据污染源分布情况，选用1∶50 000 的滨海新区地形图进行数字化，并与天津市污染物排放申报登记数据库、污染气象数据库联结，选用适合滨海新区的大气污染扩散模型，计算大气污染物地面浓度分布，在此基础上建立了天津市滨海新区大气环境规划地理信息系统，并通过该系统研究污染削减的技术方法，制定了滨海地区大气环境规划。研究为滨海新区的大气环境管理、大气环境质量控制、总量控制以及大气污染物排放权交易和可持续发展提供有效的技术手段。

2003年，天津市环境监测中心完成“天津市臭氧污染水平防治对策研究”。该项目基于天津市城市臭氧及形成光化学烟雾的前体污染物污染程度监测的基础，对天津市的臭氧和光化学烟雾污染状况进行研究，探索臭氧与其前体污染物NO_x、CO、CH_4和NMHC的相关关系，分析城市典型气象条件下臭氧形成，摸清全市近地层臭氧的污染现状、时空污染特征及分布规律，为天津预防和监测光化学烟雾污染提供基础数据和相关对策。

2005年，天津市环境监测中心完成“天津市空气污染风险评估预警预报系统研究”。该项目跟踪和调查全市近年污染源类型的动态变化，在修订补充完善污染源数据库的基础上，重点研究污染源类别对空气质量贡献比例及建立污染源解析模型。应用空气质量预报模型，完成对模型功能的整合与开发，利用长期平均浓度、Capps等数值预报模型，在实时污染物监测及空气污染预报基础上，确定城市稳定气象条件下，空气污染临界水平的判断依据，在对城市空气污染全程实时监控过程中建立与提升空气污染预警预报及污染减排处置技术。

2005年，南开大学、天津市环保局完成了“天津市环境空气质量管理与污染控制技术研究”。该成果建立了大气主要污染物容量总量技术方法，测算了天津市大气主要污染物环境容量；建立大气环境容量分配的指标体系，确定了不同大气污染源类的基准排放因子和源排放的综合调节系数；在此基础上，开展了容量分配方法研究与排污许可证发放的可行性、可操作性研究，设计了排污许可证发放制度。该成果为排污交易制度的设计和施行奠定了理论基础。

2006年，南开大学承担了国家“十一五”科技支撑计划“重污染城市环境空气质量达标管理关键技术项目”。该项研究综合采用受体模型、客观分析等技术方法，形成了城市环境空气质量改善可行性分析方法，建立了剖析典型污染城市环境空气污染成因与来源的系统技术。构建满足环境管理和综合决策要求的城市大气污染控制措施的费用-环境效益分析与评估方法，为最终确定污染控制规划措施提供技术支持。

为了落实环境质量管理、总量控制和实施排污许可证管理的要求，天津市环境保护科学研究院于2006年承担天津市科委课题《天津市大气、水污染物总量分配与排污许可证的实施》，该项工作提出了大气污染物和水污染物总量分配的技术路线，并按区域和重点污染源对二氧化硫和COD进行了分配，提出了排污许可证制度与保障措施，设计了排污许可证正本（副本），制定了排污许可证管理条例。该项工作于2008年通过了市环保局、市科委和市财政局组织的验收。

2. 颗粒物污染控制技术

自“六五”期间开始，南开大学、天津市环境科学研究院，天津市环境监测中心以及气象部门针对不同时期颗粒物污染防治问题，开展了一系列的研究工作，取得可喜成果，促进天津市大气污染防治不断深化，环境质量不断改善。

1983—1985年，南开大学、天津市环境科保护学研究院完成了国家高技术研究发展（863）计划项目“大气污染的源解析技术”以及“天津市大气颗粒物来源的研究”。在国内首次系统、全面分析了颗粒物污染源。通过对大气颗粒物不同排放源的典型成分谱分析及环境受体样品的组分研究，建立符合天津实际情况的受体模型，研究不同排放源对天津大气颗粒物的贡献率，该项目提出了二重源解析技术，解决了颗粒物源解析中一套数据多种结果的诊断问题，该项目的成果推动了颗粒物源解析技术在我国的广泛应用。2003年南开大学的“大气颗粒物源解析技术”被确认为国家重点环境保护实用技术。

1984年由天津市环境保护科学研究所开展“天津市大气颗粒物中主要化学组分物理特性和气挟微生物属类及其分布状况的研究”，研究分析了颗粒物的形状、大小、表面特性等几何特征以及颗粒物中有机组分，气挟微生物属类及其分布状况，为其他环境、生物和医学方面的研究积累数据，为天津市大气污染的综合防治、制定大气排放标准及城市合理规划提供依据。

1985 年由天津市环境保护科学研究所开展“天津市大气飘尘的物理化学特征及其分布规律的研究”，研究针对天津市有代表性的功能区，分别对采暖及非采暖两季大气环境中飘尘的质量、粒数、形状及某些无机元素和有机化合物在不同粒径上的分布状况，并结合飘尘的物理及化学特性对天津市大气飘尘污染的主要来源进行探讨，为制定大气环境质量的防护对策提供科学依据。

1995 年由天津市环境保护科学研究所开展“天津市区大气总量悬浮颗粒物总量控制规划研究”，通过控制天津市区污染源的允许排放总量，优化总量分配，确保天津市区实现大气环境质量目标值，有效地推动了天津市大气 TSP 污染控制从静态管理向动态管理的转变，为天津市经济和环境的协调发展以及实现国际化大都市的宏伟目标提供有力的支持。

1999 年由天津市环境保护科学研究院和南开大学环境科学与工程学院共同开展“大气颗粒物源解析技术的开发与应用研究”，通过对受体模型及其算法以及模拟优度的诊断技术、源成分谱和受体化学组成、受体模型应用软件、受体模型用于城市尘污染控制管理等四个方面深入研究，在城市环境综合治理、大气颗粒物总量控制、排污许可证以及大气环境资源管理等领域发挥重要的作用。项目获天津市科技进步二等奖。

2001—2003 年由天津市环境监测中心与南开大学共同承担的“大气颗粒物源解析及环境监测信息管理系统研究”，应用“二重源解析”技术，计算了“九五”期间天津市总悬浮颗粒物和可吸入颗粒物中各类污染源的贡献率和分担率。指出了空气污染的重点治理区域，并提出了以控制城市扬尘、煤烟尘、机动车尾气尘为主的空气污染防治措施。首次建立了由多要素、多参数相结合的天津市环境监测动态信息库，实现了全市环境监测数据共享及动态管理。该项目获得国家环保总局环境保护科学技术三等奖和天津市科技进步二等奖。

2006年，南开大学完成了由国家环保总局下达的《防治城市扬尘污染技术规范》的编制工作。这是我国第一个关于城市扬尘污染防治的行业标准（HJ/T 393—2007）。该规范给出了防治各类城市扬尘污染的基本原则和主要措施，为我国科学合理地开展城市扬尘污染防治，保护生态环境和保障人体健康提供了科学的法规依据。《防治城市扬尘污染技术规范》已于2008年2月1日开始执行。

2007年，由南开大学环境科学与工程学院、中国人民解放军军事医学科学院卫生学环境医学研究所、天津医科大学共同承担了2007年度环保公益性行业专项“我国大气颗粒物环境基准的预研究”。为我国制定$PM_{2.5}$标准以及修订PM_{10}标准提供科学参考，同时为国家环境管理部门更准确地评价大气颗粒物污染状况和进行污染控制提供科学依据。

2009年，由南开大学完成的《中国北方城市空气颗粒物污染防治技术开发与应用》获得天津市科技进步二等奖。该成果指明了城市环境空气颗粒物污染的成因，提出了可行的污染控制对策，对我国环境空气颗粒物污染防治工作具有重要指导作用，使各城市颗粒物污染防治工作更具科学性、实用性和可操作性，使环保投资的针对性更强，使颗粒物污染防治目标、任务和责任更加明确。

2009年，南开大学进行了国家环保公益性行业科研专项——“城区外地表风蚀起尘对城市空气质量的影响及关键防治技术研究和示范研究”。该项目建立了适合我国环渤海地区地表风蚀起尘特点的地表风蚀起尘预测模型；建立了地表风蚀起尘综合防控研究基地，使之成为我国城市风蚀起尘防治研究创新平台；研制、优化集成地表风蚀起尘控制技术并示范应用；形成了地表风蚀型开放源综合管理技术体系，支撑环境管理工作。

3. 硫污染控制技术

天津市属于煤烟型污染城市，二氧化硫污染控制一直是天津市大气污染控制关键任务之一。为控制燃煤造成的 SO_2 大量排放，遏制酸沉降污染恶化趋势，防治城市空气污染，天津市根据自身经济实力、技术水平、污染状况和实际情况开展了一系列的研究。

天津市早期（20 世纪 80 年代到 90 年代初期）锅炉烟气脱硫技术起源于湿法除尘技术，一般脱硫效率在 20%～30%。1999 年天津市为了改善空气环境质量，实现"蓝天工程目标"，制定实施了天津市锅炉污染物排放地方标准，从而推动了烟气尾端治理技术的发展。2000 年，天津市一些科研院所的烟气治理科研项目转化为烟气脱硫产品，还将一些外省市较先进的烟气治理技术引入了天津市。这些脱硫产品从脱硫机理可分为喷雾导流法、筛板吸收塔和组合脱硫塔。这些新型脱硫器与 20 世纪 90 年代产品比较，具有脱硫效率高、设备阻力小、耐腐蚀性能明显提高等优势，适应了当时天津市二氧化硫总量减排的需求。经过十几年的发展，目前比较普遍的脱硫技术包括石灰石膏法、烟气脱硫法、炉内脱硫法、燃用型煤法、循环流化床、旋转喷雾干燥法等脱硫技术。

1983 年由天津市环境保护研究所开展"天津市区能源消耗二氧化硫污染源强时空分布及其动态变化趋势的研究"，通过对燃煤中硫的转化效率的研究和天津市区各类能源变化趋势及二氧化硫污染源动态变化趋势的研究，为天津市"六五"期间能源规划、环境规划编制提供了依据，并在天津市总体规划的环保专项规划中得到应用。

2006 年，全国首个整体煤气化联合循环（IGCC-Integrated Gasification Combined Cycle）发电项目落户津门，此类技术是在利用原煤进行发电前先将原煤气化，并对气化后的原煤进行硫回收的脱硫技术。该技术以"先治理后发电"的污染物控制为策略，采用我国自主研发的两段式气化炉，二氧化硫排放量仅为常规燃煤电站的 1/10，脱硫效率可达 98%以上，二氧化硫排放在 25 毫克/米^{3}左右。该项目建设单位为华能绿色煤电有限公司，并制定了“绿色煤电”计划。并列为国家发改委、科技部、国家环保总局、外交部和知识产权局等部委支持的示范工程项目，其关键技术已列入国家中长期科技发展规划和科技部国家“十一五”863 计划，列入国家发改委的 IGCC 电站工程和高技术产业化专项。

天津市循环流化床锅炉的应用以陈塘庄热电厂二期135兆瓦机组为代表，该机组为超高压抽凝式汽轮机发电机组，配一台 440 吨/时循环流化床锅炉，2007 年 1 月 7 日环保部对其进行了竣工环境保护现场验收检查，验收监测结果中 SO_2 排放浓度为 109 毫克/米^3。

天津市电力行业采用的主要脱硫技术以石灰石-石膏法为主的湿法脱硫技术，“十一五”末天津市共有燃煤发电机组 1 022.85 兆瓦，全部使用湿法脱硫技术，其中，使用石灰石-石膏法脱硫技术的机组有 1 009.85 兆瓦，占总装机容量的 98.7%。设计脱硫效率均在 95%以上，实际运行效率均保持在 93%以上，排放浓度小于 100 毫克/米^3。

4．其他污染控制技术

2005 年，南开大学环境科学与工程学院研制了“用于测量和评价建筑装饰材料释放污染物的环境测试舱”，填补了国内空白；利用其开展了室内空气污染物表征和建立排放规律的数学模型研究。研制了国内第一台用于室内环境低浓度典型污染物的“室内空气卫生检验箱”，其灵敏度高、检测速度快，达到国际先进水平。首次提出了用于模拟建筑装饰材料中有害气体释放规律的“比例配置法”，研究了混凝土释放氨的规律，建立了氨释放的理论模型。首次提出通过吸附-光催化的协同作用解决光催化剂失活问题，具有理论创新性。研制了集成空气净化装置，具有自主知识产权。

2008 年，南开大学主持“烟气低温选择性催化还原（SCR）脱硝技术研究”。通过对活性炭纤维表面进行物理化学改性，再负载催化剂，得到低温下具有较高催化活性的 SCR 性能。课题在国家和天津项目的支持下，通过研究对活性炭纤维进行酸改性、碱改性、高温活化以及钛改性等，再负载锰、铈等系列低温催化剂，使催化剂在 150℃较低温度下表现出比较高的催化活性。低温 SCR 技术是对传统中温 SCR 技术的一个技术创新，具有降低能耗和简化布置方式等优点。研究成果获得 3 个发明专利，发表 20 多篇国内外期刊论文。该研究对于进一步的低温 SCR 工业化应用提供了很好的思路和发展方向。

四、固体废弃物污染防治技术研究

天津市在国内较早开展了固体废物和危险废物污染防治，从 20 世纪 80 年代起先后开展了“天津市重金属污染综合治理途径和技术研究”、“有机含汞废液中锰的回收治理技术研究”、“天津市重金属废液社会化治理研究”、“天津市工业废渣防治对策研究”等与固体废弃物处理处置、固体废物资源化和危险废物环境安全相关的科研项目，在固体废物处理的科研和工程技术方面有着深厚的科研积累。

1. 固体废弃物处理处置及资源化技术

天津市环境保护科学研究院自 20 世纪 80 年代开始，积极研究固体废物处置技术及工业废物资源化利用的相关技术，开展了固体废物采样方法及填埋技术的研究，先后开发了粉煤灰制造水泥、制砖等建筑材料的技术和工艺，钢渣制造水泥、空心砌块和道路建设技术，碱渣生产优质建筑砌砖、水泥、环保烧砖及工程土，工业固体废物综合利用水平全面提高。

“天津市工业废渣防治及对策研究”主要对四大废渣治理和综合利用进行了技术经济可行性研究，提出了治理和综合利用途径，为有关部门制订环保规划提供了科学依据。研究提出，粉煤灰的利用，近期应采用简单加工和直接利用的方针，提出了 1989—1995 年天津市粉煤灰综合利用规划方案；钢渣的利用，重点是工程回填、筑路材料、冶炼熔剂、水泥及水泥掺合料；铬渣在要用于玻璃着色剂的同时，开辟大宗利用的途径，并积极开发无钙焙烧新工艺以减少排渣量；碱渣目前仍以有控堆放为主。该项目实施实现了铬渣全部利用，不再堆放，解决了铬渣污染问题，同时可增进红矾钠生产量。该成果在国内具有领先水平，1989年该项目获得天津市科技成果奖三等奖。

1993年“固体废物采样及监测方法研究”突出了与有害废弃物的毒性鉴别有关的内容。在对固体废物采样、制样、浸出毒性试验、生物毒性方面进行了较为系统的研究；在采样方面用了理论计算、试验验证、等效引用、移植和归纳等多种方法进行研究与综合；对浸出毒性和腐蚀性试验方法进行了系统、全面的试验研究；用发光细菌紫露草雄蕊毛等四种生物毒性试验进行了应用研究。该项目获得国家环保局科技进步三等奖。

“固体废物填埋技术研究”（1988—1992年）课题是中国-瑞典环境科技合作项目。该项目完成了天津市1987年工业固体废物产生及排放情况进行调查并完成调查总结报告。进行固体废物填埋和堆存技术研究，建立固体废弃物填埋或堆存可行性研究实验系统，通过实验系统对铬渣、电镀污泥进行了物化特性测试。课题实施过程中利用建立的实验系统和实验方法完成了天津市钢管公司厂外渣场环境影响评价报告；中瑞双方进行了铬渣浸出特性实验室对比实验并获得满意结果。

“电镀污泥资源化示范技术研究”从含Cu-Ni-Zn-Cr-Fe等复杂多组分电镀污泥和不锈钢酸洗废液中综合回收全部有价金属并消除环境污染的系列技术，所得产品为单一金属盐类或化合物，可直接返回本生产系统，形成资源回用的良性循环。该专题的天津示范工程覆盖整个天津市的电镀污泥，还可扩大到重金属冶炼、金属加工业等多种含毒性重金属的工业污泥废液、废渣，具有广阔的推广应用前景。1996年该研究获得国家“八五”科技攻关重大科技成果。

2. 危险废物处理处置及资源化技术

“天津市重金属污染源综合治理途径研究”基本上摸清了天津市重金属废水、废渣的来源及排放现状，并对污染源做了较全面、深入的剖析；此外还对天津市南北排污河上游区域的市区及近郊市政污水泵站进行了连续两年的调查研究工作；在此基础上进行了主要行业和重点污染源治理技术方案的研究，提出了污染源分类管理和治理的设想，首次建立了行业总量限制模式。项目获得天津市科技进步三等奖。

“电化学法回收处理铜镀层防染盐退镀废液”（1988 年）采用电解的方法作为分离手段提出了以电解法回收处理铜镀层退镀液的新方法，并给出了较佳的工艺条件，所处理后的废液经过适当补充，可回用再进行退镀，实现了封闭循环，有效地防止氰化物对环境的污染。

“有机含锰废液中锰的回收技术研究”针对合成脂肪酸氧化沉降废液，回收其中的锰作为催化剂用于生产。同时，该技术可用于回收其他体系高浓度锰废液。1989 年该研究获得天津市科技进步二等奖。

“天津市重金属废液社会化治理方案研究”（1988 年）通过对国内调研及对天津市市区和近郊 20 个化工厂的调查，对重金属废液治理回收技术进行了收集和评价，并对国内外社会化处理的模式进行了对比分析，提出就地治理与集中治理，就地回收与集中回收相结合，以及四种社会化方式相结合的综合治理模式，并制定了总体规划，该成果还对含铬、镍、铜、锌、氰废液的回收治理提供了相应的技术和工艺。

“天津市重金属污染物资源化工艺、设备和工程研究”（1999 年），该项目针对天津市含重金属废液渣进行了大量现场调查、实验研究和生产实践，提出了社会化集中处理的技术路线和工艺流程，进行了工程可行性研究，提供了重金属废液渣资源化工程的初步设计和施工设计。在此基础上先后筹建了五个重金属废液渣处理分厂，该课题为环保管理部门提供了重金属废渣液处理和管理政策。

“氨浸法从电镀污泥-不锈钢酸洗废液中回收重金属”，开发出协同治理——反应强化分离的综合新技术，在国内外首次解决了从多组分电镀污泥和不锈钢酸洗废液两类重金属污染物中同时高效回收Cu-Ni-Zn-Cr-Fe 全部有价金属，彻底消除环境污染的技术难题。金属回收率高达 90%，处理成本低于矿石所得，把电镀污染等重金属危险废弃物的资源化提高到资源循环的新水平。技术指标高于国外同类技术水平；实现有害固体废料的闭路治理，排放尾液符合国家标准，该技术效果优于国内外同类工作水平，达国际领先水平。

该项目已在天津市建成 2 000 吨/年处理规模的电镀污泥社会化集中治理示范工程，覆盖治理天津市电镀行业排出的全部电镀污泥和冶金加工行业部分不锈钢酸洗废液，并投产运行，定名为“天津市工业废液渣厂”。已生产出合格电镀级硫酸镍、硫酸铜、硫酸锌产品及提铬原料投放市场，从根本上解决了天津主郊县近 500 家电镀厂的电镀污泥及金属加工厂的不锈钢酸洗废液污染环境的老大难问题，并具有全国性技术示范和社会化集中治理示范意义。

“工业有毒有害固体废物焚烧技术与设备研究”，该项目为天津市重大科技攻关项目，主要进行固体废弃物焚烧技术与设备的国产化研究。利用高温分解和深度氧化的综合作用将危险废物中的有机物进行彻底分解；焚烧的残渣进行填埋处理。该焚烧炉国产化后主要技术指标为：①有机物分解与去除率达 99%以上；②主炉燃烧温度＞850℃，固体废物停留时间为 20 分钟至 2 小时，设计选转速度为 0.15～1.5 转/秒；二燃炉燃烧温度为 1 100～1 250℃，最小停留时间＞2.0 秒。旋转窑焚烧炉技术与设备是目前世界上比较先进的一种焚烧技术，广泛地应用于工业固体废弃物及危险废物的焚烧处理。该项目研究通过国产化研究将此项先进的焚烧技术和设备引进，实现产业化应用于示范工程——“天津市危险废物处理处置中心”。该示范工程为国内首座集“资源化、无害化、减量化”为一体的危险废物处理厂。可以处理包括废旧电池、医院临床废物及工业有毒有害固体废弃物等在内的危险废物。经过焚烧处理，可以实现危险废物的资源化、无害化、减量化。2001 年该项目获天津市科技进步三等奖。

"天津荣程联合钢铁集团有限公司铬渣烧结炼铁无害化处置工程"，天津市同生化工厂是天津唯一生产铬化合物产品的中型化工企业，在近 40 年的生产活动中产生了大量铬渣，形成三座铬渣山，占地约 2 万平方米，共堆存铬渣约 40 万吨。该项目依托天津荣成钢铁公司，采取烧结炼铁工艺对天津市同生化工厂的铬渣无害化处理。该项目的实施解决了天津同生化工厂遗留铬渣堆存地的污染问题，对现有人民生活环境质量的改善，以及节约土地、节约资源等方面均有积极意义。同时，有毒有害物质的无害化和资源化也带来了环境效益和社会效益。

3. 污染场地修复技术

"污水湿地处理及污泥土地处理工程技术"（1995 年），该研究以城市污水为主要对象，合理利用自然生态系统的净化功能，通过生物化学和生物净化作用，使污水无害化与资源化。开发高效、低价、省能耗的城市污水湿地处理技术。该技术适用于城镇、工矿污水及污泥处理，污灌区及盐碱荒地改造，湿地生态恢复、荒地绿化等领域。其经济指标为常规投资的 1/3；出水水质 BOD_5＜20 毫克/升；水中悬浮物（SS）＜20 毫克/升。该技术已被大港油田等单位采用。

"典型海岸带河口生态系统重建技术与示范"，该课题应用生态学、生物地球化学等多种科学理论，全面系统地开展了渤海典型海岸带河口生态系统重建技术的研究。在我国渤海海岸带生境修复领域中是一次较大规模的实践，该研究在国内外首次提出应用植物-微生物联合定向修复受污染土壤中的持久性有机物污染并开发了相应技术方法。该研究以五氯酚为研究对象，利用耐盐植物的根际效应，向耐盐植物植入经筛选的特定菌群进行有针对性的污染降解。开拓了受污染土壤原位修复的简易方法，较易通过对不同种植物与微生物组合，有针对性地对不同土壤特性下的特定污染物进行降解。

该项目通过对已有技术和新技术集成，开展了河口生态重建设计的研究，在300亩示范区，通过工程措施和生物技术相结合，实现了生物多样性和生物量的统一。示范区工程已通过国家科技部组织的专家验收。2006年，该项目获得天津市科技进步三等奖。

“电动力萃取与铁碳微电解联合修复铬污染土壤的机理研究”，该项目首次提出电动学萃取和铁碳微电解联合“绿色”修复技术，修复效率高，无二次污染，具有创新性。针对铬渣堆场土壤中存在的铬污染问题，研究在电动学萃取和铁碳微电解耦合形成的直流电场和非均质微电场的联合作用下土壤中Cr（Ⅵ）的迁移转化机理和运动机制，优化耦合参数；建立二维热力学模型，模拟在电-化学-力学作用下的Cr（Ⅵ）的去除效率；进行5平方米规模的现场小试实验，为铬污染土壤的绿色修复提供科学依据。

“天津蓟县食品生产基地DDT污染土壤修复示范工程”采用“植物-微生物”联合定向修复土壤技术在天津蓟县侯家营万亩DDT污染土壤的修复中得到了应用，自主研发的土壤热脱附装备被北京建工集团应用于北京市挥发性有机污染土壤的修复中，实现了产业化的应用。

“油田区石油污染土壤生态修复技术与示范”（2008—2011年），由南开大学环境科学与工程学院承担的国家高技术研究发展计划（863计划）重点项目。该项目在国内外研究基础上，针对我国油田区域土壤不同浓度、不同原油物性、不同土壤环境的石油污染，开发物理化学—生物耦合技术以及微生物—植物联合生态修复的分类集成技术，并建立相应的示范工程。该研究在着重开展技术创新与集成的同时，尝试建立油田区污染土壤的修复理论体系、技术规范和评价体系，建设油田区典型石油污染土壤生态修复集成技术的示范工程，同时为在我国大面积开展石油污染土壤修复工作建立一个国际先进水平和引领作用的技术研发平台，为我国油田区污染土壤生态功能恢复和环境质量改善提供技术支撑。

“多环芳烃（PAHs）污染土壤原位电动生物修复技术”（2008—2010年）为南开大学主持的“863”计划前沿探索项目。该项目以多环芳烃为代表性有机污染物，针对多环芳烃在老化土壤或实际污染场址土壤的修复，通过分别研发微生物降解技术、表面活性剂辅助微生物降解技术、电动力学注入技术、电动力加强污染物生物有效性技术，并进行技术组合，最终提出最佳修复技术。该项目发现了一株对于苯并[*a*]芘具有高效降解能力的新菌株——可可毛色二饱菌，并将表面活性剂加强—电动—微生物联用技术用于北京焦化厂实际 PAHs 污染土壤的修复，取得较好效果。修复效率比单独微生物修复提高 20%，特别是对高环 PAHs 修复效果明显改善。

“大沽排污河底泥安全处置与河道生态修复技术集成及应用”（2009年），该项目以天津市民心工程——大沽排污河治理工程为依托，旨在建立经济和高效的多途径底泥减量化与资源化技术，构建河道原位修复以及健康河道生态系统重建等技术，形成符合天津实际的技术规范或导则。通过项目研究解决大沽排污河清淤底泥及市政污水处理厂污泥的安全处理处置问题，达到河道水清、岸绿、景美的目标，为天津生态城市建设保驾护航。

“土壤典型有机污染物的界面过程及修复技术原理”（2008—2011年），是由浙江大学、南开大学承担的国家自然科学基金重点项目。该项目从分子水平认识土壤中的典型有机污染物——多环芳烃（PAHs）的土壤微界面迁移转化行为、赋存状态、复合污染过程及影响因素；搞清 PAHs 在土壤-植物等系统间的迁移转化过程；探明土壤 PAHs 等典型有机污染物的锁定机制及其生物有效性；重点研究混合/生物表面活性剂强化植物-微生物联合修复有机污染土壤的作用机理及其调控机制，为有效缓解土壤污染提供理论依据和技术支撑。

4. 农村废物治理技术及利用

“畜禽养殖污染防治技术”（2008—2010 年）为潮白新河下游流域畜禽养殖面源污染控制示范。研究通过非点源污染实地模拟实验，研究污染流失机理，构建畜禽养殖非点源污染负荷机理计算模型，利用模型软件计算流域内各区域畜禽污染负荷。提出了适用于小型散养户粪污处理的工艺技术，选择了位于宁河县东棘坨镇小芦村的散养户为研究示范点，对农户安装沼气设施，养殖户畜禽粪便基本用于沼气发酵，部分沼渣沼液直接还田，基本实现畜禽粪污的无害化处理。该项目研究成果和示范工程对当地的畜禽养殖业污染控制具有指导作用，将有效遏制由于畜禽粪乱排放而造成的生态环境的破坏，对提高广大公众保护生态环境意识，以及促进我国农业和农村经济可持续发展，具有积极作用。

“农村废弃物综合管理技术”以蓟县大巨各庄村为示范基地，建立了适合于桥水库周边农村的农村废物综合管理计划（CVMP），重点对农村废物（畜禽粪便、秸秆和生活垃圾等可降解有机废物）的有效管理和处理进行了研究。通过建立完善的物料循环系统和厌氧发酵的废物处理工艺，实现农村有机废物的再利用。将农村畜禽粪便厌氧产沼用于农村家庭的加热和能源利用。

“天津市近郊农田镉污染及控制对策研究”（1994—1998 年），根据农田土壤、蔬菜镉污染较严重的状况，对天津市近郊农田土壤镉的临界含量以及土壤、蔬菜、生态系统中镉及其他元素污染的相关关系进行研究，提出严格控制污泥农业利用，合理规划使用污泥，控制磷肥的使用和北塘排污河铜、锌污染，建立完善的输水系统等措施。

“天津市农业环境污染影响及对策研究”（1998—2001 年），由天津市环境监测中心和北京大学合作，较系统地研究天津市土壤、植物、地表水及沉积物、养殖鱼塘生态系统、大气降尘等多介质中多环芳烃、有机氯农药、滴滴涕的污染状况与分布特征，模拟了 1952—2020 年天津地区农业有机污染物的迁移、分布动态变化，针对天津市农业环境有机物污染存在的突出问题，提出改善农业环境的管理方法和技术措施。

五、噪声监测研究

早在 20 世纪 70 年代末期天津市就开始注重环境噪声的监测与科研，围绕着环境噪声管理与控制，从调查、科研、标准等方面逐步建立了较完善的环境噪声控制体系。

20 世纪八九十年代，天津市环境监测中心开展了《城市区域环境噪声适用区划分技术规范》、《工业企业厂界噪声标准》、《城市区域环境噪声标准》、“城市道路交通噪声评价方法可行性研究”等标准制定及多项科研工作，其中“城市道路交通噪声评价方法可行性研究”荣获中科院 1990 年科技进步二等奖，“天津市城市区域环境噪声标准适用区域划分研究”获得 1997 年国家环保局科技进步三等奖。

“环境噪声监测优化布点研究”就天津市环境噪声达标区监测中存在的监测网格偏多、监测工作量过大等问题进行探讨，对 1991—1996 年环境噪声“达标区”监测数据进行分析，提出在区域面积小于 10 平方千米情况下，区域环境噪声监测网格数调整至不少于 30 小时，区域环境声级所反映的环境噪声时空分布规律及声源构成特性基本不变，布点的测量误差一般不大于 1 分贝，且形状越规整误差越趋于减小，从而优化了区域环境噪声监测点位。

根据国家环保总局“关于开展创建安静居住小区活动的通知”精神，天津市自 2004 年开始开展创建“安静居住小区”活动。为确保创建“安静居住小区”工作的质量和效果，结合天津市实际情况，天津市环境监测中心编制了《天津市安静居住小区环境噪声监测技术要求》（试行）。该技术要求规定了小区内固定污染源和小区环境噪声的测量条件、点位布设、评价、测量记录和数据处理等，为实施噪声管理提供了技术支撑。为适应天津市创建生态城市和噪声管理需要，天津市环境监测中心于

2008 年开始“天津市区域环境噪声适用区划调整”的专项研究工作，通过开展大量的监测及调查等工作，完成了《天津市〈声环境质量标准〉适用区域划分方案》。得到市政府批准，并于 2010 年 10 月 1 日起实施。

2007 年，天津市环境监测中心作为第一协作单位参加了中国环境监测总站承担的《噪声自动监测系统与应用研究》工作，开展道路交通噪声自动监测与人工监测的现场对比实验工作，4 类功能区的现场监测及相关数据处理分析工作；道路交通及功能区技术规定及自动监测应用研究报告的编写等工作。

2009 年，天津市环境监测中心作为主要协作单位参加了中国环境监测总站承担的“道路交通噪声监测与评价新方法研究”工作，开展我国大城市道路交通噪声监测与评价方法的研究工作。

“十一五”期间，还开展了《工业企业厂界环境噪声排放标准》、《建筑施工场界噪声标准限值及测量方法》、“城市区域环境噪声适用区划分技术规范修订”等技术研究工作，促进了噪声监测技术的规范化、标准化发展。

六、生态环境保护与建设研究

天津是国内最早开展生态环境保护与建设相关研究工作的地区之一。经历了我国生态环境建设从认识到保护的全过程。特别是近十年来承担了一批以“国家重大科技专项”、“863”为代表的高水平科研项目，工作涉及生态调查与生态演变、生态规划与生态修复、人工湿地构建与水生态恢复、景观园林与水质保证、生物多样性与生物质能源等多个领域。经多年各个部门的不懈努力，天津市生态环境保护研究与建设取得了丰硕的成果。

“六五”时期是生态类研究的起步期，生态类研究项目较少，主要研究项目包括：1983 年，由天津市环境保护局和天津市环境保护科学研究所开展了“天津市城市生态系统与污染综合防治研究”，项目通过环境及社会调查、大规模的野外试验、试验模拟与数学模拟，系统揭示了天津市城市生态系统的现状及其规律；揭示了系统中经济发展、资源利用、环境污染 3 个子系统间的关系，为保持天津市城市生态系统的良性循环提供了科学决策的依据，为天津市城市生态系统的修复奠定了坚实的基础。1983 年，开展了“绿色植被净化作用及其利用途径的研究”，项目以天津市常见绿化树种为主，采取多项技术手段，综合研究市区绿色植被的净化作用，突出了群体绿色植物净化作用的研究和绿化结构功能、绿色规划布局的研究。

1984 年，开展了“汉沽污水库技术改造对策的研究”，项目通过长期野外调查和大规模室内生物净化模拟试验，获取各种微型生物群落结构特征，提出了将污水库改造成人工可以控制的生物氧化塘净化系统的水生态恢复建设方案；1985 年，开展了“农业生态环境 2000 年预测”课题研究，标志着天津生态类研究领域已拓展到农业方面。

自“七五”以来，天津市越来越重视生态环境保护与建设，生态课题也随之增加，通过研究取得了多项重大研究成果。自 1993 年到 2005 年期间，先后完成了“京津及邻近地区水资源开发利用对环境生态的影响研究”、“天津市沿海海洋附着生物生态、特征及其在海水冷却系统中防除措施的研究”、“于桥水库富营养化及防治技术研究”、“城市污水稳定塘处理技术研究”等多项生态环境研究课题；1993 年，完成了“天津市城市污水湿地处理系统研究”；1995 年，开展了“天津市滨海地区生态环境规划研究以及生态环境规划微机软件系统开发”等课题研究；1996 年，完成了“污水湿地处理工程技术研究”；2004 年，完成了天津市科委项目“天津市城市建设生态学评价及技术方案研究”。同年，完成了天津市科委项目——“滨海新区区域开发的生态恢复与生态建设方案及示范工程研究”；2005 年，完成了国家环保总局项目“滨海新区区域开发的生态恢复与生态建设方案及示范工程研究”。同年，还完成了“天津市生态功能区划研究”。

“十五”期间，天津市全面开展生态城市建设。为此，天津市开展了多项有关生态城市的课题研究，完成了“天津市建设生态城市中的科技问题研究”；“天津市水资源利用、生态环境与循环经济中的重大科技问题战略研究”；“天津建设生态城市的若干重大科技问题研究”；完成了“天津市生态城市构架及关键技术方法研究”等课题，课题研究主要针对天津经济高速发展与可持续发展的双重背景，重点研究天津建设生态城市在资源环境方面面临的问题，提出以科技进步引领和支撑天津市建设生态城市的思路、目标及对策措施，为天津市生态城市建设起到指导作用。

2002年，市环境监测中心完成“天津市湿地生态环境现状及演变研究”。该项目采用遥感、地理信息系统、全球定位系统技术对天津市湿地进行全面调研，通过对天津近一个世纪以来的湿地演变轨迹研究发现：天然湿地不断减少，人工湿地逐渐增多，湿地减少是自然因素与人为因素共同作用的结果，城市拓展、石油开发、工农业发展占用、水污染等对湿地环境构成较大威胁，湿地的许多生态功能已经消失，研究提出湿地保护与恢复重建的途径与方法。

我国对污染生态与修复的研究，可以追溯到20世纪70至80年代，那时主要是结合环境污染的实地调查和污水灌区的环境质量评价，开展了重金属和农药在土壤-植物系统中的迁移转化及生态效应、水体污染物的急性毒性与毒理、大气污染对植物的急性影响、水生植物净化污水等研究。90年代以来，污染生态与修复研究得到迅速发展并进入分子水平时代。南开大学率先开展水、陆生态系统无机-有机、有机-有机、无机-无机等不同类型复合污染生态毒理效应及其分子机理的系统研究，率先在国内系统开展了PPCPs、PBDEs及纳米材料等新型污染物的生态毒性及其分子机理的研究。在水体富营养化及污染沉积物修复方面开展了系列工作，承担了国家科技攻关项目、863项目、973项目、天津市科技攻关项目以及教育部天大南大两校共建项目。在国内率先提出“活性覆盖层技术”，充分利用了物理化学及微生物作用，避免沉积物中污染物的释放，该技术申请国家发明专利，被选作松花江硝基苯污染事件的备用技术，并在天津市景观水体的治理过程中得到应用。

同时，天津市在河道、河口生态修复领域取得较大进展，完成了三项科技部“863”课题，分别为“典型海岸带河口生态系统重建技术与示范”、“天津市滨海新区城市水环境质量改善技术与综合示范”以及“天津开发区再生水景观河道生态修复与生态净化技术示范工程研究”，并开展了生态学理念在天津市改造建设中的应用等研究工作。

2003—2005 年，由天津泰达新水源科技开发有限公司，天津市环境保护科学研究院，国家城市给水排水工程技术研究中心，南开大学共同承担“天津市经济技术开发区水环境改善项目”，属于国家“863”计划，“十五”期间城市水环境改善专题项目，该专题在全国共选择十一个试点城市。该项目首次在天津建造了人工景观河道，并利用再生水为唯一水源，利用植物、微生物、水生食物链构成的生态系统的整体功能，实现了对环境的修复以及对水质的保持，为天津乃至全国其他城市的水环境改善提供了技术借鉴和理论基础。

2003—2006 年，教育部支持的南开大学、天津大学合作项目——“沿海城市水环境生态修复基础研究”。研究稀土金属和亚硝酸盐对藻类生长的影响；进行了地下水中涕灭威农药的迁移转化和铁粉及纳米铁还原去除地下水中的硝酸盐氮的研究；开展了零价铁去除地下水中偶氮染料和砷的研究；开展了大型蚤对栅藻的摄食行为研究；开展了载铁球形棉纤维素吸附剂去除地下水 As（III）的研究；开展了天津市富营养化水体生源要素调查；开展了天津富营养化水体藻类组成及其群落结构的动态变化以及硅酸盐和硫酸盐对藻类群落结构的影响研究。其中载铁球形棉纤维素吸附剂去除地下水 As（III）的研究，零价铁去除地下水中偶氮染料和砷以及纳米铁还原去除地下水中的硝酸盐氮的研究，亚硝酸盐对藻类生长的影响的研究成果均达到国际先进水平。

2008 年，高等学校科技创新工程重大项目培育资金项目——“农业生境新型复合污染形成机理及控制途径”正式启动。研究针对我国农业环境污染的新特点，以我国农业环境中已经普遍检出的微量新型污染物人工合成麝香（加乐麝香 HHCB 和吐纳麝香 AHTN）为标志污染物，结合农业土壤环境中多环芳烃 PAHs（苯并[a]芘、芘或荧蒽）以及重金属（Cd、Pb 或 Cu）等传统污染物，以蚯蚓为模式生物，以超氧化物歧化酶（SOD）、过氧化物酶（POD）和谷胱甘肽过氧化物酶（GSH-Px）等抗氧化酶系以及细胞色素 P450 酶（CYP450）、谷胱甘肽硫转移酶（GST）、金属硫蛋白（MT）、热休克蛋白（HSP）和相关基因差异表达等生物标志物及蛋白组学方法，从分子、细胞、器官和整体水平上揭示了农业生境新型复合污染形成的机理。在此基础上，通过不同种类的农作物互作搭配，定向改变和强化根际土壤中能降解有机污染物的微生物活性，重点研究不同互作体系定向强化后根际降解微生物降解土壤有机污染物的效率及机制；通过把农作物和筛选出的易栽培管理且生物量大的具有重金属修复能力的修复植物轮作或间作，利用吸收重金属能力强的修复植物，优先即时吸收土壤中的有效态重金属并做异地处理，从而达到降低互作作物对重金属的吸收，实现复合污染农田边修复边利用的目标，建立了针对复合污染农田土壤的农业生态综合调控方法或途径。

目前，天津市结合沿海土地盐渍化、污灌区生态环境恶化、河流湖泊及海岸带等重点流域和区域的生态问题进行生态系统修复技术研究，特别是典型污染土壤修复技术研究也取得较大进展。同时，在油田采油废水高效生物处理工程技术、景观水体生态强化净化技术、高含盐污水生物处理技术以及油田、工业废弃地的土壤生物修复技术等方面也开展了研究。

七、环境遥感技术

天津市是全国较早开展环境遥感的城市之一，早在 20 世纪 80 年代初，天津市环境保护研究所、天津市环境监测中心等单位参与了国家科学技术委员会、国务院环境保护领导小组组织的天津-渤海湾遥感试验。

在水污染监测方面，先后开展对海河、蓟运河、渤海湾、于桥水库的水体遥感监测工作，研究水体热污染，富营养化等问题。在生态应用方面开展了土壤重金属污染状况的监测分析、城市热岛效应研究，湿地生态监测研究等工作。随着我国卫星事业的快速发展，中巴资源卫星、风云系列气象卫星相继投入使用，尤其是 2008 年专门为环保领域研制的环境一号卫星成功发射升空，环境遥感研究有了更多的数据源。鉴于此，天津市环境保护科学研究院于 2008 年适时建立了天津市环保系统第一套气象遥感卫星数据接收处理系统。该系统能全天候实时接收我国 FY1C/D、FY3A、FY2C/D 及美国 NOAA 系列、MODIS 等极轨和静止气象卫星数据的能力，并能扩展为接收环境一号卫星数据，通过对接收的遥感数据进行解译、反演分析，逐步开展了城市热岛效应研究、气溶胶分布、土地利用覆盖/变化等方面的研究工作。

2000 年以来，随着天津市滨海新区开发开放的进一步加深，在环境保护方面也将面临新的形势和任务要求，随着科技的进一步发展，各种先进的探测仪器将陆续投入使用，遥感技术将步入一个能快速及时提供多种对地观测数据的新阶段。遥感由粗放型的宏观定性遥感向精细化的定量遥感迈进，星地协同监测将成为环境遥感的主题，同时遥感与地理信息系统、全球定位系统及环境数值模型的结合应用将更为紧密。目前，天津市正密切跟踪环境遥感技术发展的前沿方向，充分利用各种遥感数据来源，开展京津冀地区的生态常规动态监测及预警、气溶胶、二氧化硫、氮氧化物等有害气体的定量反演的理论研究及应用工作，推动基于多源遥感数据的综合性环境遥感业务化运行系统的建设和应用，使环境遥感工作能适应新的社会形势需求，更好地为天津市的经济社会发展服务。

1. 天津市环境遥感技术的发展阶段

环境遥感技术在天津市的发展应用大体可以分为两个阶段：第一阶

段是 20 世纪 80 至 90 年代的初步试验应用、探索阶段。在这个阶段，主要采用的是飞机搭载各种红外、多光谱传感器进行拍摄的航空遥感。通过对航片的解译开展了地物波谱特征、植被遥感分析、热污染分析等试验，获取了大量研究成果。这一阶段，由于每次组织航拍的成本较高，制约因素较多，应用范围较为有限；2000 年后，随着计算机图像处理技术的进步和计算机的广泛应用以及我国航天事业的发展，卫星遥感应用开始普及，许多高校和科研院所开始应用美国陆地资源卫星、法国 SPOT 卫星、美国 NOAA 系列卫星、MODIS 卫星以及中巴资源卫星、风云系列等卫星影像开展相关研究工作，研究范围也由以前的局部遥感监测研究拓展到区域环境研究。

2. 天津市环境遥感技术的应用

天津市环境遥感的应用领域主要包括大气环境、水环境及生态环境三大领域。在大气环境方面，早在 20 世纪 80 年代初的天津-渤海湾遥感试验时便利用遥感图像上呈现的树冠影像色调和大小差异，确定了二氧化硫和酸气、氟化氢等典型污染场，通过采集树木叶片测定其含硫量、含氯量以及树皮 pH，分析二氧化硫、氯气、酸雾的污染。利用飞机携带大气监测仪器，在污染地区上空分层采样，然后进行数据处理分析，分析大气气溶胶、二氧化硫、飘尘的时空分布特征和运移规律。在水污染监测方面，先后开展对海河、蓟运河、渤海湾以及于桥水库的水体遥感监测工作，研究水体热污染、富营养化等问题。在生态应用方面开展了土壤重金属污染状况的监测分析、城市热岛效应研究、湿地生态监测研究等工作。

3. 研究进展和成果

（1）天津-渤海湾遥感试验项目。1980—1983 年，在国家科学技术委员会、国务院环境保护领导小组办公室的支持下，中国科学院和天津市选择天津-渤海湾地区开展了环境遥感试验，目的是探索在大范围内进行环境监测、环境质量评价和城市规划的新技术和新方法，并为防治污染、保护生态环境、城市建设提供重要科学依据。试验区域西起天津市杨柳青，东至渤海湾（东经 118°以西），北起汉沽，南至岐口，包括天津城市近郊区、海河全线、蓟运河下游以及渤海湾近海区。试验一共下设 8 个专题：即航空遥感试验技术、地物波谱特征研究、大气遥感监测与分析、水环境遥感分析、海洋环境遥感监测、植物生态和植被遥感分析、城市车流的遥感监测及环境遥感专题制图。在这些专题中，由天津市有关科研单位承担的子课题见表 3-1。

表 3-1　天津－渤海湾遥感试验天津市承担相关子课题

课题名称	承担单位	协助单位
遥感技术在植被研究中的应用	南开大学生物系 天津师院地理系	
绿地分布和典型植被的研究	天津市园林局	
遥感技术在土壤类型调查中的应用	天津市农委土肥所	
洼地调查和区划的研究	天津市农科院土肥所	
污灌区环境质量遥感分析	天津市农委土肥所	南开大学化学系环保室 市监测站 农业部环保监测研究所
城市土地利用遥感分析	天津市规划局	
车流量遥感热图像的相关分析	天津市交通大队	天津市环境监测站 天津市规划局 天津市市政设计院
能源消耗热图像的相关分析	天津市环境监测站	
地形地貌的遥感分析	天津师范学院地理系	
地表水的光谱测试及分析	天津市河北区环境监测站	中科院遥感所
海河水热污染的研究	天津市环境保护研究所	
城市热岛效应的研究	天津市气象所	
生物化学效应的遥感分析	天津市园林局、天津市园林所	
地物光谱及水污染的遥感分析	天津市环境保护研究所	

试验取得了一系列的理论和应用成果。具体有以下几个方面。

①通过波谱测试和数据分析，得到了天津市约 10 种植物和 5 种水体的反射光谱资料，选出了适于天津-渤海湾地区进行多波段摄影的可见和近红外波段内的 4 个最佳波段，见表 3-2。

表 3-2　天津-渤海地区环境监测遥感最佳波段选择及作用

波段范围/μm	作用
0.44～0.51	基本上是叶绿素吸收带，可区分岩石、土壤与植物、落叶与非落叶，对水体也可分辨，其中包含对清洁水穿透深度最大的蓝光谱区，可用于水质监测和森林制图
0.51～0.59	叶绿素反射峰，可以监测植物生长，区别土壤类型。用于农业，同时可反映水下特征
0.59～0.69	绿色植物吸收带，对总湿生物量、植物叶子水分和叶绿素含量的变化敏感，可区分植物种类与不同生长期及受污染状况，可区分植被与土壤和岩石。可观察到土壤中橘色物质含量
0.74～0.91	绿色植物各种变量与反射率关系的敏感波段，易于区分不同覆盖率的植物群落，亦可用于判断土壤含水量。用于生物量和植物长势的监测

②对环境污染引起的地物波谱特征做了多方面的研究分析，探索了污染物与波谱之间的关系，提出了地物波谱策略可作为环境监测的一种物理方法，提出了植物的生态信息可作为环境质量评价的生物学指标。如研究发现植物受大气中二氧化硫污染后，叶片含硫量最高，当每千克干叶中积累的含硫量达到 4～6 克时，叶片陆续出现明显受害特征，叶片中间变黄，病斑顺叶茎向四周扩展，正常植物所具有的特征峰值会降低或消失。

③通过红外遥感分析，查明了海河全线的热污染，并分段分级进行了评价。提出了海河热排水指标应控制在 33℃以内，以及闭路循环供水、充分利用温差异重流作用改建排水口、充分利用余热等建议。

④通过遥感分析和地面同步取样分析，判明了渤海湾局部海域存在一

定程度的污染，其中大沽区附近以有机污染为主，主要受南排污河影响。

⑤利用红外遥感图像再现地表温度特征，研究了天津的城市热岛效应时空分布和强度，提出从下垫面热力景观结构来研究城市热岛的观点。

⑥制作了天津市及塘沽区 1∶10 000 彩红外航空遥感图，提供城市规划部门使用。

（2）利用遥感技术研究于桥水库富营养化及防治的研究。1987—1990 年，天津市环境保护科学研究所和天津大学精密仪器中心联合开展了利用遥感技术研究于桥水库富营养化及防治的研究并取得了以下成果：

①采用航空遥感技术获取了 120 张于桥水库的四波段影像图。利用计算机图像恢复处理技术对图像进行几何和大气校正，并镶嵌成四幅水库区域图。研究建立了湖泊和水库浮游植物叶绿素 a，水体双向光谱反射率因子和图像光学密度的定量模式。估算了于桥水库叶绿素 a 的浓度值，绘制了叶绿素 a 的分布图，完成了叶绿素 a 分布的定量研究。实测值与估算值平均分析误差 11%，相关系数 0.90。该方法在国内属首创，与国外有关研究相比，有较高的精度。

②应用彩红外影像（70 张）镶嵌了于桥水库图，完成了大型水生植物分布图，种群和生物量估算，并利用这些信息完成了叶绿素 a 与大型水生植物、总氮、总磷的多元回归分析，得到浮游植物与大型水生植物，总氮呈负相关，与总磷呈正相关的结论，从而得出总磷为水库营养盐的主要制约因素。该结论与国外有关研究成果相近。

③利用彩红外影像提供的自然信息，估算了通用土壤流失方程中某些因子值，并对库周四百平方千米内水土流失和氮、磷入库量进行了估算，计算值与估算值误差为 10%。

④编绘了《于桥水库富营养化及防治研究图集》，图件共 40 多幅。

以上研究成果为于桥水库富营养化评价、监测及防治对策提供了科学依据；为引滦入津输水工程流域水资源管理，水土流失，氮磷营养化盐入库量控制提供了全面可靠的资料；为湖泊和水库的富营养化的监测、评价提供了新的实用方法。

（3）天津城市热岛效应演变特征研究。南开大学环境科学与工程学院和天津市气象科学研究所利用 1993 年和 2001 年的陆地卫星遥感资料分析了天津市热岛演变特征，研究结果表明天津城市发展对热岛效应影像明显，热岛分布区域与建成区范围基本一致，热岛中还包含许多大小不同、形状各异、强度有别的小热岛群。

（4）天津滨海新区湿地生态恢复关键技术研究（天津市科技支撑计划重点项目）。天津师范大学城市与环境科学学院和南开大学环境科学与工程学院利用 1979—2008 年共 6 期 TM 遥感影像对天津滨海新区近 30 年的湿地景观格局进行了动态分析，研究结果表明，1979—2004 年滨海新区湿地总体面积变化不大，但各类型间转换较大，主要是自然湿地转变为人工湿地，沼泽湿地几近消失。2006—2008 年，由于城市建设，大量滨海滩涂湿地被围填占用，到 2009 年 5 月自然海岸线的 90%以上被占用。驱动力分析表明，人类干扰是主要驱动因素，表现在水产养殖为主的农业经济活动，城市建设用地和围海造地等方面。天津市环境监测中心曹喆等利用 1986—2006 年多年的 TM 影像数据对天津北大港湿地自然保护区进行了土地利用/土地覆盖监测进行研究，揭示了北大港湿地 20 年来景观生态环境的空间演变过程，探讨了湿地保护区变化以及自然和人为因素对生态系统的影响。

（5）大气环境监测与遥感系统建设。为更好地研究区域环境问题，2008 年 7 月，天津市环境保护科学研究院建立了天津市环保系统第一套气象遥感卫星数据接收处理系统，全天实时接收 NOAA 系列、MODIS、FY1C/D、FY3A、FY2C/D 等极轨和静止气象卫星的遥感数据，积累了大量京津冀地区的原始遥感数据。该系统所接收资料卫星及所搭载传感器基本情况见表 3-3。通过对接收得到的遥感数据进行解译、反演分析，逐步开展了地表温度、气溶胶分布、城市热岛效应研究、土地利用覆盖/变化等方面的研究。另外，随着环境 1 号卫星的成功发射，基于该卫星数据的研究应用也将逐步展开。

表 3-3　接收卫星资料概况

<table>
<tr><th>卫星类型</th><th>卫星名称</th><th>发射时间</th><th>搭载传感器情况</th></tr>
<tr><td rowspan="2">静止卫星</td><td>FY2C</td><td>2004.10.19</td><td rowspan="2">搭载的多通道扫描辐射计共有红外 1（10.3～11.30 μm）、红外 2（11.5～12.5 μm）、水汽（6.3～7.6 μm）、红外 4（3.5～4.0 μm）及可见光（0.55～0.99 μm）共五个通道。星下点分辨率可见光 1.5 km，红外和水汽 5 km</td></tr>
<tr><td>FY2D</td><td>2006.12.08</td></tr>
<tr><td rowspan="6">极轨卫星</td><td>FY1D</td><td>2002.05.15</td><td>搭载的多通道扫描辐射计（AVHRR）共有十个通道，包括 4 个可见光通道，1 个短红外，2 个近红外通道，1 个中波红外通道和 2 个长波红外其中前五个通道与 NOAA 卫星的波段相接近，星下点分辨率为 1.1 km，晚上工作的只有 3，4，5 辐射波段</td></tr>
<tr><td>FY3A</td><td>2008.05.27</td><td>10 通道扫描辐射计（VIRR 可见光红外扫描辐射计）、20 通道红外分光计、20 通道中分辨率成像光谱仪（MERIS）、臭氧垂直探测仪、臭氧总量探测仪、太阳辐照度监测仪、4 通道微波温度探测辐射计（MWTS）、5 通道微波湿度计（MWHS）、微波成像仪、地球辐射探测仪和空间环境监测器</td></tr>
<tr><td>NOAA16</td><td>2000.09.21</td><td rowspan="3">搭载的多通道扫描辐射计（AVHRR）共有五个通道，包括 1 个可见光红光通道，1 个近红外，1 个中波红外通道和 2 个长波红外通道。星下点分辨率为 1.1 km 晚上工作的只有 3，4，5 辐射波段。另外还搭载有业务垂直探测器（ATOVS），包括高分辨率红外辐射探测仪（HIRS-3）、先进的微波探测装置 A 型（AMSU-A）和先进的微波探测装置 B 型（AMSU-B）（ATOVS 数据暂未接收）</td></tr>
<tr><td>NOAA17</td><td>2002.06.24</td></tr>
<tr><td>NOAA18</td><td>2005.05.20</td></tr>
<tr><td>MODIS/Terra</td><td>1999.12.18</td><td>搭载的 MODIS 传感器共有 36 个通道，其中 1，2 通道分辨率为 250 m，3～7 通道分辨率为 500 m，8～36 通道分辨率为 1 km。其中晚上启用的只有 20～36 波段</td></tr>
</table>

第三节　研究成果

天津市环保科研单位获得的国家级、省部级奖励分别见表 3-4、表 3-5。

表 3-4　天津市环保科研单位获得的国家级奖励

序号	项目名称	获奖情况	获奖时间	获奖单位
1	京津渤海区域环境研究	国家科技进步二等奖	1985	
2	全国粮食与出口食品农药污染调查研究	国家科技进步二等奖	1985	
3	津渤地区地物波谱特征研究（津渤环境遥感监测及应用方法总结）	国家科技进步二等奖	1985	
4	京津渤区域环境综合研究	国家科技进步二等奖	1985	
5	京津渤区域环境综合研究项目中“蓟运河流域水源保护的综合防治分析与河流污染治理途径研究”	国家科技进步二等奖	1985	
6	天津市城市生态系统与污染综合防治研究	国家科技进步二等奖	1987	
7	大气环境质量标准	国家科技进步三等奖	1987	
8	全国工业污染调查评价与研究	国家科技进步二等奖	1991	
9	中国土壤背景值研究	国家科技进步二等奖	1994	
10	染料工业废水综合治理技术与工艺	国家科技进步二等奖	1997	
11	氨浸法从电镀污泥和不锈钢酸洗废液中回收重金属	国家科技进步三等奖	1999	
12	土地处理系统——城市污水处理革新/替代技术研究	国家科技进步二等奖	1999	

表 3-5　天津市环保科研机构获得的省部级奖励

序号	项目名称	获奖情况	获奖时间	获奖单位
1	渤海湾环境质量评价与其自净能力的研究	天津市科技进步一等奖	1982	
2	天津市大气环境质量评价与污染综合防治	天津市科技进步二等奖	1982	
3	天津市社会环境质量评价研究	天津市科技进步二等奖	1982	
4	全国污水灌区环境质量普查评价	农业部技术改进一等奖	1983	
5	津渤地区地物波谱特征研究（津渤环境遥感监测及应用方法总结）	中科院科技进步二等奖	1985	
6	天津市环境质量评价及区域污染综合防治研究	天津市科技进步三等奖	1985	天津市环境保护科学研究所等
7	引滦入津工程水质预测和污染防治对策研究	天津市科技进步三等奖	1985	天津环保所 中科院 天津市水利勘测设计院 天津市蓟县环保监测站等
8	京津渤区域环境综合研究项目中“渤海湾环境质量评价及其自净能力的研究”	天津市科技成果奖一等奖	1985	
9	天津市环境质量图集	城乡建设环保部科技二等奖	1985	
10	天津市社会经济环境的研究项目中“天津市经济发展与环境保护关系研究”	天津市科技进步二等奖	1985	“天津市社会经济环境的研究”课题协作组等
11	天津市大气环境系统污染综合防治研究	天津市科技进步二等奖	1985	“天津市大气环境系统综合防治的研究”课题协作组等

序号	项目名称	获奖情况	获奖时间	获奖单位
12	水资源合理利用与水污染综合防治研究	天津市科技进步二等奖	1985	“天津市水资源合理利用与水污染综合防治的研究”课题协作组等
13	《工业企业水量平衡通则》部标准	天津市科技进步三等奖	1986	天津市环境保护科学研究所
14	天津市重金属污染源综合治理途径和技术研究	天津市科技进步三等奖	1986	天津市环境保护科学研究所
15	城市污水处理厂上游工业有机污染源综合治理	天津市科技进步三等奖	1986	天津市环境保护科学研究所
16	天津市城市生态系统与污染综合防治研究	国家环保局科技进步一等奖	1986	
		国家科委科技进步二等奖	1987	
17	工业污染源建档方法研究	国家档案局科技进步四等奖	1987	
18	天津市海岸和海涂资源综合调查研究	天津市科技进步一等奖	1987	天津市海岸带和海涂资源综合调查技术指导小组、14 个专业调查组、市海岸带调查办公室、综合组
19	环境污染分析方法的研究及其标样的研制	中科院环委会科技进步三等奖	1987	
20	2000 年天津市环境预测与对策研究	天津市科技进步二等奖	1987	天津市环境保护局 天津市环境保护研究所
21	天津市环境天然放射性水平调查研究	天津市最佳科技情报信息成果二等奖	1989	
22	有机含锰废液中锰的回收技术研究	天津市科技进步三等奖	1989	天津市环境保护科学研究所 核工业部北京化工冶金研究院
23	天津市重金属废液社会化治理方案研究	天津市科技进步二等奖	1989	天津市环境保护科学研究所、天津市环保公司、天津市环保局水处

序号	项目名称	获奖情况	获奖时间	获奖单位
24	天津市工业废渣防治对策研究	天津市科技进步三等奖	1989	天津市环境保护科学研究所、天津市环境保护局、天津市同生化工厂、天津碱厂、天津钢厂
25	电能建材联产技术应用	天津市科技进步二等奖	1989	天津市环境保护科学研究所、天津市建筑材料研究所、天津市计划委员会、天津市化学工业局、天津市化工厂
26	工业废水处理设施调查研究	国家环保局科技进步二等奖	1990	
27	环境保护化学品测试准则	国家环保局科技进步三等奖	1990	
28	城市道路交通噪声控制研究	中科院科技进步二等奖	1991	
29	1986—1990 年度天津市环境质量报告书	国家环保局优秀环境质量报告书奖	1991	天津市环境监测中心
30	区域污水回用技术方案优化分析	天津市科技进步二等奖	1991	天津市环境保护科学研究所
31	于桥水库富营养化防治研究	天津市科技进步二等奖	1991	天津市环境保护研究所、天津市水利科学研究所、天津市水文总站、天津师范大学南开大学、北京大学、北京环境保护科学研究所
32	稳定塘处理天津市城市污水系统研究	天津市科技进步二等奖	1991	天津市环境保护科研所
33	天津市水污染物排放标准研究	天津市科技进步三等奖	1991	天津市环境保护局水质保护处、天津市环境保护科学研究所、天津市环境保护监测中心
34	天津市土壤环境背景值研究	天津市科技进步二等奖	1991	天津市环境监测中心

序号	项目名称	获奖情况	获奖时间	获奖单位
35	天津市城市污水土地处理与利用系统研究	国家环保局科技进步二等奖	1993	
36	天津市污水湿地处理系统研究	天津市科技进步二等奖	1993	天津市环境保护科学研究所、天津市水利科学研究所、天津市环境监测中心
37	天津市恶臭排放标准的研究	天津市科技进步二等奖	1993	天津市环境保护科学研究所
38	固体废物采样及监测方法研究	国家环保局科技进步三等奖	1993	
39	中国排污申报登记制度	国家环保局科技进步二等奖	1993	
40	中国土壤背景值研究	国家科技进步二等奖	1994	
41	天津市国控河流网络地面水环境监测定点优化的研究	天津市科技进步三等奖	1994	天津市环境监测中心
42	城市环境综合整治定量考核指标体系研究	天津市科技进步二等奖	1994	天津市环境保护局 天津市环境保护研究所
43	北仓工业区水环境综合治理方案的研究	天津市科技进步三等奖	1994	天津市环境保护科学研究所 北辰区环保局
44	天津市地面水功能区域划分及环境质量标准的研究	天津市科技进步二等奖	1994	天津市环境保护科学研究所、天津市环境保护水质管理处
45	天津市海岛资源综合调查与研究	天津市科技进步三等奖	1994	天津市海岸带公司、天津水运科学研究所、天津市地质矿产储量委员会、天津市气象科研所、天津市测绘处
46	天津市有毒有害气体排放标准研究	天津市科技进步二等奖	1995	天津市环境保护科学研究所
47	海河污染控制技术研究	天津市科技进步二等奖	1995	天津市环境保护科学研究所、天津市水利科学研究所、天津市水文总站、天津市环境监测中心、农业部环境保护监测所
		国家环保局科技进步三等奖	1996	

序号	项目名称	获奖情况	获奖时间	获奖单位
48	污水湿地处理工程技术研究	国家环保局科技进步二等奖	1996	
49	稳定塘工程及风能曝气技术研究	天津市科技进步二等奖	1996	天津市汉沽区环境保护局 天津市环境保护科学研究所
50	稳定塘工程及节能资源型技术研究	国家环保局科技进步三等奖	1996	
51	天津市城市区域环境噪声标准适用区域划分研究	国家环保局科技进步三等奖	1997	
52	恶臭污染物排放标准	国家环保局科技进步三等奖	1997	
53	城市环境规划方法研究	国家环保局科技进步三等奖	1997	
54	染料工业废水综合治理技术与工艺	国家教委科技进步一等奖	1997	
55	天津市大气总悬浮颗粒物总量控制技术研究及应用	天津市科技进步三等奖	1997	天津市环境保护科学研究院
56	城市污泥土地处理技术研究	天津市科技进步二等奖	1997	天津市环境监测中心、天津市经济技术开发区总公司园林绿化公司、天津市环境保护科学研究所
57	颜料、油墨废水的物化、生化法综合治理技术	国家环保总局科技进步三等奖	1998	天津市环境保护科学研究院、国家环保总局华南环科所、天津市东洋油墨有限公司工程指挥部
58	天津市大气总悬浮颗粒物总量控制技术研究及应用	国家环保总局科技进步三等奖	1998	天津市环境保护科学研究院
59	氨浸法从电镀污泥和不锈钢酸洗废液中回收重金属	中国科学院科技进步一等奖	1998	

序号	项目名称	获奖情况	获奖时间	获奖单位
60	颜料油墨废水的生化法综合治理技术	国家环保总局科技进步三等奖	1998	天津市环境保护科学研究院、国家环保总局华南环科所、天津市东洋油墨有限公司工程指挥部
61	高效气浮技术与成套设备	天津市科技进步二等奖	1999	天津市环境保护科学研究院、天津大学建筑工程学院
62	天津市重金属污染物资源化工艺、设备和工程研究	天津市科技进步二等奖	1999	天津市环境保护科学研究院、地质矿产部天津地质矿产研究所、天津大学化工学院
63	高效导旋除尘脱硫净化器	天津市科技进步二等奖	1999	天津市环境保护科学研究院
64	嗅觉标准样品（嗅觉标准液）	天津市科技进步三等奖	1999	天津市环境保护科学研究院
65	大港区区域发展环境影响评价与环境保护规划	天津市科技进步二等奖	1999	天津市环境影响评价中心、天津市大港区环境保护局、天津市环境保护科学研究院
66	废水高效厌氧污泥床处理技术及成套设备	天津市技术发明奖	2000	南开大学
67	城市中小型高效、简易污水处理厂工艺及装备的研究	天津市科学技术进步奖	2000	天津市市政工程设计研究院、天津水工业工程设备有限公司、天津市祥森环境工程设备开发有限公司
68	龙潭路住宅建筑节能成套技术研究	天津市科学技术进步奖	2000	天津市津墙房地产开发有限公司、天津市广厦建筑设计院、天津市建设工程质量监督管理总站、天津市人民政府供热办公室、天津市房产住宅科学研究所
69	GDZ 型锅炉烟气除尘脱硫净化器的研制	天津市科学技术进步奖	2000	天津开发区维龙环保设备有限公司、天津市环境保护实用技术推广中心

序号	项目名称	获奖情况	获奖时间	获奖单位
70	大型燃煤电站锅炉烟气干式脱硫成套设备	天津市科学技术进步奖	2000	天津市东方暖通设备制造公司
71	天津滨海新区水资源环境系统综合研究	天津市科学技术进步奖	2000	天津市地质矿产局地质环境管理处
72	镍氢二次电池负极残片中合金粉的回收及失效电池负极合金粉的再生	天津市技术发明奖三等奖	2001	南开大学、天津和平海湾电源集团有限公司
73	大气颗粒物源解析技术的开发与应用研究	天津市科技进步二等奖	2000	南开大学、天津市环境保护科学研究院
74	天津市地热资源开发利用集约化技术研究及工程应用	天津市科技进步一等奖	2001	天津大学、中国地质大学（北京）、天津市地热管理处、天津地热勘查开发设计院、黑龙江科技学院
75	城市污水处理厂自动化控制系统的研究	天津市科技进步三等奖	2001	国家城市给水排水工程技术研究中心、天津国水设备工程有限公司、天津诺迪亚可编程控有限公司
76	港口水工建筑物布置、排污口选址的环境优化	天津市科技进步三等奖	2001	交通部天津水运工程科学研究所
77	城市污水处理技术与关键设备的开发	天津市科技进步三等奖	2001	天津水工业工程设备有限公司、天津市市政工程设计研究院、中国市政工程华北设计研究院
78	天津市养鱼水质监控系统的研究	天津市科技进步三等奖	2000	天津市环境监测中心
79	油田采油废水高效生物处理工程技术研究	天津市科技进步三等奖	2001	天津市环境保护科学研究院
80	膜技术在环保中的应用及成套装置研制	天津市科技进步三等奖	2001	天津市环境保护科学研究院
81	天津市空气污染预报研究	天津市科技进步二等奖	2002	天津市环境监测中心、天津市气象科学研究所

序号	项目名称	获奖情况	获奖时间	获奖单位
82	典型工业有机废水成套技术与设备研制	天津市科技进步三等奖	2002	天津市环境保护科学研究院
83	汽车行业废水综合处理工程技术研究	天津市科技进步三等奖	2002	天津市环境保护科学研究院、天津市环境检测中心、天津丰田汽车有限公司
84	湿式烟气脱硫除尘装置	天津市科技进步三等奖	2002	天津市津南净化节能设备厂
85	高校节水综合示范工程研究	天津市科技进步二等奖	2003	天津大学
86	转炉烟气净化回收与综合利用技术	天津市科技进步二等奖	2003	天津天铁冶金集团有限公司
87	海绵铁除尘灰易燃物料栓式气力输送系统	天津市科技进步三等奖	2003	天津市纽普兰环保发展中心
88	城市空气污染预报方法及其应用技术研究	国家环保总局环保科技三等奖	2003	中国环境监测总站、中国科学院大气物理研究所、天津市环境监测中心
89	膜与膜过程基础研究	天津市自然科学奖一等奖	2004	天津大学
90	纳米新催化材料的制备及其在环保中的应用基础研究	天津市自然科学奖二等奖	2004	南开大学
91	天津市大气污染总量控制及分阶段防治技术研究	天津市科技进步二等奖	2004	南开大学、天津市环境保护局
92	再生水作为景观环境用水的准则研究	天津市科技进步三等奖	2004	中国市政工程华北设计研究院
93	天津市滨海新区区域开发的生态恢复与生态建设及示范工程研究	天津市科技进步三等奖	2004	天津市环境保护科学研究院
94	工业废水处理技术与设备的消化吸收	天津市科技进步三等奖	2004	天津市环境保护科学研究院

序号	项目名称	获奖情况	获奖时间	获奖单位
95	大气颗粒物源解析及环境监测信息管理系统	国家环保总局环保科技三等奖	2004	天津市环境监测中心、南开大学
		天津市科技进步二等奖	2005	
96	纪庄子污水回用工程应用研究	天津市科技进步三等奖	2004	天津中水有限责任公司、国家城市给水排水工程技术研究中心、天津化工研究设计院
97	污水处理厂及垃圾填埋场生物脱臭的研究	天津市科技进步三等奖	2004	天津市市政工程设计研究院、天津水工业工程设备有限公司
98	高效环保型制冷剂及优化匹配新技术	天津市技术发明奖二等奖	2005	天津大学
99	BOD 快速测定仪的研制	国家环保总局科技进步三等奖	2005	天津市赛普环保科技发展有限公司、天津市环境监测中心
100	水泥窑尾新型行喷脉冲袋收尘器的开发与应用	天津市科技进步二等奖	2005	中天仕名科技集团有限公司
101	气升式环流生物反应器处理工业含氨废水的研究	天津市科技进步三等奖	2005	天津大学、天津市腾飞化工总厂、天津百利环保装备集团有限公司
102	废纸生产箱纸板废水处理循环回用技术应用研究	天津市科技进步三等奖	2005	天津科技大学、天津市宝坻区发达造纸有限公司
103	核和放射事故剂量重建方法的研究	天津市科技进步三等奖	2005	中国医学科学院放射医学研究所
104	大港油田外排污水处理技术研究与应用	天津市科技进步三等奖	2005	中国石油大港油田采油工艺研究院
105	天津市水污染物排放总量控制技术与方法研究	天津市科技进步二等奖	2006	天津市引滦水资源保护领导小组办公室、天津大学、天津市环境监测中心
106	清洁能源材料与高能化学电源	天津市自然科学奖一等奖	2006	南开大学

序号	项目名称	获奖情况	获奖时间	获奖单位
107	乙醇/柴油燃料清洁燃烧及相关排气污染物检测技术	天津市技术发明奖二等奖	2006	天津大学、东风朝阳柴油机有限责任公司、吉林大学
108	机动车及发动机噪声控制关键技术	天津市科技进步一等奖	2006	天津大学
109	邻苯二甲酸二辛酯清洁生产工艺技术的研究及应用	天津市科技进步二等奖	2006	天津天溶化工有限公司
110	污水配制聚合物体系优化技术研究及应用	天津市科技进步三等奖	2006	中国石油大港油田采油工艺研究院
111	城市生活垃圾处理线成套设备	天津市科技进步三等奖	2006	天津百利阳光环保设备有限公司
112	天津市地下水主要污染物分布规律及形成机理	天津市科技进步三等奖	2006	天津市水文水资源勘测管理中心
113	金属组学和环境化学中的分析新技术和新方法研究	天津市自然科学奖一等奖	2007	南开大学
114	DDT 污染地区环境介质中和妇女儿童体内蓄积及健康效应影响	天津市科技进步二等奖	2007	天津市疾病预防控制中心、中国疾病预防控制中心职业卫生与中毒控制所、天津市医药科学研究所
115	油田水处理成套技术	天津市科技进步二等奖	2007	天津化工研究设计院
116	海河流域生态环境供水量及配置理论与应用	天津市科技进步二等奖	2007	天津大学、水利部海河水利委员会
117	高浓度含盐难生物降解有机工业废水组合处理工艺研究	天津市科技进步二等奖	2007	天津城市建设学院、天津大学
118	碱渣综合处理工艺技术	天津市科技进步三等奖	2007	天津莱特化工有限公司

序号	项目名称	获奖情况	获奖时间	获奖单位
119	海河两岸综合地质环境对总体开发影响的研究	天津市科技进步三等奖	2007	天津大学、天津市地质工程勘察院
120	农村生活污水高效再生利用技术	天津市科技进步三等奖	2007	农业部环境保护科研监测所
121	环京津生态屏障修复对策与技术的研究及推广应用	天津市科技进步三等奖	2007	水利部河北水利水电勘测设计研究院
122	超低焦油秸秆高效制气技术	天津市科技进步三等奖	2007	天津大学
123	天津市湿地生态保护水资源保障措施研究	天津市科技进步三等奖	2007	天津市水利科学研究所、天津市水文水资源勘测管理中心
124	城市再生水灌溉农田安全技术体系与示范工程	天津市科技进步三等奖	2007	天津市农业环境保护管理监测站、农业部环境保护科研监测所、天津市水利科学研究所
125	以盐田饱和卤水开发15 万 t/a 真空精盐及母液综合利用的研究	天津市科技进步三等奖	2007	天津长芦汉沽盐场有限责任公司、中盐制盐工程技术研究院
126	重污染水体底泥环保疏浚与生态重建技术	国家环保总局环保科技二等奖	2007	中国环境科学研究院、中国科学院南京地理与湖泊研究所、中国科学院水生生物研究所、无锡市环境监测中心站、中交天津港航勘察设计研究院有限公司
127	大中型燃煤工业锅炉半干半湿法烟气脱硫技术及设备产业化	国家环保总局环保科技三等奖	2007	中国环境科学研究院、天津陈塘热电有限公司、北京现代绿源环保技术有限公司
128	偶氮染料脱色降解及其染色废水回用技术	天津市技术发明奖三等奖	2008	天津工业大学

序号	项目名称	获奖情况	获奖时间	获奖单位
129	消化池结构分析与应用研究	天津市科技进步二等奖	2008	天津市市政工程设计研究院、天津大学
130	天津港港内水深维护环保疏浚新工艺研究	天津市科技进步二等奖	2008	天津港（集团）有限公司、天津市海洋局、天津市海亿海洋工程技术开发有限公司
131	高浓度难降解城市污水处理技术	天津市科技进步二等奖	2008	中国市政工程华北设计研究院、台州市水处理发展有限公司、国家城市给水排水工程技术研究中心
132	采用绿色环保型工艺生产橡胶促进剂MBT	天津市科技进步二等奖	2008	天津市科迈化工有限公司、天津大学
133	天铁 180 t 转炉干法除尘开发与利用	天津市科技进步三等奖	2008	天津天铁冶金集团有限公司
134	乙烯裂解焦油的综合利用技术	天津市科技进步三等奖	2008	天津天大天海化工新技术有限公司、山东齐隆化工股份有限公司
135	天津市生态系统的水环境研究	天津市科技进步三等奖	2008	天津市市政工程设计研究院、南开大学
136	天津近岸海域生态环境特性研究	天津市科技进步三等奖	2008	天津大学
137	天津市生态农业试验与示范	天津市科技进步三等奖	2008	天津市农业环境保护管理监测站
138	工业锅炉烟气净化一体化装置	天津市科技进步三等奖	2008	天津理工大学、天津市津华除尘设备有限公司
139	基于 SOPC 技术的污水处理电控系统	天津市科技进步三等奖	2008	天津工程师范学院、天津市环境保护科学研究院、天津市高洁环保科技有限公司
140	新型工业水处理系列化学品的研制及产业化	天津市科技进步一等奖	2009	中海油天津化工研究设计院

序号	项目名称	获奖情况	获奖时间	获奖单位
141	中国北方城市空气颗粒物污染防治技术开发与应用	天津市科技进步二等奖	2009	南开大学、天津市环境保护局、石家庄市环境科学研究院、济南市环境保护监测站、太原市环境科学研究设计院
142	再生水农田利用安全性检验与评估技术研究	天津市科技进步二等奖	2009	农业部环境保护科研监测所、天津市农业环境保护管理监测站、天津医科大学、天津科技大学
143	北方都市绿地植物耗水规律与生态用水研究	天津市科技进步二等奖	2009	北京林业大学、天津市格瑞花苗木经营有限公司、天津泰达园林建设有限公司、华南农业大学、农业部环境保护科研监测所
144	农田畜禽粪便消纳技术模式研究与应用	天津市科技进步二等奖	2009	农业部环境保护科研监测所
145	利用造纸排放废料生产石油降黏剂	天津市科技进步三等奖	2009	天津市波菲特石油科技有限公司
146	天津经济技术开发区再生水景观河道生态修复与水质改善示范工程研究	天津市科技进步三等奖	2009	天津市联合环保工程设计有限公司、天津泰达新水源科技开发有限公司、天津大学
147	城市和农村非点源污染控制研究	天津市科技进步三等奖	2009	天津市环境保护科学研究院
148	天津市环境水中类雌激素分布规律与风险评价	天津市科技进步三等奖	2009	天津市疾病预防控制中心、南开大学
149	基于数值天气预报与大气扩散模型的污染事故诊断与评估	天津市科技进步三等奖	2009	天津市气象局、南开大学
150	农业废弃物高得率制浆生产高档纸质材料产业化	天津市科技进步三等奖	2009	天津科技大学

序号	项目名称	获奖情况	获奖时间	获奖单位
151	天津市农业高效节水技术研究与示范	天津市科技进步三等奖	2009	静海县农业技术推广中心、天津市水利科学研究院、天津市农业技术推广站
152	猪场废水厌氧无害化处理技术研究与示范	天津市科技进步三等奖	2009	天津市益利来养殖有限公司、农业部环境保护科研监测所
153	天津经济开发区再生水景观河道生态修复与水质改善示范工程研究	天津市科技进步三等奖	2009	天津市联合环保工程设计有限公司、天津泰达新水源科技开发有限公司、天津大学
154	城市和农村非点源污染控制研究	天津市科技进步三等奖	2009	天津市环境保护科学研究院
155	油田采油废水高效生物处理工程技术研究	国家环保部环保科技三等奖	2009	天津市环境保护科学研究院、中国石油大港油田油气开发事业部、南开大学
156	城镇生活源产排污核算体系研究及其应用	国家环保部环保科技二等奖	2009	环境保护部华南环境科学研究所、中国环境监测总站、重庆市环境科学研究院、天津市环境监察总队、安徽省环境保护厅
157	环境因素健康危害分子机制与防治措施的系列研究	天津市科技进步一等奖	2010	中国人民解放军军事医学科学院卫生学环境医学研究所、中国人民解放军军事医学科学院毒物药物研究所、北京赛德维康医药研究院
158	节能环保（无泵房）供水技术研究	天津市科技进步二等奖	2010	铁道第三勘察设计院集团有限公司
159	城市污水深度处理组合新工艺	天津市科技进步二等奖	2010	天津城市建设学院、天津中水有限公司
160	城市污水除磷脱氮工艺的效能改进与工程化应用	天津市科技进步三等奖	2010	国家城市给水排水工程技术研究中心、中国市政工程华北设计研究总院

<table>
<tr><th>序号</th><th>项目名称</th><th>获奖情况</th><th>获奖时间</th><th>获奖单位</th></tr>
<tr><td>161</td><td>于桥水库入库水量水质演变趋势分析及控制措施研究</td><td>天津市科技进步三等奖</td><td>2010</td><td>天津市水文水资源勘测管理中心</td></tr>
<tr><td>162</td><td>天铁余热发电技术开发</td><td>天津市科技进步三等奖</td><td>2010</td><td>天津天铁冶金集团有限公司</td></tr>
<tr><td>163</td><td>低排放（欧III）汽车尾气净化催化剂的研制</td><td>天津市科技进步三等奖</td><td>2010</td><td>中海油天津化工研究设计院</td></tr>
<tr><td rowspan="2">164</td><td rowspan="2">城市水环境改善与水源保护示范工程研究</td><td>天津市科技进步二等奖</td><td>2010</td><td rowspan="2">天津市水利科学研究院、天津大学、天津华水水务工程有限公司、天津城市建设学院、天津市津水工程新技术开发公司、天津市环境保护科学研究院</td></tr>
<tr><td>大禹水利科学技术二等奖</td><td>2010</td></tr>
<tr><td>165</td><td>渤海湾天津海域海水淡化环境影响分析、评估及总量控制研究</td><td>天津市科技进步二等奖</td><td>2010</td><td>天津市环境保护科学研究院、天津大学、天津科技大学</td></tr>
<tr><td>166</td><td>天津市生态城市构架与关键技术方法研究</td><td>天津市科技进步三等奖</td><td>2010</td><td>天津市环境保护科学研究院</td></tr>
</table>

第四节　国际科技交流合作

天津市环保科研机构与瑞典、美国、日本、韩国、德国、法国、以色列、新西兰、荷兰、加拿大、澳大利亚、新加坡、英国等国家和地区以及世界银行、联合国环境规划署等国际机构，通过项目研究、学术研讨、人员培训、建立环保产业等形式，在水环境管理与污染防治、大气环境管理与污染防治、固体废物处理处置、恶臭污染测试与控制、生态环境建设、企业环境管理、清洁生产、循环经济等诸多领域开展了一系列的合作与交流。通过与国际上具有先进理念和技术的科研机构、高校及企业的合作与交流，建立了良好的合作关系，提高了天津环境科技水平，对全市环境保护事业的发展起到了积极推动的作用。主要国际合作交流项目如下：

一、海河流域水资源与水环境综合管理项目

自 2004 年至今，天津市环保局和天津市水务局等单位共同承担了由全球环境基金（GEF）和中国政府共同资助，世界银行执行、国家水利部和环保部共同组织实施的“海河流域水资源与水环境综合管理项目”。该项目针对天津市水资源和水环境突出问题，在世界银行专家的指导下，环保和水利部门多个研究机构通力合作，开展了水质研究，水量研究，地下水研究，城市和农村非点源污染控制研究、再生水回用研究，水生态修复研究及现有规划和机构评估等多项专题研究；并制定天津市水资源与水环境综合管理计划，并以汉沽、宁河和宝坻为示范县开展水资源与水环境综合管理规划研究和潮白新河下游流域水资源水生态综合管理规划，潮白新河下游流域畜禽养殖面源污染控制示范、潮白新河下游流域点源污染控制示范研究等多个项目的具体研究工作。项目的实施对于推进海河流域水资源与水环境综合管理、提高水资源利用效率和效益、修复生态环境、减轻流域陆源对渤海污染、真正改善海河流域及渤海水环境质量起到了非常重要的作用。为了使其技术和成果得到更大范围推广应用，扩大 GEF 项目的社会影响力，天津市 GEF 环保项目办于 2009 年 8 月将主要成果以书籍《区域水环境综合解析及管理策略——GEF 在天津》的形式在中国环境科学出版社正式出版，使社会更多的公众了解 GEF 项目在天津所取得的成果和成就，并供中国其他省市或流域参考。

二、中国医疗废物可持续环境管理项目

2010 年，天津市环境保护科学研究院与天津合佳威立雅环境服

务有限公司共同承担了由全球环境基金（GEF）资助、由国家斯德哥尔摩公约履约工作协调办公室（以下简称履约办）和联合国工业发展组织（UNIDO）共同开发并执行的中国医疗废物可持续管理项目的子项目“医疗废物管理和处置应急管理技术指南研究”。此项目在国内外医疗废物应急管理和处置技术最新成果调研基础上，通过建立应急预案，从管理角度提出区域医疗废物的应急组织机制、部门分工、部门职责和跨区域的协调机制，充分考虑不同应急情景，提出医疗废物管理处置应急原则和应急目标、提升紧急状况下备用医疗废物处置能力、改造备用处置设备技术，为区域医疗废物应急预案的编制提供技术指导。

三、与瑞典皇家环境科学研究院（IVL）交流合作

天津环境保护科学研究院与瑞典皇家环境科学研究院自 1987 年开始合作，至今已 25 年。两院以具体的项目研究为依托，以人员培训、学术研讨等多种方式，将瑞典先进的环保理念和技术引进到中国，在利用国际合作促进环保科技发展方面积累了一定的经验。25 年来，两院在湖泊富营养化、固体废物处理、工业污水处理、清洁生产等领域开展了交流与合作，针对我国特别是天津市存在的主要环境问题，提出综合性解决方案，为环境保护工作提供了重要的科学依据；研究出适用于我国的污染治理技术，并建立了示范工程。天津市环境保护科学研究院累计派出 30 余名科技人员赴瑞培训或交流，对培养国际化科技人才发挥了重要作用。两院合作在津举办了不同规模的技术研讨会、培训会 20 多次，将瑞典先进的环保理念和技术介绍给天津的企业和管理部门，有效地推动了天津市环境技术水平的提高。

1987 年至 1991 年，在瑞典国际发展署（SIDA）的资助下，天津环境科学研究院与瑞典皇家环境科学研究院开展第一期合作项目——“天津市经济发展中主要环境问题防治规划和治理技术的研究”。项目对于

桥水库水资源管理的高营养化控制技术、天津市海河（市区段）污染控制及城市污水回用、固体废物填埋技术等开展了研究，提出了于桥水库富营养化控制方案、天津海河流域“截流、冲污、恢复生态平衡”的综合治理方案，建立了实验室规模有毒废物浸出毒性研究试验系统，为制定天津市工业固体废物处理处置规划与技术发展规划提供可靠的依据，为日后建立天津市危险废物处置中心奠定了基础。

1993 年至 1997 年，SIDA 继续资助两院开展第二期合作项目——“天津市工业废水处理”。针对冶金、染料、造纸、制药、化工等行业，开展了典型行业污水处理技术的研究；项目实施期间，天津环科院还举办了工业废水处理技术培训班；两院专家共同设计建造了具有物化和生化废水处理性能的可移动的中试设备（三个集装箱房），对天津市工业废水处理方案的可行性和设计进行了调查。

2000 年至 2006 年，SIDA 再次支持两院开展第三期合作项目——“工业废水无害化排放”。项目对瑞典清洁生产技术和分离技术进行了培训与中试，开展了高效废水处理系统治理方法评估与生物处理中试研究；项目引入了清洁生产、生命周期评估等国际先进的环保理念，并对天津市两个代表性企业进行了生命周期评估；初步开发出了染料及制药等行业的清洁生产技术，建立了多个酸回收示范工程，研制出了工业废水特殊污染物的追踪检查技术，为今后进行工业废水处理回用的生态安全研究奠定了基础。

2008 年至今，两院共同申请并承担了由瑞典经济与区域发展署与 SIDA 共同支持的 DemoEnvironment 项目——“清洁生产在天津的实施”。项目对天津市冶金、化工、机械/汽车等行业对清洁生产技术的需求以及瑞典可提供的相关技术设备进行了可行性研究；通过在天津召开技术研讨会、组织中方机构人员赴瑞典进行实地技术考察等形式，将瑞典先进的清洁生产技术或设备在我国企业进行设计、安装、调试及运行。项目于 2011 年 6 月完成。项目的实施，促进了天津市企业清洁生产水平的提高，进而促进了企业节能减排，提高经济效益，改善环境质量。

1999年，天津环科院与瑞典皇家环境科学研究院共同出资建立了中瑞（天津）环境技术发展中心，2001年发展为中瑞（天津）环境技术发展有限公司。该公司在环境科学与技术、能源技术、环保领域、新材料技术及产品的技术开发、技术转让等方面，提供相关的应用研究和咨询服务，将瑞典及其他国家先进实用的环境技术介绍到中国，促进和实施中瑞政府间和民间环保技术合作项目。自成立以来，已成功将60多套瑞典环保技术设备引进到中国实现应用。

四、与美国环保局的合作

2003年至2009年，在美国环保局的支持下，美国土木工程研究基金会与中国环保部和天津市环保局共同开展了“于桥库区安全饮用水项目”。该项目旨在对中国可持续城市进行清洁水研究。天津区域处于海河流域下游地区，具有鲜明的北方流域特征；于桥水库作为天津市的饮用水蓄存水库，成为该项目的实施地点。于桥水库安全饮用水合作项目自2003年11月正式启动后，中美双方专家进行了近10年的联合工作，完成了数据资料收集和有关调查监测工作，如污染源调查、鱼塘养殖现状调查、水库周边可浸没土壤调查、汛期径流调查与监测、周边地下水调查与监测、河流和水库水质监测、水文、土地利用以及村庄统计资料的收集，制作完成了包括于桥水库到引滦上游地区范围的电子地图；制定了于桥水库研究区域最佳管理方案（BMPs），削减了于桥水库周边区域污染负荷，改善和保护了于桥水库水质；完成了示范区域沼气工程项目的可行性研究和实施。该项目得到了美方赠款项目近20万美元，天津市提供了部分配套资金，已进入后评估阶段。

2007年至2008年，天津市环境保护科学研究院与美国环保局继续合作开展了“中国天津固体废物处理可行性研究”项目。项目针对于桥水库库区周边地区农村废物，制定了库区周边小流域固废污染综合控制计划，筛选并推广了相关知识和技术，建立了污染控制工程长效运行机制，开展村级综合示范，建立示范村，控制入库污染物，改善天津城市饮用水水质。

五、与美国能源基金的合作

2010 年至今，天津市环境科学研究院承担了国家发改委与美国能源基金共同合作的“中国可持续能源项目”中的《天津市国家低碳城市试点工作实施方案》，并完成了该实施方案，编写了天津市环境保护“十二五”规划，为天津市向低碳城市发展提供了有力的理论依据与技术支持。

六、与日本臭气香气协会的交流

1985 年，天津环境科学研究院选派技术人员赴日本进修，学习日本先进的污染研究经验和管理法规，了解了恶臭污染及治理的相关理念，第一次将恶臭污染治理引入到中国。在基础上，环科院成立了恶臭污染研究课题组，开始进行恶臭污染研究。1993 年 8 月，经国家环境保护总局批准，天津环科院开始建设国内首家恶臭污染控制重点实验室——国家环境保护恶臭污染控制重点实验室。重点实验室的建立，对中国建立恶臭污染排放标准和测试技术体系，促进中日两国在恶臭污染控制领域的交流与发展，起到了积极的指导作用。

2006 年，天津环科院邀请日本香气臭气协会的岩崎好阳博士和小川光司研究员来津，就“炼油厂含硫废气防治技术及对策研究”项目进行指导和讲学。

2006 年和 2009 年，天津环科院两次选派技术人员，赴日本臭气香气协会进行人员培训，对日本恶臭测试方法、恶臭污染控制对策、含硫臭气测定与控制技术、嗅觉计测试恶臭、恶臭测试方法及精度管理等进行了学习及实地参观，并学习日本在恶臭污染源解析技术及预警管理方面先进技术和研究经验。

七、与日本国立公害研究所的交流

1985 年，日本国立公害研究所水质环境规划室室长长村岗浩尔博士、福岛武彦博士一行两人来津就于桥水库富营养化问题进行学术交流并到现场实地考察，提出了切实可行的防治对策；天津环科院技术人员学习并借鉴了国外先进经验和技术，有力地促进了于桥水库、水库上游入水口以及下游输水口的富营养化问题的解决。

八、与日本臭气对策研究协会的交流

1990 年，日本臭气对策研究协会副会长石黑辰吉访问天津市环境保护科学研究院，就天津市臭气污染控制研究工作进行了交流。2000 年 11 月，石黑辰吉先生再次访问环科院，进行了有关"恶臭污染及研究状况"、"日本恶臭污染管理控制法律、标准的现状及展望"、"恶臭防治技术的现状及展望"、"国际及日本研究二噁英多环芳的现状及展望"、"恶臭污染研究防治技术"的专题讲座，并考察了蓟县，东洋油墨治理工程、东亚化工厂治理工程、北辰区小油漆小香料、西青渤海兽药厂等。此外，天津市科委和天津市环境保护局聘请石黑辰吉先生担任国家恶臭污染控制重点实验室高级顾问。通过此次交流访问，天津市环境科学研究院与石黑辰吉先生建立了良好的信息交流渠道，双方决定借鉴世界发达国家恶臭污染控制的经验和成果，进一步完善中国恶臭污染控制标准体系，使重点实验室的工作尽快赶上发达国家的步伐。

九、与日本住友商事株式会社的合作

2005 年 4 月，天津市政府与日本住友商事株式会社开始进行合作，双方签署了《天津市住友环境保护委员会——第一次会议的合作协议》并共同成立了天津－住友环境保护委员会。其中，天津市环境科学研究院承担了由天津一住友环境保护委员会下达的环保科技项目，包括天津市生态城市建设规划思路、滨海新区循环经济的构建、天津滨海新区石油化工产业发展的生态环境保护对策、海水淡化及综合利用环境影响以及于桥库区环境保护的清洁发展机制等课题的研究。与住友的合作，有力地支持了天津生态市建设和滨海新区开发开放过程中相关环境问题的研究工作，为天津市环境管理决策提供了科学依据。

十、天津市-四日市市环保人才培训项目

1980 年 10 月 28 日，天津市和四日市市正式缔结友好城市关系，两市间环保领域的合作也已经历了近二十个年头。在此期间，中日双方采取“请进来，派出去”双向交流的方式，开展了卓有成效的环保合作，对于引进日本科学的管理方法和技术，提高天津市环境管理和技术人员的整体水平，改善天津市环境质量起到了重要的作用。

自 1991 年起，天津市先后派遣了 16 批计 116 人次赴四日市市，就“大气污染防治技术”、“水质污染防治技术”、“汽车尾气排放控制技术”、“城市综合环境保护”、“固体废弃物处理、处置技术”、“ISO 14001 环境管理体系”、“建设循环型社会”、“环保法规的制定和实施”、“水污染防治”等广泛的领域进行了专题研修。研修人员来自市、区、县及企业的环保部门的管理人员及专业技术人员。研修人员回国后绝大部分人员仍从事环保工作，并把所学的知识与经验同个人的专业结合起来，在各自的岗位上发挥着重要的作用。

同时，1991 年以来，先后邀请日方专家 20 余人次来津，在天津市分期举办了“大气污染防治技术国际研讨会”、“水质污染防治技术国际研讨会”、“环境管理研讨会”和“循环经济研讨会”等。来自各区县环保管理部门和监测人员 600 余人次参加了研讨。研讨的方式是由日方专家介绍日本环保的有关法律、法规，并以典型的行业为例，介绍企业污染防治的经验和技术，同时还组织与会者到企业参观、座谈，针对该企

业的污染情况，共同研究解决有效办法。

在此基础上，天津市的环保技术人员与四日市有关部门专家共同开展环保合作研究，内容包括：“海河流域天津卫星城镇污水处理技术的研究”和“工业废水脱色技术的研究”。其中，“海河流域天津卫星城镇污水处理技术的研究”项目，以天津大港区为示范区，以油田生活小区和石化公司炼油厂的污水处理为例，邀请日方专家来天津实地考察、再派天津市项目专家组赴日现场参观，最后由中日双方在津共同完成项目报告。该研究为解决天津市缺水的问题提供了可靠的技术参考。

十一、与韩国政府的合作

2006 年，天津市环境科学研究院与韩国政府、韩国 GREENPLA（株式会社）以及韩国高等技术研究院开始进行环保科技合作。

2006 年 10 月，天津环科院承担了中韩政府合作项目“电气化学系统与 MBR 组合处理技术开发”。项目针对中国难降解高浓度有机废水（化工、重金属、镀金等行业废水），引进韩国先进的平板膜技术以及电气化学技术，并进行了焦化废水、染料废水、垃圾渗滤液处理工艺的小试及中试实验研究，实验结果表明：该工艺可确保垃圾渗滤液处理达到相关排放标准的要求，同时投资及运行费用均低于同类进口设备。

2006 年 12 月，天津环科院开始与韩国 GREENPLA（株式会社）以及韩国高等技术研究院进行合作，承担“工业废水处理 ECR & SMBR 工程”项目，共同研发适合中国国情的难降解高浓度有机废水处理技术与设备。项目期间，中韩双方重点用电化学处理系统，对染料、焦化废水和垃圾渗滤液三种不同废水进行了实验，并总结出一套以电气化学和平膜技术为核心的处理技术。这两个项目的实施对于提高天津环科院在高浓度有机废水与工业废水处理领域的技术水平具有重要意义。

2008 年，天津环科院再次承担了中韩政府合作项目“有机性污泥处理及能量再利用系统”。项目对天津市有机污染现状、天津污水处理场污泥处理技术动向等进行了调查和预测。

十二、与韩国又松大学的交流

在引智项目的支持下，2006 年，天津市环境科学研究院邀请韩国又松大学的朴商珍博士等人来津，就“炼油厂含硫废气防治技术及对策研究”项目进行指导和讲学。通过项目的实施，天津环科院开发了恶臭排气筒采样器，获得实用新型专利“污染源恶臭气体采样器”（专利号：ZL200 620 151 411.1），并对适用于炼油厂的恶臭综合处理技术进行了优化，提出了炼油厂恶臭污染处理的有效解决方案。

十三、与意大利的合作

“中意海河水环境状况调查”项目是原天津市水利局负责项目，天津市环境监测中心和天津市海河管理处负责具体实施，意大利 DFS 公司为项目提供技术支持。该项目正式启动于 2007 年 8 月，于 2008 年 2 月进行了项目验收。天津市环境监测中心主要负责海河市区段二道闸以下河段的水环境质量的现状调查、水质变化特征分析以及污水处理厂和海河沿线污染源的调查工作，编写并提交了“近十年来海河市区段水生态环境质量变化趋势分析报告”中英文版本，内容包括海河水质评价、水体富营养化评价、底质评价以及生物监测评价，并对天津市污水处理厂的建设和运行情况进行了详细的分析评价。

十四、与其他国家及香港相关机构的合作

1987 年，西德水污染联合会高级成员赫尔曼•哈恩教授来津讲学，介绍物化方法去除湖泊和水库来水中大量营养盐的富营养化治理技术，并共同讨论该技术在引滦入津沿线应用的可能性，有力地促进了“天津于桥水库富营养化防治”课题的深化。

1999 年 6 月，天津市环境科学研究院邀请加拿大专家陈健博士来

津，就“废水废气处理催化技术应用项目”进行指导和讲学，对高级氧化技术在污染治理中的应用、发展趋势、技术关键点及经验数据进行了详细介绍。此外，还分别就臭氧技术、过氧化氢技术、光催化技术、催化及湿式氧化技术、超声波技术及等离子技术在处理有毒、有害、微生物降解废水及废水深度处理中的生物作用开展了6个专题讲座。

2000年12月2日，新加坡生化系废物处理公司的专家方跃、邵加亮访问了天津环科院，介绍了国外危险废物处理的理论和方法，工业危险废物焚烧炉自动控制和尾气处理在线监测的基本原理和关键控制点，就天津市建设危险废物处理厂预处理和物化车间设计、软件编程、大屏幕显示远程传输等进行了具体指导并提出了宝贵意见。

2002年，天津市工业废物交换中心，法国PURECHEM ONYX PTE LTD，天津市津能投资公司，中国节能投资公司共同投资组建了中外合资“天津合佳奥绿思环保有限公司”，共同建设、管理及运营“天津危险废物处理处置中心”。2006年3月，天津合佳奥绿思环保有限公司更名为天津合佳威立雅环境服务有限公司，并成为一家危险废物的收集、运输、处理处置和资源回收的综合性企业，拥有现代化的危险废物处理处置成套设施，严格贯彻废物转移联单制、实行危险废物由“摇篮到坟墓”的全过程管理，防止危险废物对环境造成的污染。

2002年，天津环科院与天津信托有限责任公司共同出资成立了天津环科水务公司。2007年天津信托有限责任公司将股份转让给香港“苏合水务集团有限公司”。天津环科水务公司，专门从事中、小城镇污水处理及供水项目的投资、建设及运营管理及水处理工程设计等。环科水务公司主要采用 BOT（建设-运营-移交）、PMC（项目管理承包）等国际上先进的经营模式，通过自主创新及集约化管理，最大限度地降低项目建设投资和运行维护费用，为政府和公众提供经济、高效的专业化服务。

2004年12月，天津环科院邀请香港理工大学李湘中教授来津，就“恶臭污染嗅觉测试系统建设”项目进行指导和讲学。通过项目的实施，天津环科院引进了嗅觉测试系统，为臭气浓度测定的仪器化、定量化、标准化工作提供了硬件和软件设施。

2007年，天津环科院邀请澳大利亚新南威尔士大学蒋开云教授来津，就恶臭测试方法与设备开发项目进行指导和讲学。在专家的指导下，对国外嗅觉计的欠缺点进行了研究和改进，并开展了嗅觉计的比对和校准试验。在此基础上，天津环科院申报并完成了天津市科委面上项目——“动态稀释法恶臭测试研究”，设计并制造出嗅觉计样机，发表文章《恶臭测定动态稀释方法研究进展》（被 EI 收录），论文《动态恶臭嗅觉测定方法及仪器研究进展》等。目前，天津环科院仍在进行恶臭测定仪器的升级研发工作，已申请多项发明专利和实用新型专利。

2008年10月，天津环科院邀请加拿大通用电气公司 Zenon 水过程技术膜处理实验室的范凤申博士来津，就“可持续城市清洁水项目”进行指导和讲学。增进了对国外同行业最新研究进展的了解，为该项目的示范工程提供了可供选择的工艺方案。

2009年5月17日，天津环科院邀请荷兰格罗宁根市政厅特聘专家 Wout Veldstra 先生来津，就“生态城市规划与建设研究项目”进行指导和讲学。Wout Veldstra 先生在津期间，受邀面向市环保局环境管理官员、天津环科院科技人员、南开大学部分师生进行了公开讲座，介绍了荷兰的城市生态网络构建理论，荷兰在生态城市建设和水生态系统修复领域的先进经验，对天津市建设生态城市具有十分重要的借鉴意义。

2009年11月29日，天津环科院邀请新西兰渔业部首席专家 Richard Brian Ford 博士来津，就“天津沿海开发对海洋生态的影响项目”进行指导和讲学。通过项目的实施，可以为天津港乃至渤海湾近岸陆源污染控制、大规模填海工程的生态建设、封闭海域水质改善及科学化管理提供技术支持及工程示范，对解决天津海岸带海域污染与生态退化瓶颈问题，促进滨海新区快速发展具有重要意义。

第四章　环境监测

环境监测是国民经济和社会发展的基础性公益性事业，环境监测数据是制定环境保护政策和措施的基础，是环境管理、执法、统计、信息发布和环保责任制考核的依据。为评价环境质量状况，掌握污染物排放情况，分析污染物对生活环境、生态环境和人体健康的影响，实施环境监督管理，检验环境保护工作成效，必须全面开展环境监测工作。环境监测是环保科技体系重要组成，它包含了布点、采样、实验室分析、数据的处理和传输、储存，信息的综合分析和各类监测报告的编写等技术环节。根据科学监测和完善的质量保证体系而获取可靠的环境科学数据和信息。

第一节　环境监测机构及管理

一、环境监测机构组成

天津环境监测工作起步于20世纪70年代初期，随着管理“三废”工作的开展，全市各区县相继建立了环境监测站。天津市环境监测中心始建于1976年5月，当时机构名称为天津市环境保护监测站，编制70人，与天津市卫生防疫站合署办公，受天津市环境保护办公室和天津市卫生局双重领导。20世纪80年代初国家颁布《全国环境监测管理条例》，明确了环境监测站的性质、职责与任务，为适应国家的要求和天津市环境保护事业发展的需要，1980 年，天津市环境保护监测站同卫生防疫站分署办公，直属于天津市环境保护局。1984 年正式更名为天津市环境保护监测中心站，市环保局设立了监测处，形成同监测中心站处站合一的管理体制。同年 4 月天津市环境保护监测中心站搬迁到新建的监测实验楼内。1989 年 10 月天津市编制委员会正式批准，天津市环境保护监测中心站更名为天津市环境监测中心，从事公益性环境监测科学技术工作，主要承担天津行政管辖范围的环境质量监测和污染源监测，包括水、大气环境、土壤、固体废弃物、环境噪声以及一些敏感地区的环境监测工作。为天津市的环境管理和决策提供技术监督、技术支持、技术服务和科学依据；是天津市环境监测系统的网络中心、技术中心、信息中心和培训中心；对全市环境监测系统和各级环境监测网络成员单位进行业务指导。

1976—1983 年天津市塘沽区、汉沽区、河北区、武清县等相继建立了 18 个区、县级环境保护监测站。在天津市已初步形成了一支环境监测专业队伍，全市环保系统从事环境监测的人员已达 300 余人。随着天津市开发区的崛起，1990 年成立了天津市开发区环保监测站。区、县级测站主要承担辖区内环境空气、地表水、噪声和重点污染源等常规监测以及监督执法、社会服务性监测工作。到 20 世纪 80 年代初，天津市监测人员总数 1 130 名，其中科技人员 809 名，占 72%，监测用房 44 354 平方米，人均 39.2 平方米。迄今为止，天津市环境监测系统在市环保局领导下已形成了以天津市环境监测中心为龙头，以 19 个区县监测站为网络成员的环境监测体系（见表 4-1），同时也在积极吸纳各行业、各专业性监测网络成员，如天津市气象局、天津市水务局、天津市市容环境管理委员会、天津市地质环境监测总站、天津市排水管理处、天津市水产研究所、天津市农业环境保护环境管理监测站、天津辐射管理所等，每年提供环境质量监测信息和相关气象、水文、环境管理等资料，并编写年度环境质量报告书；由天津市环境监测中心、塘沽区环境保护监测站、秦皇岛市环境保护监测站、唐山市环境监测站、沧州市环境监测站组成的渤海西部近岸海域网，承担渤海近岸海域环境监测调研工作。天津市环境监测网覆盖全市各个层面（见图 4-1），全市环保系统从事环境监测的人员达 650 余人。为天津市实施环境监督管理提供技术支持、技术监督和技术服务。

表 4-1　2010 年全市监测机构状况

序号	监测站	成立时间/年	首次通过计量认证/年	现人员编制	现监测用房面积/m^3	通过标准化验收/年
1	监测中心	1976	1994	212	5 932	2009
2	和平	1980	1996	17	540	2007
3	河东	1980	1995	25	845	2005
4	河西	1981	1996	15	1 000	2005
5	南开	1980	1996	29	1 416	2006
6	河北	1978	1995	24	701	2007
7	红桥	1983	1995	20	900	2005
8	塘沽	1977	1995	44	900	2007
9	汉沽	1976	1996	26	1 700	2007
10	大港	1982	1996	35	2 027	2005
11	东丽	1981	1996	40	2 200	2005
12	西青	1980	1996	20	650	2007
13	津南	1982	1996	14	550	2006
14	北辰	1981	1996	29	985	2005
15	武清	1979	1996	13	960	2006
16	宝坻	1981	1996	13	3 270	2005
17	开发	1990	1996	10	825	2005
18	宁河	1981	1996	24	1 010	2006
19	静海	1982	1996	13	1 030	2007
20	蓟县	1980	1996	21	1 200	2007

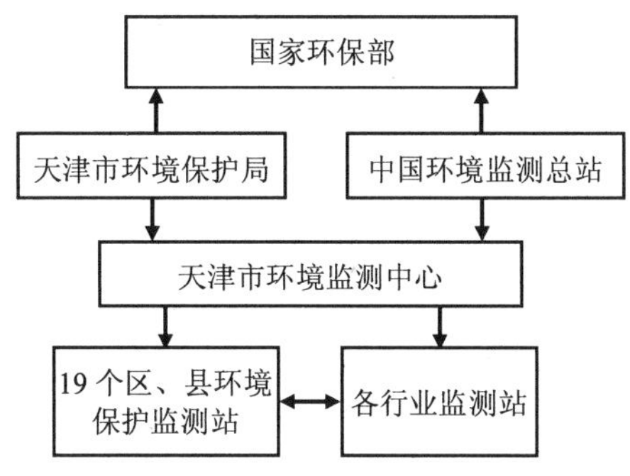

图 4-1　天津市环境监测体系框图

为适应海洋环境管理发展的需要，2003 年国家环保总局在天津建立近岸海域环境监测分站，“中国环境监测总站近岸海域环境监测渤海西站”在市监测中心挂牌，更加完善了全国近岸海洋监测网络。

二、监测技术人员发展

截至 2010 年底，天津市环保监测系统共有职工 651 人，比“十五”末期（623 人）增加了 4.5%。监测技术人员比例提升，具有高级技术职称人员 118 人，比“十五”末期增长了 20%。天津市监测人员素质与“八五”相比有了较大提高，高中级技术人才大幅度增加，为天津市环境监测工作实现全面上水平奠定了充足的人才基础。全市监测人员素质情况见表 4-2。

表 4-2　环境监测人员情况

年度	编制人数	实际人数	文化程度					技术职称			
			研究生	本科	专科	中专	其他	高级	中级	初级	其他
1995	513	502	0	126	154	96	126	45	155	191	111
2000	487	503	5	172	164	91	71	61	191	144	107
2005	623	558	9	264	171	54	60	98	188	165	107
2010	651	560	40	389	98	18	16	118	159	184	62
2010 年比 1995 年增长/%	21.2	10.4	77.5*	67.6	–57.1	–433	–687	61.7	2.5	–3.8	–79

注：*为 2010 年比 2005 年增长百分比。

多年来，天津市环境监测机构非常重视培训和持证考核工作，不断提高监测人员的素质。创造开展国际技术交流机会，接待了英、日、美、法、加拿大、瑞士、意大利多国技术专家来访，派有关人员到发达国家学习先进的监测技术。积极参加国家组织的各类技术培训，取得明显的效果。

“十五”期间，全市环境监测人员分别参加了“计量认证内审员”、“评定测量不确定度”、“计量法和计量认证基础知识”、“应急环境监测技术”、“环境监测新标准、新规范、新方法”、“质量保证和质量控制技术”、“《产品检验机构计量认证/审查认可（验收）评审准则》”、“建设项目竣工环境保护验收监测技术培训”等多项内容的技术培训，尤其加强对新岗人员关于环境监测基础知识和基本操作技能的培训。全市环境监测人员均通过培训考核，持证上岗率达到100%。“十一五”期间，为适应新时期环境监测工作需要，市区（县）两级监测站都将培训工作常规化，制定有针对性的年度培训工作计划，采取内部培训和外部培训相结合的方式，不断提高监测人员素质。组织举办了实验室分析技术、质量管理技术、污染源监测技术、应急监测技术、在线监测比对技术及新标准规范宣贯等各类监测技术培训。2007年制定了《天津市环境监测系统监测人员持证上岗考核实施细则》，完善了全市环境监测机构持证上岗现场考核程序和要求，建立了全市监测人员持证上岗相关档案。全市环境监测机构基本实现每个监测项目有双人持证。拓展了持证上岗考核模式，部分现场监测项目（如噪声、机动车尾气、加油站油气回收系统）采取现场培训与考核相结合的方式，统一进行全市现场监测人员持证考核工作，提高了工作实效性。

为切实加强环境监测专业技术人才队伍建设，营造爱岗敬业、钻研业务的良好氛围，促进环境监测事业发展，2010年6月24—26日，天津市环保局联合天津市人力资源和社会保障局，天津市总工会成功举办了天津市环保系统首届环境监测技术竞赛。全市监测系统500余人参加了培训选拔，在全市环保系统掀起了学知识、比技术的学习热潮，最终20支代表队44名参赛选手进行为期三天的理论考试及现场操作比赛，蓟县环境保护监测站等六个单位获团体奖，天津市环境监测中心王琳等八人获个人奖，宝坻区环境保护局等三个单位获优秀组织奖。从获奖人员中选拔出选手，参加了2010年9月24—26日由环境保护部、人力资源社会保障部、全国总工会共同举办的第一届全国环境监测专业技术人员大比武活动。活动内容主要包括环境监测理论考试和现场实际操作比武两部分。各省、自治区、直辖市、新疆生产建设兵团和解放军共33支代表队，层层选拔出132名选手参加了此项活动。经历激烈角逐，天津市代表队取得团体三等奖和三人获得个人三等奖的可喜成绩。

三、环境监测系统管理建设发展

在天津市环境监测系统建设的三十五年历程中，始终坚持服务社会、经济和环境建设，服务人民群众，服务环保执法，以质量建站为宗旨，在环境监测、污染源监测、监督及仲裁监测、应急监测和环境科研等诸多领域，取得了丰硕的成果，为环境管理、环境决策提供了可靠的科学依据和有力的技术支持，为改善天津市的环境状况和实现创建国家环境保护模范城市作出了重要贡献。

1980年建立了天津市环境质量报告书制度，并于1980年编报了第一部《天津市环境质量报告书》。环境质量报告书作为环境监测的重要技术文件，多年来为环境管理、环境规划及环境科研提供了重要的技术依据。

1983年全国召开第一次环境监测质量保证工作会议后，天津市环境监测中心同年成立了专职质控室，开展了全市性环境监测质量保证与控制，为天津市未来环境质量管理体系的建设奠定了基础。

“八五”以来，天津市监测系统全面推行“环境监测人员合格证制度”和“环境监测优质实验室评比制度”，坚持考核认证，持证上岗。

通过考核促进了各级监测站实验条件的改善，提高了监测人员基本操作技能和业务素质。1991 年在全系统开展了创建国家级优质实验室活动，红桥区和河北区环境保护监测站荣获国家环保局优秀环境监测站称号。

全市环境监测机构以质量建站为宗旨，从 1994 年开始，以计量认证工作为契机，天津市监测中心首次通过国家级计量认证；1995—1996 年 19 个区县监测站相继通过天津市计量认证。按照国家质量技术监督局颁发的 JJG 1021—90 技术考核规范的要求，初步建立了质量体系，对影响监测质量数据质量的环境条件、仪器设备、人员、样品管理、记录与报告等关键因素加以控制，编制了质量手册，健全各项规章制度，促进了环境监测质量规范化管理。

“九五”期间，国家大力加强环境监测能力建设，天津市环境监测工作实现了历史性突破。环境监测网络建设全面加强，监测科研进一步发展，技术培训和交流提高了人员素质，环境信息的加强促进了管理水平的提高。由于表现突出，天津市环境监测中心分别于 1997 年和 2002 年被评为全国环境保护系统先进监测站和“九五”期间全国先进环境监测站。

“十五”以来，天津市监测系统全面贯彻科学发展观，为适应国家“十五”监测工作发展以及天津市开展创建环保模范城市工作的需要，在加强能力建设，提高技术实力，发挥环境监测在全市经济建设和社会发展中的重要作用等方面取得了前所未有的成绩。天津市环境监测中心于 2002 年进行了建站以来最大规模的实验室和办公室条件改造，2003 年通过了国家实验室认可，建立了同时满足国家和国际准则的质量管理体系，实现了保持国内一流，创建国际水平环境监测机构的目标。2001 年至今通过考核获得环保部环境标准样品所协作定值单位的资质，每年完成不同种类标准样品的定值工作，并取得良好的业绩。2004 年通过天津市建委民用建筑工程室内环境检测实验室资质认证。全市环境监测机构于 2004 年全部完成“计量认证”评审准则的转换评审工作，依照《产品检验机构计量认证/审查认可（验收）评审准则》（试行）的要求，建立了质量体系，修订再版了《质量手册》、规章制度，编制了《程序文件》、《作业指导书》、《质量记录和技术记录》等。实现了环境监测质量程序化和规范化管理，通过日常监督、内部审核、管理评审等内部改进管理机制及时发现问题并及时纠正，逐步改进、完善质量体系。天津市的监测报告、原始记录格式和信息量基本统一，质量管理水平和技术能力全面得以提高。按照各类环境监测规范的要求，确保监测数据公证、有效、准确反馈环境质量状况，为环境管理决策提供科学依据。天津市各级监测站每年制订质量控制计划，更加重视现场监测和采样的质量保证和质量控制工作。积极参加国家和全市监测系统组织的实验室间比对、能力验证、监测质量专项考核及国家标准物质的定值工作。为确保监测分析结果的质量准确、可靠起到有效的控制作用。

2004 年天津市环境监测中心推进人事制度改革、实行人员聘用制，强化了内部管理和用人机制。2006 年，获得人事部和国家环保总局授予的“全国环境保护系统先进集体”表彰。

“十一五”期间，天津市各级监测站继续巩固计量认证成果，顺利完成实验室资质认定评审准则的转版工作，管理水平与国际水平（ISO17025）接轨。2007 年，制定了《天津市环境监测系统环境监测质量管理规定》，确定了环境监测质量管理机构职责、工作内容、工作程序及监督考评机制，从制度上规范了天津市环境监测质量管理工作。从 2008 年起，每年对全市 19 个区县监测质量管理机构（或人员）履行职责情况、质量体系运行情况、持证上岗制度执行情况、质量保证及质量控措施落实情况、计量认证及人员培训等进行检查，并量化打分，在全市环保系统通报检查情况及考评排名。每年组织全市监测系统质量管理人员培训，有针对性地进行质量管理技术培训和考核，不断提高质量管理人员管理水平。

2009 年以来，为贯彻落实环保部环境监测质量管理三年行动计划，制定实施了《天津市环境监测质量管理三年行动计划实施方案（2009—2011 年）》，环境监测质量管理日趋规范。

2005—2007 年，依据国家环保总局全国环境监测站建设标准的要求，全面推进天津市环境监测站标准化建设。2005 年，东丽站、北辰站、河东站、河西站、开发区站、大港站、红桥站和宝坻站共 8 个监测站率先通过了天津市环保局监测站标准化建设验收。2007 年实现 19 个区县站全部通过了天津市环保局的验收，天津市环境监测中心 2009 年通过了环保部组织的标准化建设验收，成为国家新标准颁布以后全国第一个通过环保部标准化验收的省级站。通过各级监测站的标准化建设，使监测系统的整体能力得到了加强和提升，大大加强了为环境管理服务的能力。

第二节 环境监测能力与技术发展

一、环境监测技术能力建设发展概述

天津环境监测工作起步于 20 世纪 70 年代中期，三十五年来，经过六个五年计划的建设与发展，经历了从无到有，由简到难的发展历程，监测能力和技术水平不断增强，目前基本建立了与天津经济发展需求相匹配的环境监测网络，初步形成了符合区域环境保护特点的环境监测体系，在贯彻科学发展观，构建资源节约型、环境友好型社会的征程中充分发挥了技术支持、技术监督和技术服务的作用。

天津市环境监测机构于 1976 年起陆续成立，环境监测进入起步阶段，实验室监测技术水平起步于分光光度计、容量法等初级阶段，监测项目以常规项目为主。开始对饮用水水源地、海河及海洋水质的常规项目的监测；对大气进行 SO_2、NO_x、飘尘、降尘等项目及城市噪声的监测。1977 年后从国外陆续购置原子吸收分光光度计、气相色谱仪等仪器

设备，并分别建立了水和废水、海水中有机氯农药残留的气相色谱法和原子吸收测定水和废水、土壤、介质中铜、铅、锌、镉等检测方法，进入大型仪器分析微量污染物的初级阶段。

1976—1979 年，为解决环境突出问题，开展了蓟运河污染调查、天津市土壤污灌调查，渤海污染调查与评价研究等专项调查研究工作，积累了大量的监测数据和信息，基本摸清了主要环境问题的污染状况，为制定环境改善和治理措施提供了可靠的技术资料。

1．“六五”期间（1980—1985 年）

《全国环境监测管理条例》的颁布，明确了环境监测站的性质、职责与任务。监测系统实验室基础设施与装备和仪器设备明显改善，监测业务领域迅速扩展到水质、大气、噪声、土壤生态、放射性、汽车尾气的监测，监测技术由建站初期的常量-微量的常规分析，发展到痕量分析、化学分析与仪器分析并举的阶段。但监测分析方法不够健全，仅大体满足常规环境质量监测和部分污染源监测的需要。

20 世纪 80 年代开始对放射性剂量辐射监测，开展了覆盖全市大规模的环境天然放射性水平调查，首次提出天津市环境天然放射性水平值，并完成了“六五”国家科技攻关项目《天津市放射性污染源调查与评价及全国环境天然放射性水平调查与评价》，为放射性管理，保护人体健康提供了基础资料和科学依据。

“六五”期间，完成多项专项研究：天津市首次开展环境遥感遥测试验研究，开展海岸带和滩涂资源综合调查，获取大量潮间带及海陆污染来源、海水水质等多介质、多因子等调查监测数据，为海洋环境保护和海岸带资源开发利用、经济建设提供了重要科学依据。

2．“七五”期间（1986—1990 年）

天津市监测业务领域、监测能力建设与监测科研的深度与广度都有了较大的发展。天津市环境监测中心实验室监测仪器全方位更新，购置了等离子发射光谱仪、高效液相色谱仪、气相色谱仪和离子色谱仪等一批国外先进的大型分析仪器，监测领域和检测项目迅速扩展，实验室监测技术能力由单一的手工监测逐渐向自动连续监测发展，由常规例行监测向研究性专题监测和特定目的监测发展。但对生物、固体废弃物、有毒有害有机物化学品的监测技术相对较薄弱。

1986 年开始从英国引进我国第一套水质自动监测系统，1988 年系统建成并成功地完成了试运行。对海河、引滦输水水质中的水温、pH、电导率、浊度、溶解氧、氨氮、氯离子等项目开展自动监测，有效地发挥了水质自动监测系统对河流水质的监控作用。

噪声监测在“七五”期间取得显著成绩，《城市道路交通噪声评价方法可行性研究》成果荣获中科院 1990 年科技进步二等奖，成果被直接用于我国道路交通噪声测量评价和标准修订的重要依据。《天津市城市区域环境噪声标准适用区域划分研究》成为制订《城市区域环境噪声适用区域划分技术规范》的主要依据，也为噪声管理提供了可靠的科学依据。

“七五”期间，天津市环境监测中心参加多项国家标准规范编写与分析方法的验证。作为参编单位，参加了全国《环境监测技术规范》的编写；承担了国家标准《工业企业厂界噪声标准》、《工业企业厂界噪声测量方法》编写，展现了监测技术能力与水平的提升。

1986—1989 年，监测中心作为项目主持单位，在天津市持续开展了土壤背景值调查研究，课题荣获天津市科技进步二等奖。在此基础上，作为主要参加单位参加了中国土壤背景值研究，研究成果荣获国家科技进步二等奖。

3.“八五”期间（1990—1995 年）

“八五”期间，通过市财政拨款，世界银行贷款等多种渠道，天津市环境监测中心购进一大批仪器设备和部分高端仪器，监测仪器装备进一步完善，有机污染物检测水平提升了一个台阶，促进了监测工作的深入开展。

“八五”期间，天津市环境监测中心参加《恶臭排放标准研究》科研课题，在全国率先开展恶臭监测技术研究，分别建立了气相色谱法测定有机硫化物和脂肪胺及臭气浓度嗅辨监测方法，为恶臭监测技术水平在国内始终领先奠定了基础。

“八五”期间，监测科研和专项调查研究取得丰硕成果。《全国工业污染调查评价与研究》获得国家科技进步二等奖；《天津市土壤环境背景值研究》获得天津市科技进步二等奖；《天津市城市污水湿地处理系统研究》，获得天津市科技进步二等奖；《天津市城市污水土地处理利用系统研究》获得国家环保局科技进步二等奖；《城市环境综合整治定量考核指标体系研究》1994 年获得国家环保局科技进步二等奖；《天津市国控河流网络地面水环境监测定点优化的研究》获得天津市科技进步三等奖，《天津市海岛资源综合调查与研究》获得天津市科技进步三等奖。

4.“九五”期间（1996—2000 年）

天津市环境监测工作实现了历史性突破。环境空气和水质监测逐步实现自动化，环境监测网络建设全面加强，监测科研进一步发展。开展了餐饮业油烟排放监测、室内空气质量监测、并在全国率先开展臭气浓度嗅辨监测。

2000 年天津市建成 7 个环境空气自动监测站，并于 6 月 5 日在天津电视台等 6 家新闻媒体发布天津市城区环境空气日报。完善了水质自动监测系统，实现了对引滦饮用水水源水质全程监控，并发布水质质量日报，用先进、科学的监控手段，及时掌握水环境变化态势，更好地为环境管理服务。

“九五”期间，以天津市环境监测中心为中心，以天津市各区县监测站为成员单位的各种监测网络已形成规模。环境空气质量自动监测网、引滦水质自动监测网、海河流域水质监测网、污染事故应急监测网、汽车尾气监测网等一批骨干网络保持了良好的发展势头的同时，环境监测信息网络化建设迅速崛起。环境监测信息局域网的建设，实现了监测数据远程传输；以 GIS 技术为基础的环境信息表征技术初步得到了应用，为各项监测工作的开展提供了技术支持。

5.“十五”期间（2001—2005 年）

天津市监测系统通过实施监测站标准化建设，监测能力和技术水平全面提升。具备了对八大类环境介质即水和废水、海水及沉积物、土壤和固体废弃物、环境空气和废气、动植物、机动车排气等监测能力，各领域的监测技术在分析精度上，向痕量、超痕量分析方向发展，样品前处理技术由人工化向自动化过渡。

“十五”期间，环境空气自动监测站增建到 22 个，全市 19 个区县全部实现环境空气质量自动监测，2004 年 1 月 1 日开始，通过媒体向社会发布全市各区、县环境空气质量日报。天津市环境监测中心与天津市气象局联合制作并在新闻媒体发布 24 小时天津市环境空气质量预报，并逐步向中、长期预报深入。

“十五”期间，天津市环境监测系统首次开展了宏观生态环境现状调查、遥感地面核查、湿地生态环境现状调查及生态专题调查等工作，开拓生态监测领域，建立了天津市生态环境数据库，应用 3S 技术及最新的遥感影像对天津市生态环境状况进行评价，首次编写了《天津市生态环境质量报告书》。

“十五”期间，应急监测设备不断增加，应急监测响应能力逐步加强。2005 年建成以地理信息系统为基础的《天津市污染源及应急监测管理系统》。全面提高了天津市污染源及应急监测反应能力和管理水平。

“十五”期间，天津市环境监测中心承担了多项科研课题和专项工作，《天津市空气污染预报研究》获天津市科技进步二等奖，研究成果直接应用于天津市空气质量预报，并向媒体发布，为各级政府解决天津市环境污染问题提供科学依据。在水污染防治方面，开展了城市景观河道水生生态环境的维护和管理、中美于桥水库饮用水安全合作项目、GEF 天津水质研究项目、汉沽污水库、大沽排污河污染源调查等项目。

6.“十一五”期间（2005—2010 年）

我国的环境保护工作进入新的历史发展时期，环境监测的支撑作用更加明显，及时说清区域环境质量状况及其变化趋势，进一步说清污染源排放状况，逐步说清重点区域潜在的环境风险，构建完善的环境监测预警体系是环境监测的重要任务。天津市各级监测站监测装备水平均有不同程度的提高，监测能力持续提高，监测领域不断扩大。扩展了固体废弃物、生物监测、有机及应急监测项目和加油站污染物监测，具备了地表水环境质量标准 109 项及其他环境质量标准和污染物排放标准的控制项目的监测能力。在环境污染源的分析项目上，重点考虑有机污染物监测、重金属监测和生物监测等大型仪器设备配备和大型监测分析仪器联用技术。配备了应急监测车、便携气质等先进的应急监测设备，具备了水、气主要污染物、重金属、有机污染物等的快速检测能力；制定了一系列应急监测技术预案、规程，应急快速反应能力明显提高。深化环境质量监测，说清环境质量状况及变化趋势能力得到提升。

“十一五”期间，更注重对人体健康、生态效应影响、光化学烟雾前体物，以及灰霾天气污染物的监测，空气质量国控点全部实现了 CO 自动监测，扩展了环境空气中臭氧、温室气体、灰霾、$PM_{2.5}$、挥发性有机物自动监测。在污染源监督性监测方面已逐步形成了人工监测和在线监测两大体系。工业污染源监测能力向测定有毒有害污染物方向扩展；国控重点污染源全部实现了在线连续监测，并成立了天津市污染源在线监控中心，发布污染源排放状况信息，使政府管理部门及时了解污染源排放状况。环境监测不断服务于环境管理，已经成为环境保护工作的有机组成部分。

应急监测能力继续加强，制定了《天津市突发环境事件应急监测行动预案》，并有针对性地编制了各行业环境污染事故应急监测技术操作规程；配备了应急监测流动实验室、应急监测车，完善现场监测装备，基本具备了水、气、固污染事故现场快速识别、监测、跟踪能力，不断完善预警与应急监测体系，应对环境突发事件应急监测能力有较大的提高。在汶川地震和奥运会期间圆满完成了国家和天津市交办的应急监测任务。

经过多年的实践与发展，生态监测领域初步形成了以遥感监测为主、地面监测为辅的生态环境监测体系。为配合天津市政府提出的建设生态城市的构想以及滨海新区的开发开放，参与编制了《天津市生态市建设规划纲要》，承担了部分区县生态区建设规划和生态镇建设规划的编制；与中科院合作开展了《中国湿地环境质量评价与指标体系研究》课题，促使生态监测能力不断提升。

为落实国家建设天津市滨海新区的战略部署，为新区发展提供技术服务，2006 年开展了滨海新区环境质量综合调查研究，对滨海新区空气，地表水体，地下水，近岸海域和海岸带，土壤，声环境等主要环境要素及生态环境质量进行了系统监测和评价，编制了《滨海新区环境质量现状综合调查报告》，为滨海新区可持续发展和维护生态安全，制定发展规划提供了有力的技术支持。

“十一五”期间，监测科研取得显著成果，天津市环境监测系统承担了国家、天津市和天津市环保局的科研项目 34 项，其中国家项目 13 项。噪声监测方面，承担完成了“天津市声环境质量标准适用区域划分与调整项目”。经市政府批准实施，与中国环境监测总站合作开展了“噪声自动监测系统与应用研究”、“道路交通噪声监测与评价新方法研究”、

“工业企业厂界环境噪声排放标准”、“建筑施工场界噪声标准限值及测量方法”、“城市区域环境噪声适用区划分技术规范修订”等技术研究工作，促进了噪声监测技术的规范化、标准化发展。

二、监测技术的发展

1. 环境空气监测技术发展

环境空气监测技术是评估环境空气质量、制定空气污染控制策略、实施有效环境空气质量管理的重要基础。30 多年来，天津市环境空气监测技术经历了创建、发展、完善的不同阶段。

天津市环境空气质量监测始于 20 世纪 70 年代末期，初始阶段，采用间歇式手工采样（五日）法，即每季连续监测 5 天，每天采样 4 次，对全市大气 5 个市控点进行 SO_2、NO_x、飘尘、降尘等项目进行监测。此类监测方式受采样设施、条件所限，获取的监测数据时间代表性差，其结果受偶然不定因素影响较大，数据之间缺少可比性，与科学、客观、准确地监测环境空气质量的要求存在较大差距。1994 年，天津市环境空气质量监测在国控测点首批实现了 24 小时连续采样-实验室分析的半自动化监测，空气质量监测逐步由人工监测向自动监测过渡。2000 年天津市建成 7 个环境空气自动监测站，开展对可吸入颗粒物（PM_{10}）、二氧化硫（SO_2）、二氧化氮（NO_2）连续自动监测，并于 6 月 5 日在中央电视台、天津电视台等 6 家新闻媒体发布天津市城区环境空气质量日报。“十五”期间，环境空气自动监测站增建到 22 个，全市 19 个区县全部实现环境空气质量自动监测，形成了覆盖全市区域的空气质量自动监测网络。开展了天津市空气质量预报研究，建立了统计预报和模式预报相结合的空气预报方法，课题获天津市科技进步二等奖，并于 2004 年 1 月 1 日开始，通过媒体向社会发布全市各区、县环境空气质量日报。天津市环境监测中心与天津市气象局联合制作并在新闻媒体发布 24 小时天津市环境空气质量预报，后继发展到 72 小时预报，并逐步向中、长期预报深入。向政府行政主管和环境管理部门发布了空气污染潜在风险预警级别报告。

为了科学评价天津市环境空气质量状况和变化趋势，多次完成了对空气监测点位的建设、优化、调整，使天津市环境空气监测网络建设持续优化。

“十一五”期间，天津市环境空气监测能力进一步发展，以自动监测为主、人工为辅的环境空气监测网络更加完善。天津市现有空气自动监测站 28 座，除 13 座国控站、10 座市控站外，在重要的工业产业园区、生态区以及农村地区新建了 5 座自动站，并纳入天津市空气质量自动监测网络管理。国控空气自动监测站开展了二氧化硫、二氧化氮、一氧化氮、一氧化碳、可吸入颗粒物等指标的监测，其中部分站开展了臭氧、$PM_{2.5}$、挥发性有机物自动监测；开展了臭氧、灰霾、沙尘暴、温室气体、农村站等国家监测网络的试点运行及联网监测工作，为弥补自动监测的不足，天津市还定期开展 TSP、降尘、硫酸盐化速率、酸雨、铅和苯并芘等项目的人工监测，形成适合天津市经济发展与城市建设的环境空气监测网络。

2. 水环境监测技术发展

天津市水环境监测技术的发展始终遵循以满足水环境质量管理需求，保障人民生活以及工农业用水安全为出发点。随着水环境监测技术、能力、手段的不断完善，水质监测范围、监测项目、评价方法也发生了重大变革，水质监测技术已成为控制水环境保护目标、评价水环境质量改善效果的重要依据。

水质监测由卫生部门始于 1956 年，限于当时的技术和设备条件，监测断面（点位）和监测项目少，监测频率低。自 80 年代以后，天津市环境监测系统开始承担天津市的水环境监测。30 多年间，天津市水环境监测技术能力大幅提高，监测覆盖面积明显增加。至“十一五”末期，天津监测的地表水范围包括：饮用水输水河道、海河干流等 19 条一级河道、入境入海断面、重要湖库、近岸海域、饮用水水源地、城市景观水体、农业用水等，监测断面、监测项目与频率也大幅增加，监测项目与评价标准按照水体保护功能不断得到完善，评价体系更加客观、科学和完善。

20 世纪 80 年代初期开展的地表水质监测，以手工采样方法为主，除 pH、水温等几个水文参数外，一般都采用现场化学试剂固定的方式采集水样，再运回实验室分析。至 80 年代末期，天津市地表水监测项目基本达到了当时《环境监测技术规范》中规定要求，开展了水质常规监测项目（41 项），包括必测项目、重金属项目、无机污染物及综合性指标项目，以及部分有机污染物。21 世纪初期，随着我国《地表水环境质量标准》（GB 3838—2002）的颁布与实施，天津市相继完善了方法标准体系的监测能力建设，目前已具有该标准中规定项目（109 项）的全部检测能力，《污水综合排放标准》（GB 8978—1996）中规定项目（69 项）的检测能力，同时具有部分行业标准方法的检测能力。近年间，在监测方法领域重点突出了对有机污染、生物毒性指标的检测能力建设，使天津市地表水检测方法体系更加完善。目前，全市共设置水质监测断面近 200 个，监测项目基本涵盖了地表水、近岸海域现行环境质量标准所设立的全部水质监测指标。

1986 年天津市开始筹备从英国引进我国第一套水质自动监测系统，监测人员接收国内外技术培训同时参加系统设计、安装、调试，1988 年系统建成并成功投入运行。系统设一个中心站，一个流动子站，七个固定子站，一套无线电通信系统，两个高 50 米铁塔中继站，总投资 1 100 万元人民币。可对海河、引滦输水水质中的水温、pH、电导率、浊度、溶解氧、氨氮、氯离子等项目开展自动监测，有效地发挥了水质自动监测系统对河流水质的监控作用。并为全国开展水质自动监测起到了示范作用。2000年对原水质自动监测系统实施大规模改造和调整，目前天津市国控市控水质自动监测站5座，实现了对引滦饮用水水源水质全程监控，并发布水质质量日报。

天津市始终把保护饮用水水源环境安全作为重点工作，监测工作不断持续深入，在不断加强常规监测的同时，针对突出的环境问题开展了多项专项调查研究，“六五”期间，为配合引天津市滦济津工程的完成，保护引滦输水河道水质安全，1985年采取引滦全程徒步踏勘和监测的方式，历时24天进行全长234千米踏勘与监测，获取沿途地面径流、农用沥水、交叉串流、河闸渗漏、污水入流等大量资料和监测数据，为引滦水质保护与管理提供了翔实技术资料。“十五”期间，针对引滦流域社会经济快速发展面临的突出环境问题，开展了引滦输水工程流域生态环境状况和污染防治对策研究，采用现场调查和遥感等先进技术手段对天津市引滦输水工程流域进行了系统的环境和生态状况调查和评价，提出了防治水体富营养化和改善生态环境状况的对策建议，2004—2007年，与美国国家环境保护局（EPA）合作进一步开展了于桥水库饮用水安全研究。2008—2010年开展了《天津市饮用水水源地基础环境调查及评估》，完成了城镇、典型乡镇、农村饮用水水源环境调查及评估研究，为制定饮用水保护规划提供了科学依据。

3. 声环境监测技术发展

噪声污染不同于大气污染、水体污染。噪声分布规律取决于噪声源的辐射情况，呈不连续分布，噪声污染的影响范围和噪声源分布具有局限性、分散性、非单一性及暂时性的特点，由此构成对环境不积累、不持久性的影响。城市类噪声源主要包括交通噪声、工业噪声、施工噪声、生活噪声等，声环境质量的优劣直接影响人们的正常工作、生活和休息。

20世纪70年代末期天津市就开始注重环境噪声的监测、管理和治理，并从调查、科研、标准建立等方面逐步建立了环境噪声控制体系。

自 1979 年以来，天津市相继开展了道路交通噪声、区域环境噪声和功能区噪声定期监测，为天津市噪声污染防治提供了技术支持。

噪声监测在“七五”期间取得显著成绩，天津市环境监测中心参加多项国家标准规范编写与分析方法的验证。作为参编单位，参加了全国《环境监测技术规范》（噪声监测部分）的编写；承担了国家标准《工业企业厂界噪声标准》、《工业企业厂界噪声测量方法》编写，承担的“城市道路交通噪声评价方法可行性研究”，成果被直接用于我国道路交通噪声测量评价和标准修订的重要依据。“天津市城市区域环境噪声标准适用区域划分研究”荣获天津市科技进步二等奖，成为制订《城市区域环境噪声适用区域划分技术规范》的主要依据。天津市环境噪声监测工作的规范化、标准化及监测评价技术创新对全国噪声监测起了引领和推动作用，也为噪声管理提供了翔实可靠的科学依据。

“十一五”期间，天津市声环境监测项目、监测点位布设面积不断增加。城市区域环境监测面积 205 平方千米覆盖中心城区外环线以内的建成区；滨海新区、环城四区、三县二区监测面积 178 平方千米，噪声功能区定期监测点位共计 75 个，其中国控测点 12 个，市控测点 63 个，基本保证各区（县）1～4 类声环境功能区均设有测点。道路交通噪声监测路段长度，随着城市道路建设发展，不断增加与完善。目前天津市环境噪声监测均为人工监测，自动化监测尚属空白，尚不能客观反映天津市声环境质量的动态变化，难以满足城市环境噪声管理决策需要。

4. 污染源监测技术发展

污染源监测是环境监测的重要内容之一，污染源监测经历了从手工监测到自动化监测的过程。天津市工业污染源监测起步于 20 世纪 80 年代，早期的工业污染源监测以开展“三废”综合利用和消烟除尘为主，污染源监测采用物料衡算法、经验估算法、现场实测法三种方法。工业废水监测多以现场采样、实验室分析为主，监测频次为年度 2～4 次，监测项目根据不同行业排放污染物的不同，实施废水多因子监测，一般控制 3～5 个主要因子监测。工业废气监测项目包括烟尘浓度及烟气黑度。工艺尾气监测多数只测粉尘，很少涉及其他的有毒有害污染物。

“七五”期间，天津市环境监测中心承担开展了“天津市工业污染源调查与研究”课题，项目对全市 40 个工业行业进行了全面污染源调查，建立了工业污染源估算技术与数据处理软件系统，为工业布局调整和污染防治提供了技术依据，项目荣获天津市科技进步二等奖。

流动源监测方面，1986 年首次对柴油车、汽油车的排气状况开展监测，逐步建立了机动车排放监测网络，与交通管理部门合作对在用机动车进行路检，年检及治理效果监测等工作。

2008 年，按照国务院《第 29 届奥运会北京空气质量保障措施》及天津市《迎奥运加快推进天津市油气污染治理工作》的要求，建立了加油站油气监测技术方法，具备开展对加油站油气监测的能力，完成了全市 458 座加油站、6 座油库的油气污染治理验收监测工作。

“十一五”期间，天津市全面落实国家节能减排重大战略部署，构建完善的污染减排监测体系，国控重点污染源自动监控网络建设得到了快速发展。2007 年天津市启动了污染源在线监测建设项目，国控重点污染源全部实现了在线监测，共计安装国控污染源在线监测设备 130 套，其中废气在线监测设备 89 套，废水在线监测设备 41 套，可在线监测废水流量、化学需氧量及废气烟尘、二氧化硫、烟气流量等参数；并成立了天津市污染源在线监控中心，发布污染源排放状况信息。至“十一五”末，天津市在污染源监测方面已形成了人工监测和在线监测两大体系。人工监测能力不断提高，定期开展固定源、流动源的常规监测和监督性监测，污染源在线监测取得重大进展，初步建立了天津市污染源减排监测体系。

5. 实验室监测技术发展

天津市环境监测机构于 1976 年陆续成立，实验室监测技术起步于分光光度计、电光阻尼天平、容量法等初级阶段，监测项目以常规监测为主。仪器设备单一，采样设备简陋，样品前处理手段完全人工化。1977 年后从国外陆续购置了原子吸收分光光度计、气相色谱仪等仪器设备，并建立相应的微量污染物分析技术方法。从人工制作气相色谱分离柱，用色谱纯、光谱纯标准物质配制标准溶液起步，分别建立了水和废水、海水中有机氯农药残留的气相色谱法和原子吸收测定水和废水，土壤中铜、铅、锌、镉等元素的方法，进入大型仪器分析微量污染物的初级阶段。

“六五”期间，研究建立了极谱-阳极溶出法，解决了高氯水、海水中微量或痕量重金属难于测定的问题。1983—1985 年通过参加《全国粮食与出口食品农药（六六六、滴滴涕）污染调查与普查》，开发建立了气相色谱测定农作物中有机氯农药残留方法及样品前处理技术，完成对天津市农作物污染调查与普查。1984—1985 年，建立乙酰化滤纸层析分离-荧光分光光度法测定水中和环境空气中苯并[a]芘检测方法。监测技术由建站初期的常量-微量的常规分析，发展到痕量分析、化学分析与仪器分析并举的阶段。基本满足常规环境质量监测和部分污染源监测，样品的制备和前处理几乎都由手工操作完成，标准溶液需从标准纯品起始进行配置，劳动强度较大。

“七五”期间，实验室仪器分析能力的加强，购置了等离子发射光谱仪、高效液相色谱仪、气相色谱仪和离子色谱仪等一批国外先进的大型分析仪器，监测领域和检测项目迅速扩展，分别开发建立了紫外、红外、离子色谱、ICP 等检测方法；建立了用气相色谱测定水、土壤、果蔬、农作物等介质中有机磷、有机氮农药残留及测定苯系物、挥发性卤代烃、硝基苯的监测方法；研究用原子吸收测定不同环境介质中重金属元素抗背景干扰的样品前处理方法和生物样品（鱼类、海产品、家禽肉类）前处理方法。实验室监测技术能力由单一的手工监测逐渐向自动连续监测发展，由常规例行监测向研究性专题监测和特定目的监测发展。

“八五”期间，通过市财政拨款、世界银行贷款等多种渠道，购进一大批仪器设备和部分高端仪器，进一步改善了仪器装备条件。监测仪器的逐步现代化，促进了监测工作的开展。从美国购置了第一台气相色谱/质谱联用仪，首次开展了有机污染物定性分析，建立了气相色谱、气相色谱/质谱测定有机污染物毛细管柱分离技术和顶空检测技术；地表水和地下水有机污染物定量和定性测试方法的研究，有机污染物检测水平显著提升。

“十五”期间，全市监测系统添置、更新了部分高效液相色谱仪、等离子体发射光谱仪、原子吸收、气相色谱、废气分析等大型仪器设备及样品前处理设备和应急监测设备。具备了对八大类环境介质即水和废水、海水及沉积物、土壤和固体废弃物、环境空气和废气、动植物、机动车排气等的监测能力。购置美国苏码罐富集系统，依据美国 EPA-TO 系列分析方法，建立了苏码罐采样、自动富集、气相色谱/质谱法测定空气样品中挥发性有机污染物监测方法。各领域的监测技术在分析精度上，向痕量、超痕量分析方向发展，样品前处理技术由人工化向自动化过渡，分析样品时间缩短。

“十一五”期间，天津市各级监测站通过实施监测站标准化建设，监测装备水平均有不同程度的提高，监测能力持续提高，监测领域不断扩大。天津市环境监测中心在原有八大类 208 项的监测项目基础上，扩展了部分固体废弃物、生物监测、有机及应急监测项目和加油站污染物监测类，达到九大类 233 项（384 个参数）。具备了地表水环境质量标准 109 项和其他环境质量标准和污染物排放标准的控制项目的监测能力。在环境污染源的分析项目上，重点考虑有机污染物监测、重金属监测和生物监测等大型仪器设备配备和大型监测分析仪器联用技术，监测的环境因子覆盖面更宽。

实验室的有机污染物检测能力得到了长足的发展，建立了同时满足国家标准和美国 EPA 有机污染物监测方法体系，开发建立健全水质、空气、土壤、底质、沉积物、固体废物介子中挥发性有机污染物和半挥发有机污染物气相色谱/质谱法测定方法、高校液相色谱（HPLC）测定多环芳烃方法；开展了持久性有机物（POPs）检测技术研究与监测。在样品前处理方面，重点解决大型仪器配套前处理技术和设备，以实现实验室分析技术连续自动化和快速化，配置自动液液萃取仪、自动索氏提取仪、顶空装置、吹扫捕集装置、热脱附仪、大气样品预浓缩仪、固相萃取仪、氮吹仪、自动进样器、自动微波消解仪等等，大大减低了劳动强度和有毒试剂对人体健康的危害，提高了监测质量和工作效率。

6. 生态监测技术能力建设与发展

生态监测是以生态学原理为理论基础，运用可比的和较成熟的方法，对不同尺度的生态环境质量状况及其变化趋势进行连续观测和评价的综合技术。

从 20 世纪 60 年代以来，我国开展了一系列的环境、资源和污染的调查与研究工作，各相关部门和单位都相继建立了一批生态研究和环境监测站点。近年来逐步确定了我国生态环境监测的技术路线，建立了符合我国生态监测实践的生态环境质量评价体系。

“七五”期间，首次完成天津市环境质量图集的编制，该图集是一部以城市环境为中心内容的综合性环境地图集。图集将积累了近十年的大气、水质、噪声、海洋等大量环境监测数据以及遥感、南北排污河、工业污染源源强分布等环境调查信息，编绘了以环境信息定位、定性、定量为特征的网格区域、等直线、三维立体图等，直观地表征了天津市环境质量状况，图集荣获天津市科技进步一等奖。

1986—1989 年，天津市环境监测中心作为项目主持单位，在天津市持续开展了土壤背景值调查研究，按不同的土壤剖面进行不同区域土壤本底样品采集与分析，在测定 13 个背景元素的基础上，增加了 48 个选测元素，使天津市土壤背景值测定项目达到 61 个，课题荣获天津市科技进步二等奖。在此基础上，作为主要参加单位参加了中国土壤背景值研究，研究成果荣获国家科技进步二等奖。

“十五”期间，国家环境保护总局发布《生态环境状况评价技术规范》（试行），天津市采取以遥感监测为主、地面监测为辅、与地理信息系统和全球定位系统技术相结合的立体监测技术手段，开展生态环境监测与评价，监测范围为全市 18 个区县。于 2002 年首次编写了《天津市生态环境质量报告书》，建立了天津市生态环境数据库，生态遥感监测技术领域不断拓展到湿地生态环境现状调查、饮用水水源地保护区的划分，天津滨海新区生态环境本底调查等生态专题调查工作。经过多年实践与发展，生态监测领域初步形成了以遥感监测为主、地面监测为辅的生态环境监测体系。

7. 辐射环境监测技术与发展

辐射监测，是指为评价或控制辐射或放射性物质的照射，对剂量或污染所进行的测量及对测量结果的解释。分为辐射环境质量监测与辐射污染源监测，辐射环境监测是环境监测的重要组成部分，也是辐射环境管理的基础，为环境辐射污染的防治提供科学依据。

天津市辐射环境监测始于 20 世纪 80 年代初，天津市环境监测中心开始对放射性剂量辐射监测，开展了覆盖全市大规模的环境天然放射性水平调查，首次提出天津市环境天然放射性水平值，并完成了“六五”国家科技攻关项目——“天津市放射性污染源调查与评价及全国环境天然放射性水平调查与评价”，为放射性管理、保护人体健康提供了基础资料和科学依据。

1998 年 9 月原天津市放射性废物管理所与天津市环境监测中心放

射科合并更名为天津市辐射环境管理所，统一辐射环境管理、监测和放射性废物收贮。辐射环境监测能力和技术水平不断完善和发展。20 世纪 90 年代又组织开展了针对核与辐射设施和核技术应用项目的放射性污染源调查和重点源监测，通过调查基本掌握了天津市放射性污染源的数量及其行业与地区分布，重点放射源的种类、放射性“三废”排放方式、对环境的污染情况与治理现状，为监督管理提出了对策和建议。全市第一个辐射环境陆地γ空气吸收剂量率自动监测站于 2005 年投建运行。

2007 年按国家环境保护总局要求，开始组织建设天津市辐射环境监测网络，对重点核与辐射设施周围环境监督监测，对天津市辐射环境质量进行监测。经过多年的不懈努力，天津市辐射环境监测工作从无到有、从弱到强、从局部到全市，得到了比较全面的发展。

至“十一五”末期辐射环境监测网络系统包括天津市辐射环境质量监测、重点监管的电离辐射设施周围环境的监测、核与辐射事故应急监测。主要设置了辐射环境自动监测站，重点电离辐射设施周围辐射环境质量监测点，重要江河流域，以及重要饮用水、地下水水源和海水等水体的监测点，还包括陆地γ辐射监测点、土壤以及电磁辐射监测点。

第五章 环境影响评价

第一节 环境影响评价制度技术管理

环境影响评价是指对规划和建设项目实施后可能造成的环境影响进行分析、预测和评估，提出预防或者减轻不良环境影响的对策和措施，进行跟踪监测的方法与制度。

1972 年联合国斯德哥尔摩人类环境会议之后，我国开始对环境影响评价制度进行探讨和研究。1979 年颁布的《中华人民共和国环境保护法（试行）》对这一制度作了规定。从此，我国从立法上确立了环境影响评价制度。为了全面落实环境影响评价制度，1981 年，国务院环境保护委员会、国家计委和国家经委联合发布了《基本建设项目环境保护管理办法》，对环境影响评价的范围、内容、程序作了具体规定。1986 年，国家又对《基本建设项目环境保护管理办法》作了修订，颁布了《建设项目环境保护管理办法》，把评价的范围从原来的基本建设项目扩大到所有对环境有影响的建设项目，并针对评价内容、程序、法律责任等作了修改、补充和更具体的规定，从而在我国确立了内容较为完整的环境影响评价制度。为了进一步加强对建设项目环境保护的管理，1998 年 11 月 18 日，国务院审议通过了《建设项目环境保护管理条例》，对 1986 年的《基本建设项目环境保护管理办法》进行补充、修改、完善，并提升为行政法规。2003 年，开始实施《中华人民共和国环境影响评价法》，至此，我国的环境影响评价制度进入一个新的发展阶段。

为从源头上控制新污染源的产生，天津市环境保护行政主管部门历来坚持严格的环境评价制度，为城市的经济发展和环境保护的协调发展保驾护航。

2000 年，天津市人民政府批准发布了《天津市建设项目环境保护管理办法》，规范了全市环境评价工作。该办法适用于新建、扩建、改建、迁建、技术改造等工业建设项目和房地产开发、餐饮、娱乐、旅游等非工业建设项目以及各类区域性开发建设项目，要求建设项目严格执行环境影响评价制度，根据环境影响程度，对建设项目环境保护实行分类管理，并规定了各级环境保护行政主管部门的审批权限。

2003 年，《中华人民共和国环境影响评价法》（以下简称《环评法》）正式实施。天津市环境保护局努力做好《环评法》的宣传贯彻工作，编写完成《天津市贯彻中华人民共和国环境影响评价法实施意见》。2004 年，天津市政府下发了天津市贯彻《环评法》实施意见，明确要求市、区（县）人民政府、各委局、各直属单位要将规划和建设项目的环境影响评价，纳入工作规划、工作程序和审批环节，通过环境影响评价程序，将经济、社会、环境综合决策机制，纳入法制化轨道。实施意见的下发，通过明确分工，落实责任，将经济、社会、环境综合决策机制落到实处，是天津市政府全面贯彻实施《环评法》的重大举措，为《环评法》的全面实施打下良好基础。

天津市环保局不断加强对全市环评队伍建设的管理与指导，规范环境影响评价从业行为，努力提升环评队伍的整体素质和水平，促进环境影响技术水平持续提高，为天津市环境影响评价制度的实施提供了可靠的技术支撑作用，保证了环境影响评价制度在天津市的顺利实施。

一、培训考核两手抓，环评队伍能力显著提高

多年以来，天津市通过培训、考核等多种手段促进环评队伍能力建设，使环评队伍在不断壮大的同时，业务能力也得到显著提高。

1992年，天津市环境保护局下发《关于开展天津市环境影响评价技术业务岗位培训工作的通知》，要求环评报告书的编制、预审、审查的管理和技术业务人员，必须经过技术业务培训，并取得合格证书后方可上岗。天津市于1992年和1993年分别举办两期培训班，显著提高了全市环境评价的技术和管理水平。

1996年，为促进天津市建设项目环境影响评价工作的开展，提高环评质量，天津市环境保护局制定了优秀报告书评选办法，开展优秀报告书评选工作。

1997年，为提高环评技术人员的业务素质，使环评工作满足经济发展需要，天津市举办了两期环境影响技术培训班，培训对象为持有甲、乙级环评证书单位从事环评工作的科技人员，共60人参加了培训。

2006年以来，天津市分期、分批开展市、区县各级环评管理人员的培训，组织参加国家环保总局及有关单位组织的规划环评、环境风险评价、建设项目环评审查、建设项目竣工环保验收工作等培训班，不断提高天津市建设项目环境管理人员业务素质，为全面强化天津市环境影响评价管理打下了良好的基础。

二、高水平的专家队伍建设是环评管理的质量保障

随着市场经济的不断完善，项目投资主体、投资渠道和投资方式呈现多样化，环境影响评价和技术评估也面临严峻的考验。为了适应建设项目环保准入不断深化的新形势，充分发挥评审专家的技术优势，把好环境影响技术审查关。2004年，天津市在全国率先组织对环评审查专家的系统培训，颁发了资质证书，建立了“天津市环境影响技术审查专家

库”，入库专家均是来自环保行业中各领域，并且是环评第一线的专家学者，熟悉国家和地方的环境保护法律法规政策措施，有着丰富的环境影响评价工作经验，掌握着前沿环评方法、技术和扎实的专业知识，由这些专家们为全市环评文件进行审查和技术评估。截至2010年底，全市入库专家共138人，范围涉及化工医药、煤炭钢铁、冶金机电、社会区域、交通运输等十几个类别，他们已经成为天津市环评管理的强大技术后盾。

三、大力推动规划环评，努力促进科学决策

规划环评的目的是将环境因素置于重大宏观经济决策链的前端，通过对环境资源承载能力的分析，对各类重大开发、生产力布局、资源配置等提出更为合理的战略安排。经过几年的努力，天津市已经逐步形成了规划环评与规划编制的互动机制，对规划实施后可能造成的环境影响进行了分析、预测和评估，提出预防或者减轻不良环境影响的对策和措施，从环境保护的角度，提出对规划的调整意见，为科学规划、科学决策提供依据。

2003年，为了把海河两岸综合开发改造区域建成为生态城区，促进海河经济的健康发展，天津市环境保护局组织天津市环境科学研究院、天津市环境影响评价中心等8家环评单位的技术骨干，历时一年，编制完成了《天津市海河两岸综合开发改造规划环境影响报告书》。这是国内第一部按照规划环评技术导则要求编制的规划环境影响报告书，为在全国开展规划环境影响评价工作积累了经验、提供了范例，起到了表率作用。

2006年，天津市环境保护局积极推动天津滨海新区等重点区域及天津市工业、交通、城市建设、旅游等重点行业规划的环境影响评价工作，进一步摸索规划环评的审查模式，积极倡导循环经济，减少因为规划布局不合理形成的污染隐患。

2007年，天津市环境保护局对天津八里台工业园（B区）控制性详细规划、天津市高速公路网规划、天津市城市快速轨道交通线网规划、天津市武清新城总体规划、天津滨海化工区总体规划、天津市东丽湖地区总体规划、滨海高新技术产业区总体规划、天津市先进制造业产业区总体规划共八项规划环评，提出了审查意见。规划环评工作的开展，对有关规划的环境资源承载能力进行了科学评价，强调了经济开发过程中循环经济的理念，减少了因不科学规划引起的污染隐患，为领导层决策提供了更具前瞻性和科学性的依据。

2008年，天津市环境保护局组织有关部门和专家对天津市宁河县城乡总体规划环境影响篇章、天津市静海县城乡总体规划环境影响篇章等环评文件进行了审查，并组织开展了天津城市空间发展战略规划、天津子牙循环经济产业区总体规划、天津市东丽区总体规划等规划的环境影响评价工作。

四、不断提高环评科技水平

2009年，天津市环境影响评价中心主持编写的《天津市地铁5、6号线工程环境影响评价》获2009年天津市优秀环评报告书一等奖，并以“室内二次结构噪声评价方法”获得2009年天津市优秀环评报告书单项奖。该项目工程内容复杂，涉及环境敏感点众多，是天津市重点大型建设项目。由于地铁振动导致的地上建筑物室内结构噪声问题一直没有进行准确的定量评价，而该报告作为《环境影响评价技术导则——城市轨道交通》颁布后的国内第一本环评报告，在二次结构噪声评价方法上进行了探讨：分析了项目建成后室内声环境的达标情况。报告中使用的二次结构噪声评价方法在国内属首次应用，得到了国家环境保护部与会专家的高度评价。

天津市环境影响评价中心2008年主持编写的《天津市静海县城乡总体规划环境影响评价》获2009年天津市优秀环评报告书生态环境评

价单项奖。该环境影响报告基于实际和规划从全局着眼，对规划和现实存在的环境问题，提出了若干建设性意见，体现了规划环评的宏观调控作用，规划编制单位据此对总体布局进行了调整。

五、天津市环评管理的新举措：成立天津市环境影响评价协会

2009 年 2 月 13 日，天津市成立了天津市环境影响评价协会，这是环境保护行政主管部门在环境管理上的一次改革措施。成立后的环评协会，通过培训、论坛、调研、环评理论研究等多种形式，侧重于提高环评中介机构的服务效率、提高环评队伍的技术水平和服务能力、促进会员之间在环评方面的信息交流和共享、开展环境保护科研课题研究等方面开展工作，为政府主管部门决策提供技术支持。

协会成立后，为了更好地服务于广大会员，组建了环评协会专家委员会，负责有关环保工程承接、环境影响评价等方面的技术咨询工作，委员会成员均为环保方面的专家或协会成员。为给会员提供信息共享、会员论坛等活动的平台，高效和谐地开展好协会工作，组织建立了天津市环境影响评价协会网站，通过网站，协会及时发布消息，同时，网站发布了关于环评机构、人员的简介、业绩等内容，也成为宣传会员的有益平台。

1．加强基础能力建设，提升环评质量

为加强环评单位自律，规范环评行为，环评协会制定了《天津市环境影响评价协会环境影响评价行为规范》，涉及会员单位开展环境影响评价业务的原则、规范、责任以及内部管理等方面，“行为规范”实施以来，各评价单位定期开展自查、互查、交流，自查建设项目环评合同的履行情况；并针对实际情况制定项目环评完成情况的考核方案，提高了工作质量，促进了天津市环评业健康发展。环评协会定期向建设项目单位发放《建设项目环境影响评价意见反馈表》，并根据反馈意见，有

针对性地监督管理，从而切实提高全市环评的服务质量、工作效率和综合能力。

2. 推进环境影响评价技术要点和规范的编制工作

2009年，本着做好环评技术服务，确保环评质量、加快环评速度的精神，环评协会组织编制了《天津市环境影响评价文件编制技术要点（试行）》。其中包括《房地产类环评文件编制技术要点》、《港口码头类环评文件编制技术要点》、《市政道路、桥梁工程类环评文件编制技术要点》、《天津机械行业类环评文件编制技术要点》以及《医药原料药类环评文件编制技术要点》五个要点。要点适用于天津市建设项目的新建或改、扩建工程的环境影响评价，并可作为各区（县）环保部门对相关建设项目审查和审批的技术依据。

环境影响评价报告书（表）涉及大量计量单位的使用，为增强环评报告书（表）编制的准确性，规范使用计量单位，由环评协会组织整理归纳，形成《天津市环境影响评价协会关于规范使用计量单位的要求》，并以文件的形式下发至会员，受到环评中介机构的肯定和积极响应。同时，为进一步提高天津市环境影响评价工作的质量，环评协会对试行的《天津市建设项目环境影响报告书编写格式要求（试行）》（以下简称《要求》）进行了相关修改，并下发至各会员单位统一使用。新《要求》在原有基础上更加简化、明确，更适合在当前形势下使用。目前，以上两文件均在使用中。

3. 积极组织环评培训

为了提高天津市环评从业人员的环评服务能力，环评协会从成立开始，先后举办了《环境影响评价技术导则——大气环境》、《环境影响评价技术导则——声环境》、“优秀报告书成果学习”和噪声评价有关问题的培训。积极协调环境保护部环境工程评估中心的继续教育培训班，在天津先后举办了社会区域类、石化化工医药类和2期技术评估专题培训班，天津市从事环境影响评价的环评工程师150余人次参加了培训，通过培训，一方面提高了自身的业务技能和水平，另一方面也与全国的同行进行了业务交流，拓宽了视野。

4. 加强国际交流与合作

2009年，国际环境影响评价协会（IAIA）年会在瑞士日内瓦召开，环评协会组织部分会员应邀参加，就国际环评事业的发展进行交流。协会部分理事赴埃及环境部访问，并实地考察阿斯旺水坝及下游生态环境。考察团与埃及环境部相关负责人就两国环境影响评价制度、水源保护、水资源生态环境保护等问题进行了研讨。天津市环境保护局与日本国际环境技术转让研究中心共同召开“土壤污染防治对策研讨会”。就日本土壤污染调查、对策以及评价方法等相关问题进行探讨研究，协会组织40名会员参加了研讨会。

第二节　天津环境影响评价机构

环境影响评价属于中介咨询服务，采用市场化运作模式，遵循公开、平等、自愿、有偿的原则。从20世纪80年代初，天津市逐步开展了环境影响评价工作，最初进行这项工作的单位主要是天津市环境保护科学研究所、驻津部属科研单位等。

1986年，天津市环境影响评价中心成立，是我国首家跨行业、涵盖多个专业领域的环境影响评价联合体。由天津市环境保护技术开发中心、天津市环境保护科学研究所、南开大学和核工业理化工程研究院联合组成。环评中心成立以后，本着相互学习、共同发展的原则，以国家相关法律、法规为准绳，深入研究环评方法、理论，探求、摸索环评模式，为许多企业提出了源头控制污染的对策建议，为环保审批提供了科学的决策依据，为当时天津市的环境影响评价工作奠定了良好的基础。

1999年，根据国家环保总局要求，天津市环境影响评价中心联合体中的单位，均各自取得环评资质，分别从联合体中脱离，各自独立，而天津市环境保护技术开发中心则继续沿用原环评中心的名称从事环评工作，并确立了独立法人资格。

经过近二十年的发展，至20世纪90年代末，天津市的环境影响评价队伍已发展壮大。依据国家环保总局发布的《建设项目环境影响评价资格证书管理办法》，天津市当时有甲级资质环评单位9家，乙级11家，并且已形成了综合与行业相融合的格局，充分发挥环评单位的各自优势，相辅相成，各有侧重，各有特长。

2006年，由国家环境保护总局颁布的《建设项目环境影响评价资质管理办法》正式施行。根据环评工作实际、从业人员及基础设施条件的软硬件配置，核发建设项目环境影响评价资质，同时，根据评价机构专业特长和工作能力，确定相应的评价范围。国家对甲级评价机构数量，实行总量限制。截至2010年底，天津市环评机构为甲级资质环评单位8家，乙级单位13家，注册环评工程师200人。其中，较大规模的有天津市环境保护科学研究院、天津市环境影响评价中心、南开大学等单位，这些单位不仅承接了重点建设项目的环评工作，而且承担着各自领域内国家重点课题，不断完善环境影响评价的天津市主要环评机构。

一、天津市环境保护科学研究院

天津市环境保护科学研究院前身为天津市环境保护科学研究所，成立于1975年，1997年变更为现用名，是天津市唯一一家市属综合性环保科研与服务机构。环科院持建设项目环境影响评价甲级资质证书（国环评证甲字第1101号），院内现有注册环评工程师28名，涉及化工石化医药、冶金机电、建材火电、社会区域等类别，近三年来，完成各类环评项目400余项。环科院内设环境科学、环境工程、政策法规、循环经济与清洁生产等相关学科研究室和环境影响评价中心、研究生部、综合办公室等科研和业务管理部门。国家环境保护恶臭污染控制重点实验室和中国环保产业协会水污染治理委员会设在院内。2003年人事部批准天津环科院设立博士后科研工作站。2006年，天津环科院在滨海新区设立滨海分院，成为天津环科院为滨海新区开发开放及环境管理提供技术支持的主要对外窗口。

天津市环境科学研究院内专门颁布实施了技术文件质量管理规定，建立了严格的单位内部项目审查制度。从项目承接、合同签订、项目预审到文件报批，进行全过程管理。环评项目在单位内部一般要经过二次预审、三级审查。二次预审就是在承接项目时分别由部门负责人和业务主管院长负责预审，对存在“硬伤”的项目不承接，对“问题”项目要经过集中研讨，确定下一步的工作方法和步骤。对确定承接的项目实行三级审查制度，分别由项目负责人、部门主任、主管院长负责把关。对重大、重要、敏感的项目，经过院技术委员会和院长办公会集体讨论，坚决杜绝技术文件不满足质量要求的情况发生。通过以上管理制度的实施，强化了全员的责任意识、风险意识，也提高了环评文件的质量，近年来未发生任何责任事故。

2007年，天津市现有17家电力企业，64台机组，天津市环境保护科学研究院承担了大部分电力机组新建及改扩建的环境影响评价工作，在模式预测、大气扩散、数值风洞、水塔排烟等方面开展了深入研究，研究成果应用于各电厂项目并取得了突出成绩。《天津北疆发电厂新建项目一期2×1 000兆瓦机组工程环境影响报告书》获2005年天津市工程咨询成果二等奖，《华能绿色煤电天津IGCC电站工程环境影响报告书》获天津市工程咨询协会2008年度优秀工程咨询成果奖二等奖，《军粮城发电厂五期扩建2×300兆瓦级供热机组工程环境影响补充报告书》获天津市工程咨询协会2009年度优秀工程咨询成果奖二等奖，《天津滨海化工区规划环境影响报告》获天津市工程咨询协会 2008 年度优秀工程咨询成果奖一等奖。

天津市环境科学研究院注重环评人才队伍建设，建立了“提拔一批、使用一批、培养一批”的良好人才任用和培养机制，形成了优化合理的人才梯队。同时，单位特别注重加强对环评技术人员的职业道德教育、技术培训、能力锻炼，为人才快速成长提供必要空间和支持。采取专题培训与日常培训相结合的方式，不定期地开展内部培训和邀请院外专家进行专题讲座，充分发挥有经验的老同志的传帮带作用，使新人在学中干、干中学。近年涌现了一批可以独当一面，并在各自专业领域独树一帜的专家型环评业务骨干。一批年轻的专门型人才迅速成长起来，人才队伍建设初见成效。天津环科院将承担的科研任务、专项规划、为环境管理服务的各类专项研究成果，有意识地应用到项目的环评工作中，有效地提高了环评水平和效率。

二、天津市环境影响评价中心

天津市环境影响评价中心是国家环保总局推荐的第一批规划环境影响评价单位。持建设项目环境影响评价甲级资质证书（国环评证甲字第 1102 号）。该中心环境影响评价工程师 20 人，涵盖了环境工程、环境科学、环境生物、环境化学、高分子化学、工程物理、结构工程等多个学科领域。

经过近三十年的发展，环境影响评价中心的环评范围包括轻工纺织化纤、化工石化医药、冶金机电、建材火电、交通运输、社会区域、一般项目环境影响报告表、特殊项目环境影响报表，同时还开展能评业务，是目前天津市环评范围较多的环评单位之一，也是天津市环境影响评价协会常务理事单位。2002 年还在国内专职环评单位中率先通过 ISO 9001 质量管理体系和 ISO 14001 环境管理体系认证。此外，该单位目前还从事规划环境影响评价、生态类建设项目竣工环保验收调查、固定资产投资项目合理用能评估、上市公司环保核查、环境工程设计、环保设施运营、工程咨询、环境科学研究等方面的工作。

评价中心具有较完善的环评文件三级审核质量管理制度，先后承担了天津、河北、山东、福建、深圳、西藏、新疆等地的 4 000 多个国家及省市重点建设项目的环境影响评价工作，涉及投资额近 6 000 多亿元；主持完成的环境影响评价报告多次获得天津市环境保护科技进步奖、天津市优秀环评报告书奖。2008—2010 年期间，共主持完成评价项目 1 500 余项，涉及多项行业。重点项目包括：天津石化 100 万吨/年乙烯炼化一体化项目、空客 A320 系列飞机中国（天津）总装线项目、天津临港工业造修船基地项目、海河开发基础设施建设项目、丰田汽车项目、地铁 1、2、3 号线项目等。

近年参与或主持完成了滨海新区发展战略环境影响评价技术报告、环渤海沿海地区重点产业发展战略环境评价报告等多项规划环评工作。同时，环评中心还承接多项环境治理工程和多项科研课题研究工作。

三、铁道部第三勘察设计院集团有限公司

铁道部第三勘察设计院集团有限公司成立于 1953 年，隶属铁道部，是以铁路、公路、城市轨道交通等行业勘察设计为主的国家大型综合甲级设计企业。1986 年获国家环保局颁发的环评证书，1989 年通过国家环保局考核，并荣获国家环保局颁发的首批建设项目环境影响评价甲级资格评价证书。铁三院设有专职评价机构机械动力和环境工程设计处，持有环评上岗证专职评价人员 38 人，涵盖了工程分析、生态、水保、水、气、声、振动、固废、电磁、水文地质、林业、社会经济、测量、化验等专业，兼有给排水、水土保持、水文地质、工程经济、监测化验等专业化的评价队伍。

轨道交通项目具有线长面广、跨区域的特点，同时条件恶劣、地形

复杂，单纯靠人工来获取资料是难以实现的。在实际工作中，该院利用遥感（RS）、地理信息系统（GIS）等技术手段，通过遥感解译获取环境信息，分析项目沿线土地利用现状、植被分布、水土流失现状，选择生态组分（ESO）、斑块优势度值（DO）作为指标，采用景观生态学评价法对评价范围内的生态环境现状和质量，可以做出快速、准确、直观的评价；采用图形叠置法，选取项目区地形地貌、气候、土壤、植被、坡度等自然因子作为评价指标，利用 GIS 软件可以分析生态系统的稳定性。利用 RS 和 GIS 技术手段可以完成生物量估测、植被指数和植被盖度的自动计算；通过遥感影像上的植被、地貌等因素，更直观地进行环保优化选线及取弃土场选址合理性分析；在环境影响后评价或竣工验收中，可以通过项目建成后大分辨率的遥感图像，监测沿线周围的生态环境变化情况，如土地覆盖与变化，找出变化的主要驱动力。铁三院每年承担京广铁路、西藏铁路等国家大中型铁路、城市轨道交通项目规划及建设项目环评、竣工验收 20 余项，成为国内甚至国际实力较强的评价单位。

四、南开大学环境规划与评价所

南开大学是我国最早经过国家环保总局考核并拥有国家甲级环境影响评价资格证书的高等院校之一，也是国家环保总局第一批推荐的规划环评单位。南开大学环境规划与评价所成立于 2000 年 4 月，是南开大学专门从事环境影响评价教学、科研的机构，设有战略评价研究室、生态规划研究室、环评技术开发与应用研究室。

南开大学环境规划与评价所现有专职技术人员近 40 人，其中持有国家环境影响评价工程师资格证书的 11 人（其中教授 2 人、副教授 7 人），持有环境影响评价岗位证书的 23 人（其中教授 3 人、副教授 10 人），并在继续充实和引进高级评价技术人员。该所发展的总体目标是：建成一个以评价项目和科研课题为支撑，以学科建设和人才培养为重心，密切跟踪该领域世界先进水平的教学、科研及环保技术服务一体化的开放式基地。

南开大学环境规划与评价所自成立以来，先后承担规划环境影响评价、建设项目环境影响评价等各类项目 100 余项，发表相关论文三百余篇，主持编写了《开发区区域环境影响评价及规划》、《环境影响评价》、《战略环境评价》、《生态恢复的原理与实践》、《能源规划环境影响评价》、《生态城市建设的理论与实践》、《战略环境评价实践》（翻译）、《环境影响评价导论》等一批与环境影响评价及规划相关的著作，成为我国具有较大影响力的环境影响评价机构。

在区域环境评价及规划研究与应用方面，曾先后主持天津市大气环境综合评价、天津市社会环境评价、天津大港石化发展规划区环境影响评价、天津市 12 个经济开发小区环境影响评价和环境规划等项目。另外，还参加秦皇岛市、唐山市环境综合整治环境规划的课题研究。在区域环境影响评价技术和方法等方面积累了大量经验，并形成了自己的特色，如区域综合效益的评价、大气污染物源解析技术在区域环境评价中的应用，区域环评中总量控制技术的研究等。

为配合国家新环评法的出台和实施，2001—2002 年，南开大学环境规划与评价所受全国人大环境与资源委员会委托开展了有关规划环评的理论和方法研究，2003 年南开大学环境规划与评价所又作为三家单位之一参加了国家环保总局组织的“规划环评指南”的研究和起草工作。

南开大学环境规划与评价所十分注重环评新方法新技术的学术交流与合作。多次举办规划环评类的培训和技术研讨，2001 年在天津举办了“环境影响评价技术高级研讨班”。研讨班共有来自全国十二个高校、科研单位的学员 26 人，聘请了七位国内（包括香港）在该研究领域有影响、有突出成就的教授、专家，所讲授的内容涉及生态环境影响评价、区域环境影响评价、战略环境影响评价、环境风险评价、总量控制、清洁生产、区域规划等内容。2004 年，由南开大学战略环境评价研究中心主办了两期规划环境影响评价的系列培训，培训对象均来自天津市参与全市城市规划的行政主管部门，为规划单位和评价单位长期交流与合作提供平台。同时，该所利用高校对外合作交流的有利条件，举办环境评价国际研讨会，1999 年，与香港环境影响评估学会等单位在香港举办“中国内地与香港区域环境影响评估（EIA）研讨会”；2002 年，与香港中文大学环境政策与资源管理研究中心联合筹办了“面向可持续发展的环境评价国际研讨会”，参会的国内外代表总数达 260 余人，会议得到联合国环境规划署、国际环境评价学会、中国全国人大环境与资源保护委员会、国家环境保护总局、香港环境保护署、香港环境影响评估学会等有关机构、单位的大力支持；2009 年，在香港中文大学召开中国战略环境评价学术论坛——环评法实施五周年来的回顾与展望，国内外从事战略环境影响评价工作或研究的 1 000 多人参与学术论坛活动。通过国内外相关领域专家学者、研究人员、技术人员的学术交流，有力地推动与促进了战略环境评价在中国的开展。

南开大学环境规划与评价所还参与有关国家或地区导则、标准的制定。2003 年到 2005 年，该所独立承担了规划环境影响评价技术程序和要点、城市综合交通规划环境影响评价导则、天津市生态居住区建设技术规程等 6 部导则（标准）的编制；与其他机构合作承担了规划环境影响评价技术导则、土地利用规划环境影响评价导则、日本大阪国际文化公园都市建设地质生态恢复绿化研究等导则的编制。

五、中海油天津化工研究设计院

中海油天津化工研究设计院 1986 年成立了环境影响评价课题组，经过多年的努力，2000 年取得了国家环保总局颁发的环境影响评价乙级证书，在积极地开展环境影响评价工作的同时，该院不断地加强队伍建设，探索新技术，配置新设备，2002 年成立院环境咨询评价中心，配备了大量的与评价范围一致的专项仪器设备，具备文件和图档的数字化处理能力，有完善的档案管理系统。环境咨询评价中心可开展规划、重大流域、跨省级行政区域建设项目的环境影响评价，独立编制污染因子复杂或生态环境影响重大的建设项目环境影响报告书，可独立完成建设项目的工程分析、各环境要素和生态环境的现状调查与预测评价以及环境保护措施的经济技术论证，有能力分析、审核协作单位提供的技术报告和监测数据。

该院先后完成了 300 余项建设项目的环境影响评价和环保咨询工作，其中《中国石油天然气股份有限公司大港石化分公司汽油质量升级改造项目环境影响报告书》、《天津市新冠制药有限公司化学原料药物产业化项目环境影响报告书》、《天津乐金大沽化学有限公司增产 10 万吨/年 PVC 技改项目环境影响报告书》获天津市优秀报告书二等奖；《天津天药药业股份有限公司金耀生物工业园二期工程天药股份迁扩建项目环境影响报告书》、《天津海豚炭黑有限公司 3.5 万吨/年新工艺炭黑技术改造项目环境影响报告书》获天津市优秀报告书三等奖；《天津津东化工厂 2 500 吨/年巯基乙酸异丁酯及配套 1 500 吨/年巯基乙酸项目环境影响评价》获天津市优秀报告书工程分析单项奖。

六、天津市预防医学研究所

天津市预防医学研究所环境评价部是天津市预防医学研究所主要业务部门之一，是天津市卫生系统唯一一家具有建设项目环境影响评价资质的单位，是国家环保总局批准的乙级评价资质单位。从事环境影响评价工作 17 年来，积累了丰富的医院类建设项目环境影响评价工作经验，先后承担了天津市环湖医院迁址新建项目、天津市胸科医院迁址新建项目、天津市安定医院迁址新建项目、天津医院改扩建工程项目、天津市人民医院二期工程肿瘤楼项目、天津市第四医院污水设施改造项目、天津市南开医院扩建工程项目、天津市中心妇产科医院迁址新建项目、天津经济技术开发区医院扩建项目、天津市中医药研究院改扩建工程、天津市卫生防病中心改扩建工程等项目环境影响评价工作，并全部顺利通过环境保护管理部门的审批，得到建设单位和环境保护管理部门的一致肯定。2007 年以来，该所共承担各类建设项目环境影响评价 70 余项。

七、水利部海河水利委员会水资源保护科学研究所

水利部海河水利委员会水资源保护科学研究所，是较早获得环评资格的单位之一，目前，是乙级评价资质单位，报告书行业类别有农林水利、社会区域两个。该研究所编制报告书的行业较少，但每年都在加大环评的资金和人力的投入，并积极参加环评方面的业务培训，组织环评人员有计划地学习，不断提高环评文件的编制水平。截至 2010 年底，共计编制报告书 20 多个，报告表 200 多个，取得了一定的经济效益和社会效益。

八、农业部环境保护科研监测所

农业部环境保护科研监测所从 1989 年开始开展环境影响评价研究与实践工作，环评资质为乙级，评价范围包括轻工纺织化纤、冶金机电、农林水利、社会区域类环境影响报告书，2003 年，被国家环保总局认定为第二批“规划环境影响评价推荐单位”。先后主持承担国家、省部级科研项目 400 余项，承担农业部、科技部等部门科研项目 400 余项，主持、参与制定了大量农业环境保护方面的规划、计划，相关的政策法规，技术标准等，为我国农业环境保护和管理提供了强有力的技术支撑。该监测所高度重视环境影响评价工作，为持续提升环境影响评价工作水平，历年来不断加大对环评室的资金投入，加强基础设施建设。近年来利用“中央级公益性科研院所基本科研业务费专项资金”支持环境影响评价方面的科学研究。其中最具代表性的有：“中

国农业建设项目环境评价指南”、国家环保总局利用世行贷款项目“中国环境影响评价管理体系的研究”中的第八子项、农业部项目“区域农业环境质量评价方法论研究”“农业灌溉工程环境影响评价方法研究”等。其中“区域农业环境质量评价方法论研究”获农业部科技进步一等奖。

九、天津市亚瑞环境保护科技中心

天津市亚瑞环境保护科技中心前身是天津市辐新环境保护研究服务中心，成立于 1998 年，2008 年更名，环境影响评价资质为一般项目环境影响报告表和特殊项目环境影响报告表。目前，共有环境评价专职人员 18 人，其中注册环评工程师 6 人，注册核安全工程师 9 人。

由于业务领域的特殊性，该中心和核工业理化院成为天津市仅有的两家专门从事辐射性环境影响评价项目的机构。

十、天津天发源环境保护事务代理中心有限公司

天津天发源环境保护事务代理中心有限公司成立于 1997 年，是经环境保护部和国家认证认可监督管理委员会（CNCA）批准成立的从事环境影响评价、管理体系认证咨询和环保技术服务的单位，是天津市经济与信息管理委员会、天津市环境保护局认可的清洁生产审核、能源审计咨询单位，2008 年和南开大学环境与工程学院联合组建了研究生教学科研实习基地。

2007 年，代理中心经天津市经济与信息化委员会和天津市环境保护局批准后，经国家环保总局审核成功改制，成为独立法人，环评资质证书为乙级，公司现有职工 32 人，其中教授级工程师 3 名，高级工程师 7 名，环评工程师 11 名，高级审核员 2 名，高级咨询师 3 名。近年来，公司的环评业务逐渐走向发展的轨道，业务领域不断扩大，包括化工石化医药、轻工纺织化纤、冶金机电、社会区域等类别，项目辐射河北、

山西、上海等地。同时，公司不断优化团队专业组成，注重团队成员的专业素质和能力的培养与提升，将专业技术培训和研修制度化、规范化，不断提高环评从业人员的理论水平和业务能力，公司主要负责人还受聘于环境保护部环境工程评估中心，担任环评上岗证和环评工程师考前培训教师，在环评实践和环评教学上有益结合。

十一、核工业理化工程研究院

核工业理化工程研究院成立于 1964 年，是中国核工业集团公司所属的一所大型自然科学和工业应用的重点科研单位，现有在职职工 1 100 余人，其中科技专业人员 600 余人，并有中科院院士 1 人，中国工程院院士 3 人，国家级有突出贡献的中、青年专家 3 人，省部级有突出贡献的中、青年专家 10 人，天津市授衔专家 4 人。

该研究院环境影响评价工作始于 1985 年，是天津市评价联合体中四家骨干单位之一。2007 年，该院持有环境影响评价乙级证书，评价范围包括一般项目环境影响报告表和特殊项目环境影响报告表。该院环境影响评价研究室专职从事环境影响评价工作，现有专职环评人员共计 14 人，其中注册环境影响评价工程师 2 人，注册核安全工程师 3 人，10 人持有环境影响评价上岗证书。研究院具有综合能力较强的各种测试分析手段和大型物理和化学分析实验设备，通过了计量检验认证，并通过了 ISO 9002 和 ISO 9001 质量体系认证。

雄厚的科研实力、高素质的科研队伍以及核工业重点科研单位的综合优势，为研究院在辐射环境影响评价的研究和应用奠定了坚实的基础，辐射防护研究方面的科研成果成为该院辐射环境影响评价工作的有力保障。“十一五”期间，核工业理化院完成辐射环境影响评价 75 项。

第三节　环境影响评价科技成果

一、环境影响评价理论、实践的研究与探索促进环评技术水平的提高

1. 箱体质量平衡原理在面源污染评价中的应用

面源污染排放由于污染物种类众多，变化情况复杂，一直是环境影响评价中的难点所在。单纯采用定性的分析已难以满足国家及地方越来越高的环境管理要求。对此，天津市环境保护科学研究院积极探索尝试，将科学研究领域的思路方法引入环评工作，改进评价方法。以《天津钢铁集团有限公司钢渣加工及废钢渣堆场大气专项评价》为例，该公司主厂区的钢渣种类包括转炉渣、精炼炉渣及铸余渣等，目前全部运至天津市河东区储运分公司进行处理。受钢渣处理工艺、钢渣粒径分布、含水率及所在区域天气条件等因素的影响，扬尘污染变化程度较大。加之钢渣处理装置及堆场均为露天设置，项目环境影响较为严重。天津环科院在深入调查研究的基础上，评价中打破了面源污染中通常定性分析污染情况，并按照环保管理要求的惯例，采用城市颗粒物污染防治研究领域的箱体单元质量平衡原理，作为确定无组织排放源强的指导方法，对钢渣堆场面源污染情况进行定量分析，并利用现场监测、科学研究与分析预测相结合的方法，为评价结论提供理论依据和支撑。这种创新尝试为类似项目的环评提供了可借鉴优先选择技术。

2.“烟塔合一”电厂项目大气环境影响评价预测模型及软件开发

“烟塔合一”技术是将脱硫后的湿烟气通过通风冷却塔进行排放。采用“烟塔合一”技术的电厂可以不设高烟囱，从而省去了烟囱和烟

气再加热装置投资。总体而言，这一技术简化了火电厂的烟气系统，节约了投资，提高了能源利用效率。从21世纪初开始，鉴于“烟塔合一”技术的众多优点以及在国外的成功应用，该技术在国内开始陆续被推广采用。

2009年4月，环保部颁布实施新的《大气环境影响评价技术导则》（HJ/2.2-2008），该导则中明确了大气环境影响评价二级以上项目须采用AERMOD或ADMS模式进行大气环境影响评价预测计算，然而该类模式在进行点源扩散计算时主要针对的是从常规烟囱排放的干烟气，其在计算烟气抬升时没有考虑潜热及烟羽下洗对抬升的影响，而“烟塔合一”烟气排放方式与常规烟囱排放有很大不同，它排放的是含有巨大潜热的湿烟团，因此在进行“烟塔合一”类电厂的大气环境影响预测时，采用AERMOD或ADMS进行大气污染扩散计算与评价的适用性值得商榷，针对该类项目的大气环境影响评价的模式选取也成为当前迫切需要解决的问题。

国际上在这方面工作开展较多的主要是德国，他们专门制定了针对“烟塔合一”排烟方式抬升计算的VDI 3784 PartⅡ标准。依照该标准开发了相应的大气扩散计算模式程序Austal 2000，Austal 2000无缝集成了“烟塔合一”排烟烟气的抬升计算S/P模式VDISP程序。Austal 2000由于其专业性、针对性而成为德国“烟塔合一”大气扩散计算的法规模式，在国内采用该模式来进行“烟塔合一”项目的大气扩散计算更专业，计算结果也更为合理、可信。但是，Austal 2000模式基于德国空气质量控制法规研发，模式内置了许多针对欧洲本地气象特点的参数，然而中国幅员辽阔，各地气候条件与中欧相比存在很大不同。

针对上述问题，天津市环境保护科学研究院对该模式的源程序展开深入研究，对Austal 2000及烟气抬升计算的VDISP源代码中的相应参数部分代码和有关参数进行修改，使该模型更符合中国实际情况。

2010年，天津市北塘热电厂2×300兆瓦机组一期工程采用“烟塔合一”技术进行建设，天津市环境科学研究院将经过模式内置参数本地化修正后的 Austal 2000 成功运用到该项目的大气环境影响评价预测计算，项目最终圆满通过环境保护部专家组的评审。同年底，河北省唐山市的西郊热电厂“上大压小”搬迁工程同样采用了“烟塔合一”技术，该项目的大气环境影响评价部门也由天津市环境保护科学研究院承担。在北塘项目成功经验基础上，天津市环境科学研究院采用 Austal 2000 模式，针对唐山地区的气象特点做出相应参数调整修改，顺利完成该项目的大气环境影响评价部分报告，并获评审专家组一致好评。

二、环境影响评价促进企业清洁生产技术有效提升

1. 天津力神电池股份有限公司锂离子电池扩建工程

该公司目前是天津乃至华北地区最早进行锂离子电池生产也是生产规模最大的企业，于 2005 年年初建设的锂离子电池扩建工程项目是力神公司在已有年产 5 000 万只各类锂离子电池生产能力的基础上再新建 6 条总生产能力为 15 000 万只各类型锂离子电池的生产线。

锂离子电池在生产过程中，使用大量的 N-甲基吡咯烷酮（NMP）作为电池正负极黏结剂的溶剂，该公司在此项目建设前正负极使用的 NMP 全部经涂敷及烘干工序全部挥发，随着该公司的不断扩产以及公司周边居民住宅的建设对环境质量要求的提高，从环保角度以及清洁生产角度来看，该公司挥发的 NMP 直接排放是不可行的。因此，在项目建设初期，天津市环境科学研究院在环评文件中向力神公司提出防治环境污染预防措施：建议力神公司从原材料的替代，原材料的回收利用以及提高原料的利用率等多方面入手，减少 NMP 的排放，同时，也向力神公司推荐了一些回收 NMP 的方法。天津力神电池股份有限公司采纳环评单位提出的建议，通过多次试验，采用去离子水作为负极黏结剂的溶剂，从源头上减少了 NMP 的使用量，且对正极挥发的 NMP 废气采用多级冷凝+涡轮吸附方法，进行回收利用，回收后的 NMP 可回用于生产。采取以上措施

后，锂离子电池扩建工程项目实际 NMP 使用量较原设计大幅度减少，且排放的 NMP 较原设计减少 98%以上，从而使此项目获得审批。随着锂离子电池扩建工程项目建成投产，力神公司对原有的生产工序也进行整改，增加回收利用装置，并在公司后续建设的多个项目中都采取此项技术。由于采用去离子水替代部分 NMP 以及对挥发的 NMP 进行回收利用，力神公司仅在采购 NMP 的花费上每年可节省近千万元，并使该公司排放的 NMP 废气大量减少，实现经济效益和环境效益双赢。

2. 天津一汽丰田汽车有限公司皇冠轿车换型及增能项目

天津市环境影响评价中心 2008 年主持编写的《天津一汽丰田汽车有限公司皇冠轿车换型及增能项目环境影响评价》获 2009 年天津市优秀环评报告书一等奖。

报告书结合公司现有情况和拟建项目情况，对该工程扩建改造后全厂环保治理工程提出建议：其一，建议该项目在涂装工艺加大使用水性漆的比例，加大中水回用水平，使清洁生产水平达到国际先进水平；其二，对全厂处理后的废水再次进行处理，建设中水处理站，并进行中水全厂综合利用；其三，对第一类污染物镍进行复测，调整现含镍废水流向和处理方案。其中提出的中水方案打破了天津一汽丰田汽车有限公司以处理达标排放为目标的环境保护理念，从污染物减排角度，实现增产不增污、增产减污的目的，不仅完成企业减排目标，也实现了企业市场发展需要，在我国汽车制造厂水资源高效利用方面，起到示范作用。

3. 东海炭素（天津）有限公司 4 万吨/年炭黑建设项目

天津市环境影响评价中心 2004 年主持编写的《东海炭素（天津）有限公司 4 万吨/年炭黑建设项目环境影响评价》获 2009 年天津市优秀环评报告书二等奖。

东海炭素（天津）有限公司 4 万吨/年炭黑建设项目是 2003 年环评

法实施以来，天津市首个通过国家级审批的大型化工项目。该报告书内容全面，通过对同类炭黑企业的实地调研，项目工程分析思路清晰，从治理措施论证，到污染源强的确定，均把握得比较准确，环境质量现状阐述比较清楚，工程分析和清洁生产论述反映了炭黑生产的工程特点，污染防治措施可行，评价结论可信。该项目清洁生产分析查阅了大量的文献和资料，内容全面，报告中提出的选用低含硫量原料油的建议，被建设方采纳，从源头减少了污染物的产生量；提出的利用尾气余热的建议，也已经被建设方采纳，上述节能降耗措施，起到了明显的效果，带来了良好的环境效益和经济效益。项目验收时，治理措施得到落实，验收监测数据与预测数据基本一致。

4．“中农大转基因棉花技术工程中心项目”中的探索性成果

该项目由农业部环境保护科研监测所承担，获得 2009 年建设项目环评单项优秀奖。该项目建成后的主要功能是多抗转基因棉花品种的研发。项目评价工作的重点和难点在于“转基因生态安全”方面的分析和论证。

该项目对农业转基因农作物研发与产业化过程的不同阶段进行分析，确定在实验研究、中间试验、环境释放、生产性试验四个阶段可能存在生物安全风险，从转基因农作物生态安全问题与防控措施角度综述转基因生态安全问题；再通过类比分析，并结合该项目工艺过程风险环节以及相应的防控措施，给出项目生态安全影响方面的结论。从项目工艺过程控制、工作环境条件控制、安全措施配备、严格履行行业主管部门安全评价程序、废弃物处置、技术支持等方面综合提出项目生态安全保障措施。

三、规划、战略环境影响评价促进科学决策

为配合国家新环评法的出台和实施，自 2001 年，南开大学环境规划

与评价所受全国人大环境与资源委员会委托开展了有关规划环评的理论和方法研究；2003 年到 2005 年，该所独立承担了规划环境影响评价技术程序和要点、城市综合交通规划环境影响评价导则、天津市生态居住区建设技术规程编制等 6 部导则（标准）的编制；与其他机构合作承担了规划环境影响评价技术导则、土地利用规划环境影响评价导则、日本大阪国际文化公园都市建设地质生态恢复绿化研究等导则的编制。

2005—2006 年，南开大学等开展了“武汉市国民经济和社会发展第十一个五年总体规划纲要战略环境评价”。这是国家环境保护总局在全国开展的首批战略环境评价试点项目之一，开我国城市国民经济和社会发展规划战略环境评价之先河。研究成果对促进我国战略环境评价实践和管理具有重要的示范和借鉴意义。

2007—2009 年，南开大学战略环境评价研究中心、天津市环境保护科学研究院、天津市城市规划设计研究院、天津市环境影响评价中心共同开展天津市人民政府重点项目“滨海新区发展战略的环境影响评价”。从环境保护和区域资源永续利用角度，论述新区发展目标、定位、规模、布局、产业结构的环境合理性和可行性，从可持续发展的高度，提出滨海新区生态建设和环境保护的基本框架，将环境因素切实纳入滨海新区经济和社会发展的综合决策之中。成果对促进天津滨海新区生产力合理布局、资源的优化配置及产业结构的优化调整具有重要意义，为充实与完善我国重大经济区的战略环境评价技术方法作出贡献。

第四节　环境影响评价的技术把关：技术评估

技术评估是环境影响评价完成后和环境保护行政主管部门审批前的一项工作程序。主要任务是开展环境影响评价大纲、报告书以及报告表的技术评估工作，为项目审批把好技术关口。

一、环境影响技术评估

1. 环境影响技术评估定义及对环境影响评价的意义

环境影响技术评估是根据国家及地方环境保护法律、法规、部门规章以及标准、技术规范的规定及要求，环境影响技术评估机构综合分析建设项目实施后可能造成的环境影响，对建设项目实施的环境可行性及环境影响评价文件进行客观、公开、公正的技术评估，为环境保护行政主管部门决策提供科学依据。

技术评估对开发建设活动的环境影响评价结论进行科学论证和判定，为环保行政审批提供技术依托和支持。技术评估是项目审批的基础性工作，是决策咨询，优质高效审批的前提和保障。

2. 环境影响技术评估的原则和基本内容

（1）原则。

①为科学决策服务的原则。环境影响技术评估在环境保护行政主管部门审批环境影响评价文件之前进行，属技术支撑行为。在评估依据、内容、方法、时限等方面必须体现为环境管理科学决策服务的原则。

②客观公正原则。环境影响技术评估在综合考虑建设项目建设过程中和项目实施后对环境可能造成影响的基础上，对建设项目实施的环境可行性与建设项目环境影响评价文件进行技术评估，其评估结论必须实事求是、客观、公正。

③与环境影响评价采用相同依据的原则。环境影响技术评估与环境影响评价文件采用相同的依据，应依据国家或地方现行的法律、法规、部门规章、技术规范和标准。

④突出重点原则。环境影响技术评估应根据建设项目特点和所在区域环境特征，针对工程可能存在的环境影响，从影响因子、影响方式、

影响范围、影响程度、环境保护措施等方面进行重点评估，明确重大环境问题的评估结论。

⑤广泛参与原则。环境影响技术评估须广泛听取公众意见，综合考虑相关学科和行业的专家、环境影响评价单位及有关单位的意见，并认真听取当地环境保护行政主管部门的意见。

⑥技术指导性原则。环境影响技术评估应对建设项目环境保护对策措施和环境保护设计工作，提出技术指导。涉及新技术的建设项目，应指出新技术的推广导向。

（2）基本内容。环境影响技术评估主要是对建设项目环境可行性的评估，因此，评估的基本内容包括以下 8 个方面。

①与法律法规和政策的符合性。从项目规模、产品方案、工艺路线、技术设备等方面，评估建设项目与法律法规、环境保护规划、资源能源利用规划、国家产业发展规划和国家行业准入条件等有关政策的符合性。

②与相关规划的相符性。评估建设项目选址（或选线）与现行国家、地方有关规划，以及相关的城乡规划、区域规划、流域规划、环境保护规划、环境功能区划、生态功能区划、生物多样性保护规划、各类保护区规划及土地利用规划等的相符性。

③循环经济与清洁生产水平。从能耗、物耗、水耗、污染物产生及排放等方面，与国家颁布的清洁生产标准或国内外同类产品先进水平相比较，对建设项目的原料、工艺、技术装备、生产过程、管理及产品的清洁生产水平进行综合评估；从企业、区域或行业等不同层次，评估建设项目在资源利用、污染物排放和废物处置等方面与循环经济要求的符合性。

④环境保护措施与达标排放。评估建设项目实施各阶段所采取各项环境保护措施的可靠性和合理性，包括污染防治措施、生态恢复措施、生态补偿与保护措施、环境管理措施、环境监测监控计划（或方案）、

施工期环境监理计划以及“以新带老”、区域污染物削减等。

同时，要求所采取的环境保护措施、技术，经济可行，设备先进、可靠，符合行业的污染防治技术政策，符合行业清洁生产要求，确保污染物稳定达标排放，二次污染防治措施与主体工程同步实施。

⑤环境风险。评估项目建设存在的环境风险制约因素，从环境敏感性角度评估建设环境风险可接受性。评估环境风险防范措施和污染事故处理应急方案的可靠性和合理性。

⑥环境影响预测。评估建设项目实施后的环境影响程度与范围的可接受性。

⑦污染物排放总量控制。评估建设项目污染物排放总量与国家总体发展目标的一致性，与地方政府的污染物排放总量控制要求的符合性，采取的相应污染物排放总量控制措施的可行性。

⑧公众参与。评估公众尤其是直接受到工程环境影响的公众，对项目建设的意见；分析建设单位对有关单位、专家和公众意见采纳或者未采纳的说明的合理性。

二、天津市环境工程评估中心

天津市环境工程评估中心于 2002 年底经天津市编制委员会批准组建，2003 年 5 月全面开展工作。几年来，评估中心先后围绕“创建国家环境保护模范城市”、“巩固和发展创模成果”、“推进污染减排”为中心，以加快促进滨海新区开发开放服务为重点，开展环境影响技术评估工作。从 2003 年到 2010 年底，评估中心完成评估项目共 3 343 项，涉及规划、区域开发、市政工程、港口建设、交通运输、石化医药、冶金、机械电子、汽车、房地产等行业。中心形成了遍布全市、专业齐全的咨询专家体系，为环境保护行政主管部门提供了坚实、可靠的技术依托。

1. 抓好规划环评、指导布局和结构调整

通过规划环评和技术评估，促进了海河综合开发改造，优化了产业结构和合理布局。2003 年，海河沿岸 223 家小型企业拆迁，21 家大型企业通过拆迁重组改造，其中迁出化工企业 6 家。腾挪出的地块用于建设金融、商贸、文化设施，发展第三产业，努力把海河两岸率先建设成为循环经济型社区。同时，在两岸绿化、建设亲水堤岸以及生态恢复和建设方面取得了显著成效。

天津市环境工程评估中心还陆续对“天津经济技术开发区土地扩展区域开发环境影响”、“天津空港物流加工区域环境影响评价与规划”、“天津临港工业区工业发展规划环境影响”等一批对天津发展战略具有重大意义的规划环境影响报告书，进行了技术评估。天津市环境工程评估中心坚持了可持续发展的原则，对规划的允许入区企业类型、区域产业规模、产业结构、产业合理布局；水资源、能源和原材料消耗及其循环利用、梯级利用、再生回用；发展循环经济和构建生态产业园区，建设节约型、生态型产业园区，进行了深入的评估论证；对区域开发过程中的生态损失进行认真的核算，从保证生态用地、生物量和生物多样性等方面提出生态补偿措施和方案，在保证经济、社会高速发展的同时，使当地生态环境得以有效的保护，在实现经济、社会发展目标的同时，实现环境保护目标，使区域经济发展与区域环境保护相协调，并形成区域环境管理体系。

在实施了工业战略东移，调整产业结构，优化区域布局的过程中，技术评估发挥了先导作用。将不适于在中心城区发展的、影响环境质量和居民生活的企业，通过新机制、新工艺，调整到东部工业区。在此过程中，即使有的化工企业，不是国家明令禁止的项目，但是由于它们分散于工业小区内，工艺过程中污染控制难度较大，无组织、不集中的排放，对周边环境产生影响，因此，在技术评估预审时，坚持将这些分散

的化工企业移出，选址在了符合区域规划的化工小区内。这样既保证了这些新建企业能够正常运行，同时，也能集中处理排放的废水、废气，将污染减小到最低。较好地发挥了环保为经济发展护航的作用，从根本上改变了过去那种工业、商业、民居相互混杂的状况，城市空间布局发生了巨大变化，城区环境质量明显改善。

2. 服务于环保中心工作，严把环境影响技术评估关

2006 年，天津市通过了国家环保模范城市的考核验收。作为环境影响评价管理工作的技术支持，环境影响技术评估为“创模”目标的实现提供了有力的保障。

以“创模”为目标，全面提高城市基础设施能力，改善环境质量。近年来，新建咸阳路污水处理厂、扩建纪庄子污水处理厂等 8 座污水处理厂，天津市海河综合开发中心市区段河道清淤，贯庄垃圾焚烧综合处理等三座垃圾处理厂，第一发电厂等市区三座电厂改造扩建，天津市危险废物处置中心，城区快速路建设工程、主次干线改造工程等一大批项目，顺利通过技术评估继而实施，使城市环境基础设施和可持续发展能力，得到明显提升，保证了“创模”目标如期实现。人们呼吸到更清新的空气，观赏到更清澈的河水，真正体现了“以人为本”的科学发展观。

截至 2010 年底，评估中心通过技术评估，否决了几十个选址不符合规划、位置敏感、工艺技术较落后、不符合产业政策的问题项目；通过技术评估，一大批项目在选址、工艺设备、技术路线、治理措施、污染物排放去向等方面都有所调整，在满足环境管理要求的同时，使之更加合理；通过技术评估，为环境影响评价管理工作，提供了有力的技术支持。

3. 科学技术评估中促进滨海新区高标准开发

天津滨海新区是我国经济发展的重点区域，同时，也分布着国家和

全市重要自然保护区和饮用水水源地。因此，对滨海新区建设项目的技术评估应坚持“三突出”，即突出污染物排放总量削减，环境质量改善并达标；突出经济与资源相协调的原则；突出对自然保护区和重点生态保护区严格保护。在大港石油化工区，将建设千万吨级的石油炼制和百万吨级的乙烯企业和蓝星化工基地项目；在滨海新区建设两座400万千瓦的发电厂；在技术评估中，坚持这些资源消耗巨大，污染物产生量比较巨大的企业，一不能争用地表水，二不能降低区域空气环境质量，同时，必须保护好滨海新区两个自然保护区——古海岸与湿地国家级自然保护区和大港湿地自然保护区，保护珍贵的地质遗址和珍禽。同时，坚持审查清洁生产和落实循环经济，确保“以新带老、总量减少”，使生态环境得到改善；在公路、铁路、地铁、输油、输气管线项目评价过程中将自然保护区、重要生态功能区、饮用水水源地的保护措施、占用耕地的补偿等的落实，作为技术评估的重点，要求建设单位在主管部门的监督下，一一落实，确保项目建设与生态环境的协调发展，自然保护区得到有效保护。

4. 以全市服务月为契机，深入基层服务企业

2009年，为贯彻落实市委市政府“保增长、渡难关、上水平”的决策部署，天津市环境工程评估中心积极深入天津市部分区（县）、重点项目施工现场，就当地建设项目的环境影响评价工作开展现场服务座谈会，就环境影响评价的相关事宜进行对接服务，现场就有关环评和技术评估答疑解惑，提高环评、技术评估工作质量和效率，确保大项目、好项目尽快落地开工建设，积极推动区（县）当地企业项目建设进程。

2010年全年，天津市环境工程评估中心深入全市各区（县）达到60余人次，对于收集的各类技术评估问题，尽量当场解决，无法当时解决的，也在积极协调处理，并将部分建议、意见列入工作计划中，如加强对区（县）审批人员的培训等工作将形成长效机制。

5. 明确重点，提高效率，严把技术评估质量关

多年来，天津市环境工程评估中心将服务项目、服务企业作为全年工作的首要任务，积极促成重大项目在天津落户，服务全市经济发展工作。以服务企业、服务大项目、好项目为指导思想，重点督促天津市重大工业项目、重点建设项目的环评工作进展。落实项目环评责任制，随时关注项目环评的进展程度，协调解决评估过程中出现的问题，保证重点项目的顺利实施，与此同时，评估中心建立项目环评全程跟踪服务制度，落实项目环评全程跟踪。要求全市各环评中介机构从项目环评咨询洽谈开始建立档案，督促重点建设项目的环评工作进展。运用好环评协会资源，在环评报告通过技术评估后，向建设项目单位发放《建设项目环境影响评价意见反馈表》，就环评单位的行为操守做调查，并根据反馈意见，有针对性地监督管理，从而切实提高全市环评的服务质量、工作效率和综合能力。

第六章　环保产业

第一节　概述

一、环保产业概念

国际上对环保产业有“广义”和“狭义”之说，“狭义”的环保产业是指在环境污染控制与减排、污染清理以及废弃物处理等方面提供设备和服务的行业，主要是相对环境的“末端治理”而言；“广义”的环保产业既包括在监测、防治、限制及克服环境破坏等方面，生产与提供有关产品和服务的企业，又包括使污染排放和原材料消耗最小化的清洁生产技术和产品，涉及产品的生产、使用、废弃物的处理处置或循环利用等环节。

我国采用的环保产业定义是广义的。按照 1990 年国务院办公厅转发国务院环委会《关于积极发展环境保护产业的若干意见》中的界定，环保产业是指在国民经济结构中以防治环境污染、改善生态环境、保护自然资源为目的所进行的技术开发、产品生产、商业流通、资源利用、信息服务、工程承包、自然保护开发等活动的总称，是防治环境污染和保护生态环境的技术保障和物质基础，包括环保设备制造业、资源综合利用业和环境服务业等行业。

二、天津环保产业发展历程

我国的环保产业的发展，主要是伴随着对环境污染的治理而发展起来的，因此地区性环境污染的主要因素，促进了本地区的产业发展，天津市在20世纪70年代末主要污染物为大气的煤烟型污染和工业废水、生活污水对地面水源的污染。随着对工业锅炉、工业废水、城市生活垃圾的治理的紧迫需求，这方面的产品生产首先起步，主要有三大特点：

一是当时的天津市环保开发公司利用国家政策的优惠，分配给环保治理的计划内钢材指标，重点支持了天津市通风除尘设备厂开发研制生产了消烟除尘设备，并广泛推广应用，对天津市的烟尘污染治理起到了非常大的作用，同时也初步形成了天津市以除尘设备制造为主的大气污染治理设备企业群。1989年国家环保总局首次对环保产品评优，天津市通风除尘设备厂生产的XED型旋风除尘器在不设金牌奖的前提下，被评为银牌奖，产品覆盖华北、东北、西北及山东、河南等地区，获得了较好的经济效益，企业在环保产品的生产中看到了前景，尝了甜头，也带动了周围企业的发展，到20世纪90年代末，以天津通风除尘设备厂为骨干，建立了天津环保产业集团，其所在地津南区成为了环保产业密集区，全国环保产业百强企业坐落在该区的还有宝成集团、东方暖通集团公司等52家环保产品生产企业。

二是政府直接投资。80年代初天津市政府针对城市垃圾和城市污水的处理问题，重点投资建设了全国第一座日处理量26万吨的“纪庄子污水处理厂”和“小淀垃圾处理厂”，这两个项目的建成，不仅解决了天津市的部分城市污水处理和垃圾处理的问题，在全国也起到了示范作用，同时拉动了天津地方环保产业的发展。如：在设计能力方面，中国市政工程华北设计研究院、天津市市政工程设计研究院、天津市环境卫生工程设计研究所等单位，经过多年的努力，目前已形成了自主开发能力，达到设计总承包水平。市政华北设计院已覆盖全国70%的中、小城市污水处理厂设计市场，天津市环卫研究所已覆盖三北及三峡地区；带动了城市污水处理厂和城市垃圾处理厂配套企业的发展。如：阀门、管道泵、仪器、仪表控制系统，计算机系统、污泥及垃圾处理设备，主要企业有：天津大站阀门、石化通用设备公司等，到 2000 年，以天津纪庄子污水处理厂和 20 世纪 90 年代初建成的东郊污水处理厂为骨干，联合相关企业建立的天津创业环保集团，已成为天津市环保板块的上市公司。

三是环保服务业逐步形成。随着环境保护管理工作的不断强化，人民群众对生活质量不断提高的要求，环境监测机构建设由弱到强，从 20 世纪 70 年代中期初创，到目前已形成了市、区（县）行业的监测网络，承担全市环境质量监测、污染源监督性监测及环境监测科研任务。根据国家“三同时”环保政策的出台，天津市建立和实施了环境影响评价制度，推动了环评机构建设和发展，涌现出天津市环境影响评价中心等一批素质高、能力强的环评队伍。环境科研为环境管理服务，指导环保相关产业。天津市环境保护科学研究院、天津大学、南开大学等科研院所，运用知识密集优势，从“六五”、“七五”期间注重软科学的研究，到“八五”、“九五”期间注重了软科学和实用技术的结合。天津市环境保护科学研究院通过科研体制改革，涉足环境治理工程，组建了天津市联合环保工程公司等专业环境工程公司；天津大学、南开大学也分别同企业合作，成立“天大天久环境工程公司”和“南开绿源环境工程公司”，成为天津市环保产业骨干企业。

近年来，天津市委、市政府非常重视环保产业发展，将其列为天津市六大优势产业和重点发展的高新技术产业之一，成立了绿色能源产业领导小组和市领导挂帅的环保产业发展工作领导小组，为环保产业的发展提供了组织领导保障。尤其是“十一五”期间，天津市引进了一批国际领先、市场急需的先进技术，研发了一批发展前景良好、拥有自主知识产权的科技成果，发展了一批具有国内、国际市场竞争能力的拳头产品，在优势领域形成了一批能够带动产业发展的骨干企业，不仅自身得到了壮大发展，也为天津市资源节约与环境保护工作的开展，奠定了坚实的基础。目前，天津市已形成了包括环境科研、技术开发、产品生产、产品流通、信息服务、环境工程、生态保护等在内的环保相关产业体系。

三、天津环保产业发展现状

天津环保产业在市委、市政府的领导下，按照“保增长、渡难关、上水平”的要求，认真落实科学发展观，紧紧围绕节能减排工作，抢抓机遇，以市场需求为导向，以科技创新为动力，以优化结构为主线，努力培育行业新增长点，产业规模不断扩大。

“十一五”期间，天津市环保产业迅速成长，高新技术产业和战略性新兴产业不断发展，规模不断扩大。环保产业初步形成了固废处理与资源综合利用、环保成套装备、海水淡化及水再生利用、环境服务等环保产业集群。从生产情况看，2009 年全市环保产业总产值超过 290 亿元，年均增速超过 20%，其中环保设备（产品）制造业实现产值约 110 亿元，资源综合利用业产值约 150 亿元，环境服务业年收入约 30 亿元。

从企业数量构成看，截至 2009 年底，天津市近 800 家企事业单位专营或兼营环保产业，比 2005 年增长了近 50%，其中环保产业设备（产品）生产企业近 320 家，资源综合利用生产企业近 400 家，环境服务业近 80 家。

四、天津环保产业发展特点

1．产业逐步向专业化过渡

随着企业转型和重组，天津市环保产业企业从过去大而全的生产经营方式，向专业化生产经营方式转化，产品品牌意识和质量意识不断加强。例如，中天仕名环保公司在收尘技术领域达到国际当代水平，拥有自主知识产权，产品涉及电收尘器、袋收尘器、高耐磨料粉分离器等六大系列 50 个品种，在水泥、冶金、电力等行业的大气污染治理领域拥有一定声誉。天津膜天膜科技有限公司在中空纤维膜材料研究、加快自主知识产权膜技术成果转化，实现关键技术成套装备工程化应用、应用和产业化等方面均居国内领先地位，该公司年产 100 万平方米中空纤维生产基地规模居亚洲第一，被列为国家产业化示范基地。天津百利阳光环保设备有限公司开发出全国首套生活垃圾精分选处理系统，应用于北京、青岛奥运场馆的垃圾处理工程，并中标全国 16 个工程，天津合佳威立雅环境服务有限公司建成全国首个有毒有害危险废弃物处理处置基地。

产业专业化分工进一步细化，环境服务领域由过去单纯以技术和咨询服务为主，发展到工程总承包、专业化环保设施运营服务和投融资风险评估等更广泛的服务领域。

2. 产业技术水平不断提高，竞争能力不断加强

天津市是全国环保产业的主要研发基地之一，拥有南开大学、天津大学、国家海洋局天津海水淡化所等百余所高等院校和科研单位，拥有国家城市给排水工程技术研究中心、国家工业水处理工程技术研究中心、国家海水利用工程技术研究中心等国家级工程技术研究中心和国家级环境保护恶臭污染控制实验室、中空纤维膜材料与膜过程实验室、内燃机燃烧学实验室等重点实验室；建成渤海化工集团等一批国家级企业技术中心及市级工程技术中心和生产力促进中心。天津市技术创新能力得到大幅度提升。形成了大量科研成果，环保研发能力的增强和技术水平的提高，为全市环保产业的加快发展奠定了坚实的技术基础。目前，天津市污水、污泥处理与资源化技术和国际差距已经明显缩小，中小型污水处理设备成套化和工程化技术、污水处理和污泥后处置新型工艺及装备技术、工业废水深度处理和回用装备技术等居国内先进水平；工业

用水处理药剂在国内占有重要地位，拥有多项自主知识产权和国内外专利；膜材料加工、膜技术应用、膜技术产业化等方面国内领先，部分产品和成套设备达到国际先进水平；海水和苦咸水淡化和综合利用技术全面，拥有多项自主知识产权，特别是在海水预处理、反渗透、低温多效等方面，实现了廉价装备材料的研制及选用、主要设备及部件的研制、系统优化设计等重大突破，达到国际当代水平；城市垃圾和固体废物处理处置及其资源化等技术，处于国内领先水平，城市生活垃圾破碎、储运成套装置在全国也具一定地位；低能耗、低污染锅炉制造技术在全国有较高知名度，汽车尾气净化设备和技术在国内得到广泛应用。

同时，天津市环保产业企业不断完善技术创新体系，加大科技投入，2009 年，全市环保产业科技投入近 20 亿元，约占总产值的 7%，推出新产品新工艺 100 多项，申报专利 300 多项，大部分达到国际水平；此外，加大与德国、法国、丹麦等国家的交流合作，在 2008 年北京奥运会之前，共同完成了“北京董村分类垃圾综合处理厂小武基生活垃圾精分选线”、“北京奥运会香港马术场 MBR 中水”等项目，不仅为奥运的顺利召开提供了后勤保障，而且提高了天津企业的技术水平。

五、问题与展望

1. 基础较好，但形不成产业规模，产业优势逐渐丧失

虽然天津是国家命名的北方环保产业基地，且在 2001 年以后有过一段时间的繁荣，但只有少数企业形成一定规模，产业总量仍然偏小，已经逐步退出天津八大支柱产业的行列，对全市经济发展的拉动作用依然不大。以污水处理为代表的环保产业，出现了设计水平领先，但由于相应配套的天津环保产品跟不上，天津市设计承揽的国内多数污水处理重点项目采用的主要设备多为外地厂家生产，极大地影响了天津市水处理产业优势的发挥。

2. 环保产业内部结构不合理，形不成具有强势竞争力的产业链

一是企业的规模结构不合理，没有形成一批大型骨干企业或企业集团。根据国外的经验环保企业是大企业与小企业并存，由于环保产品单件、小批量、轮番生产的特点，小型企业具有一定的灵活性，但是发展的重点是单件产品，小型企业需要联合起来进行集团化的运作，才能形成产业链条，在一个平台上形成规模效益。

二是缺乏适应市场经济发展要求的专业化工程总承包公司，即为环境保护提供技术、管理、工程设计、各种设施及施工等多项服务的龙头企业。没有形成总体优势，缺乏竞争力。

三是产品结构不合理。环保设备成套化、系列化、标准化水平较差，低水平重复建设现象严重，出现了产品质量有保证，但是不能与时俱进，满足工艺变化需求的问题，缺少必要的灵活性和市场开拓能力。

3. 产业科技成果转化差，整体竞争能力不强

高新技术开发与生产环节衔接还不够紧密，环保产业低水平重复建设多，设计、制造、销售、建设、运营相互配套、与产业科技开发成果转化有机结合的产业体系还没有形成，很多科研成果停留在示范阶段。国内知名产品偏少，尤其是缺乏具有国际竞争能力的品牌，综合竞争能力不足。

4. 缺乏政策支持和引导，抢占市场能力下降

必要的资金、税收、信贷等政策引导扶持力度不足，融资渠道缺乏，投资回收周期长，企业、社会投入积极性不高，适应市场经济体制要求的以企业为主体、公众参与的投融资机制始终难以建立，影响了产业发展。此外，公共环境设施建设、服务运营不够公开、透明，社会化运营不足，也影响了环保产业市场的健康发展。

第二节　天津市环保产业结构与技术能力

一、产业结构

“十一五”期间，天津市环保产业结构调整取得了显著的进展，将环保产业统分为三大类，包括环保设备制造业（包括洁净产品制造）、资源综合利用业以及环境服务业，更确切地反映了天津市环保产业的内涵与类别。

1．环保设备制造业产业格局基本形成

目前，天津市已形成以天津国际机械产业园和津南密集区为主导的环保产业装备制造业发展布局。天津国际机械公司以环保通用设备、水处理装备和工程成套环保装备为重点，发展机电“六大成套”和“十大重点产品”，成为集设计、制造、施工、运营为一体的企业集团，目前企业已打开全国市场，相继在重庆、长春等地中标承建污水处理厂项目，年销售收入超过 12 亿元，成为天津市环保产业龙头骨干企业。津南环保产业密集区拥有环保设备制造业企业 100 余家，拥有 6 个大型环保企业集团公司，环保设备研究所 10 余个，产品涉及水处理、废气处理、噪声处理和固体废弃物处理处置等领域，并能承揽水处理、固体废弃物处理处置等领域的大型项目，截至 2009 年底，津南区环保产业产值约 45 亿元。

2．资源综合利用业推向深层次

作为老工业城市，天津市资源综合利用业起步较早，传统粉煤灰渣、钢渣、电石渣、脱硫石膏等主要工业固体废弃物和矿产资源的资源综合利用始终走在全国前列，主要工业固体废弃物综合利用率多年保持在

98%以上。随着节能减排和循环经济工作的深入推进，天津市已从传统的“四大渣”简单利用，向符合循环经济模式的能、气、水、固体大社会、大流通方向发展。天铁、天钢、钢管、荣程和振兴等企业相继建立余热余压电站；静海子牙环保产业园、和昌环保、海泰环保、泰达环保再生资源产业化基地和企业不断壮大；其中，静海子牙环保产业园目前拥有各类企业 105 家，每年可向市场提供原材料铜 40 万吨、铝 15 万吨、铁 20 万吨、橡塑材料 20 万吨，其他材料 5 万吨，形成了覆盖全国各地的有色金属原材料市场，2007 年经国务院批准，被国家发改委等六部委命名为国家循环经济试点园区；和昌环保有限公司具有年处理废家电 33 万台的能力，可回收废钢铁、塑料、铜、铝、玻璃等近 10 000 吨；泰达环保有限公司研发具有自主知识产权的垃圾焚烧发电成套装备制造技术等 10 项发明专利，大幅度提高了我国垃圾焚烧及二次污染控制的技术和设备水平，推动了我国垃圾焚烧产业的健康发展，泰达环保双港生活垃圾焚烧电厂年处理生活垃圾 40 万吨，年发电量 1.2 亿千瓦时，上网电量 1.01 亿千瓦时。2008 年，天津市被国家发改委命名为全国循环经济试点城市。

“子牙环保产业园”通过建立天津市及各区县联手推动机制，科学规划园区发展，搭建再生资源及综合利用技术平台，加大资源再生和综合利用关键技术研发与应用力度。累计投入市财政资金 1 050 万元，开展废旧机电和电子信息产品绿色回收关键技术与装备的研发，在稀有贵金属的富集与提纯、重金属的安全回收等方面取得突破。

3. 环境服务业发展迅速

近年来，天津市环境服务业紧紧依靠国家节能减排政策，积极拓展国内、国际市场，产业发展迅速，2009 年实现收入近 30 亿元，比 2005 年翻两番。以驻津大院大所为龙头的环保设计咨询服务产业快速发展，已形成天津环保产业体系的重要支撑。天津海岸带公司、泰达新水源公司、天辰环保工程公司等一批企业取得工程设计和承包资质，开展环保工程的项目规划、可行性研究、工程设计、施工管理、工程监理和运营服务等全过程服务，具备较强的市场服务能力。

天津创业环保股份有限公司作为全市环保产业的龙头企业，直接运营天津市中心城区四座污水处理厂，2009 年创业环保公司投入大量资金对中心城区污水处理厂进行提升改造，并且通过污水处理厂水质过程控制管理，科学调整工艺，统筹安排生产及维修项目，确保出水水质基本稳定达标。在设计咨询方面，中国市政工程华北设计研究院、天津市市政工程设计研究院承揽的大宗污水处理工程设计任务占国内市场 40% 以上，同时受国家节能减排政策的影响，天津市环境保护科学研究院、天津市化工研究设计院、中国天辰工程有限公司、天津市水泥工业设计研究院等环境服务单位发展迅速，成为全市节能环保咨询服务机构的主要力量。此外，在大力开拓国内市场的同时，天津水工业工程公司还大力拓展国际市场，承接了安哥拉污水处理厂项目，在艰苦的工作环境和条件下，该公司圆满地完成了项目的验收，不仅实现了自身的快速发展，同时带动了天津市环保设备企业的发展。在原有院所不断壮大的同时，天津市大力扶持新型节能环保咨询服务机构，目前，全市从事能源审计机构 20 家，能源评估机构 25 家，清洁生产审核服务机构 15 家，环评机构 30 余家，为推动全市节能减排工作贡献了力量。

二、主要技术及设计能力

1. 拥有一批全国闻名的环保科研院所

目前，天津市已成为全国环保产业的主要研发基地之一，拥有一批代表我国先进水平的科研开发机构。目前全市有 30 余个单位具环保工程设计等技术咨询服务能力。中国市政工程华北设计研究院、天津市市政工程设计研究院是全国权威的污水处理行业设计研究院，国家工业水处理工程技术研究中心、中国汽车技术研究中心、国家恶臭重点实验室也坐落在天津市。此外，南开大学、天津大学、天津工业大学、天津市环境保护科学研究院、原机械工业部第五设计研究院、原国家建材局天津水泥工业设计研究院等一批高等院校和科研院所也较早从事能源和环境科学基础与应用研究，并且还拥有天津职业技术学院，专门培育环保的“蓝领”人才。

2. 拥有一批具有自主知识产权的专有技术和优势领域

城市污水、工业废水处理和再生利用是天津环保产业最具优势的行业，其设计、制造、施工、运营管理能力强，已经具备污水、污泥处理与资源化关键设备的制造和工艺成套能力。

天津创业环保公司是目前国内唯一一家以污水处理为主营业务的上市公司，直接运营天津市的东郊、纪庄子和咸阳路等污水处理厂，约占天津市污水处理量的一半。此外，公司拥有国内领先的企业研发中心，是国家级给水排水工程技术实验基地、国家级博士后科研工作站以及天津市建设系统污水处理及再生水利用科学研究基地。公司建成第一个国家级再生水示范项目，是中国首个城市再生水回用规划制定者。公司（包括其前身）完成的国家建委项目、“六五”攻关项目、“七五”攻关项目、“八五”攻关项目、“九五”攻关项目等研究课题和成果有四十余项。“十一五”期间，研发中心承担了建设部“纪庄子污水厂升级改造技术研究”和“低碳原高氮磷高比例工业/生活污水脱氮除磷研究”、天津市科委重大科技攻关项目“城市污水二级强化处理技术系统集成”、科技创新专项资金课题“城市污水深度除磷脱氮关键技术研究和工程示范”、天津市建委课题“活性污泥数学模型参数确定及在污水处理厂运行和评估中的应用”等重大科研项目的研究工作，并全部通过了鉴定，研究成果均达到国内领先水平。

天津膜天膜科技有限公司从事膜技术研究已有近四十年历史，是国家发改委命名的“国家高技术产业化示范工程”基地，“十一五”期间中空纤维膜国家“863”计划重大项目执行单位和天津市自主创新产业化重大项目实施单位。该公司在中空纤维膜材料研究、膜技术加工、应用和产业化等方面均居国内领先，拥有自主知识产权，部分产品达到国际先进水平，在国内市场得到了大规模应用，并已进入国际市场。

天津市海水淡化事业走在全国前列。海水淡化和综合利用技术全面，拥有多项自主知识产权，达到国际当代水平。天津海水淡化与综合利用研究所承担完成国家科技攻关、“863”计划、院所基金、高技术产业化专项以及省部级科技攻关等重大科技项目百余项，技术支撑编制完成国家首部《海水利用专项规划》和《海水利用标准发展计划》，在海水淡化、海水直接利用、海水化学资源利用、海水水质科学与工程、海水利用发展战略、海水利用检测与监测、膜技术和水处理（工程、产品）等业务领域，获得国家和省部级科技奖励二十余项、国家专利近百项，技术水平国内领先、国际先进。天津碱厂建成海水循环冷却专用水处理药剂生产基地，成为我国第一个工程化应用海水进行工业循环冷却的大型企业。天津北疆电厂 40 万吨/天海水淡化工程成为国家第一批循环经济试点项目之一。

中天仕名环保公司技术依托于天津水泥工业设计研究院，在收尘技术领域达到国际当代水平。拥有自主知识产权，产品涉及电收尘器、袋收尘器、高耐磨料粉分离器等六大系列 50 个品种，在水泥、冶金、电力等行业的大气污染治理领域拥有一定声誉。

天津化工研究设计院是我国最早从事工业水处理药剂研发的专业科研单位之一，水处理用缓蚀剂、阻垢剂、絮凝剂等五十余种系列药剂拥有自主知识产权，获得多项国家级、省部级奖项和国内外专利，形成了独具特色的工业水处理药剂体系。

此外，在制造领域，天津甘泉集团、百阳环保公司、宝成集团的污水处理设备、农村地表水及地下水处理设备、地热利用技术设备和环保节能锅炉，国内领先，百利阳光公司的固体废物处理处置设备、扫地王专用汽车公司垃圾真空吸扫车、新奥环保节能设备公司抑尘挡风墙、同阳科技发展公司、蓝宇科工贸公司的环境监测仪器等产品畅销全国；在服务领域，天津市天津水工业公司、国美水务公司等一批企业在业界均有一定的知名度，泰达环保公司、天津合佳威立雅环保服务有限公司处理处置城市垃圾和固体废物装置及管理水平，全国一流。

第三节　环保产业管理

一、环保产业调查情况

随着我国经济和环境保护事业的发展，环保相关产业的结构和布局也发生了较大变化，为摸清天津市环境保护相关产业的结构、规模和质量水平，加强环境保护相关产业的行业管理，为政府制定环境保护相关产业发展政策和规划提供重要依据，根据国家环境保护总局要求，中国环保产业协会先后组织开展了两次大规模的全国范围的环保产业调查，天津市以区县为单位，对辖区内环保相关企事业单位进行了调查，并将情况汇总、上报。

1. 2000 年环境保护及相关产业基本情况

截至 2000 年 12 月 31 日，天津市共有从事环保相关产业的企、事业单位 313 家，从业人员 22 926 人，工业总产值约 398 665.5 万元，出口合同额 1 984.8 万美元，创造利润 31 782.4 万元。其中：环境保护产品年工业总产值 132 463 万元、出口合同额 344.8 万美元。包括：水污染治理设备、空气污染治理设备、固体废物处理处置设备、噪声振动控制设备、放射性与电磁波污染防护设备、药剂材料、环境监测仪器等。

洁净产品生产年工业总产值 117 678.5 万元，创造利润 18 477.9 万元。包括：低毒低害产品、低排放类产品、节水产品、可生物降解产品、低噪声产品、有机食品等。

环保服务业年营业收入 12 621.7 万元。包括：环境保护技术科研开发、环境保护产品经销、环境工程、环境保护技术服务与咨询、污染治理设施运营与管理等环境保护服务业。

资源综合利用年工业总产值 147 554 万元，包括：废弃资源回收、固体废物综合利用、废水（液）综合利用、废气综合利用、废旧物资综合利用等。

自然生态保护情况：自然保护区 8 个，总面积 129 199 公顷，年建设投入 307 万元；生态示范区 2 个，总面积 292 145 公顷，年建设投入 118 206 万元。

2. 2004 年环境保护及相关产业基本情况

截至 2004 年 12 月 31 日，天津市共有从事环境保护及相关产业国有及年销售（营业）收入在 200 万元以上的非国有企、事业单位 228 家，其中内资企业占 82.5%，是环保及相关领域的主力军。从业人员 31 234 人，中级以上职称人数占 14.8%。2004 年生产经营用固定资产共计 311.6 亿元，年内用于环保及相关产业固定资产的投资为 86.34 亿元。

表 6-1　2004 年天津市环保及相关产业产值、收入、利润基本情况

指标	环保产品生产	洁净产品生产	资源综合利用	环保服务业	总计
单位总数	57	46	90	64	—
从业人数	5 653	4 772	16 926	4 481	—
年销售产值/万元	94 562.78	420 425.2	425133	—	940 120.98
占销售总产值比例/%	10.1	44.7	45.2	—	100
年销售（或服务）收入/万元	86 154.49	192 095.7	438 796.1	126 092.47	843 138.76
占总收入比例/%	10.2	22.8	52	15	100
年销售（或服务）利润/万元	6 373.67	29 243.57	20 535.18	51 136.29	107 288.71
占总利润比例/%	6	27.3	19.1	47.6	100
年出口合同额/万美元	572	571.7	1 294.16	—	2 437.86

二、有关环保产业政策制度

环保产业是一项有赖于政策引导、经济支持的行业，有利于发展社会大环境的产业政策对环保产业的发展十分重要。

1990年，国务院办公厅转发国务院环境保护委员会《关于积极发展环境保护产业的若干意见》，指出："环境保护产业是保护和改善环境、防治污染和其他公害的物质和技术基础"。

2000年，国家经济贸易委员会、国家计划委员会、科技部、财政部等八部委发布了《关于加快发展环保产业的意见》，指出了环境保护产业发展总体思路，并就强化产业政策导向，加快结构调整，促进环境产业升级等六方面提出了政策性意见。

"九五"初期，国家环境保护局与国家计划委员会、国家经济贸易委员会、国家科学技术委员会联合起草了《国家环境保护产业发展纲要》，在分析环境保护产业现状的基础上，提出了至2010年的环境保护产业发展目标、发展方向、重点领域及主要措施。

"十五"时期，国家经济贸易委员会根据《国家环境保护"十五"规划》，制订了《环境保护产业发展"十五"规划》。

2006年，国家发改委、国家环保总局制定了《"十一五"环境保护产业发展指导意见》(暂定)，国家环保总局发布了《环境服务业发展报告》。

在环境技术政策方面，自20世纪90年代以来，国家环境保护行政管理部门和其他有关部门在环境技术政策方面，先后公布了城市污水处理、城市生活垃圾处理、危险废物、机动车排放、柴油车排放、摩托车排放、燃煤二氧化硫排放、印染行业废水、草浆造纸工业、制革、毛皮工业、废电池、废弃家用电器、汽车产品回收利用、煤矸石综合利用，矿山生态保护、湖库富营养化等十几项污染防治技术政策。

在管理制度方面，引入了执业资质认证机制，实施环境工程设计资质、环境污染治理设施运营管理资质、环境影响评价资质、环境工程师执业资质、环境咨询工程师、环境影响评价工程师执业等资质认证，以及在环境技术评价方面，建立了环境技术与产品认证制度，如：环保使用技术筛选与推广、环境标志产品认证、有机食品认证、环保名牌产品推荐等。

在技术标准方面，已经公布或正在制定城镇污水、工业废水、医院污水、除尘脱硫、噪声与振动、城市垃圾、危险废物等多项环境工程技术和产品标准。

三、天津市环保产业协会

1．协会发展历程

天津市环保产业协会于 1990 年成立，自成立后，协会伴随着天津市环保事业的发展而壮大，在社会各界的关怀下，在中国环保产业协会的指导下，在天津市发展改革委员会、天津市环境保护局、天津市民政局的领导下，以国家体制改革不断深化、政府职能实现转变、市场经济快速发展为契机，以全面发展天津市环保产业为目的，以为会员服务为宗旨，坚持“民主化、科学化、程序化”的工作原则，自觉实践“三个代表”重要思想和科学发展观，紧紧围绕“创模”、“生态市建设”等环保中心工作，密切配合“蓝天工程”、“碧水工程”、“安静工程”等重大工程的实施，积极接受新的机遇和挑战，认真做好自律、协调、监督、管理等工作，充分发挥桥梁纽带作用，使全市环保产业始终保持了快速发展的良好势头。

2．协会工作情况

天津市环境保护产业协会作为全市环保领域唯一的行业协会，既是全市环境保护管理体系的重要组成部分，也是环保产业行业管理体系的重要组成部分，具有不可替代或不可缺少的重要地位。协会根据国家的环保目标、规划和环保产业政策，开展行业发展预测研究，提出发展环保产业的政策建议，开展行业统计调查，为政府制定环保产业行业发展规划、发展战略提供依据；参与制定环保产业相关的行业标准及产品标准，并组织贯彻实施；大力推进科技创新，提高行业国际竞争力；积极收集、分析、发布国内外行业信息，提供信息咨询、举办行业刊物，组织展销会、报告会、研讨会，开展招商和产品推介活动；进行质量监督，培育名牌产品，组织科技成果鉴定和推广应用；协调行业价格争议，维护公平竞争秩序，推进商品市场建设；组织人才、技术、职业、管理、法规等培训；反映会员合理要求，协调会员关系；实行行业准入，制定行规行约，建立行业自律机制，提高行业整体素质；协助企业开拓国际市场，开展国内外经济技术交流和合作，联系国际同行业组织。

（1）建章立制，严格自律，增强协会的生命力。协会严格遵守国家的法律、法规和有关社团管理规定，在行业主管单位和天津市社会团体管理局的指导和监督下，努力规范内部运行机制。

一是不断完善规章制度。建立了理事会，严格按章程规定的时间和民主程序进行换届改选和决定重大事项；在实际工作中逐步建立完善了例会制度、岗位责任制度、责任追究制度等内部规章制度；根据国家和天津市有关社团管理规定，制定了会费管理制度、会费收取标准及办法。

二是自觉接受监督管理。严格遵守《天津市社会团体登记管理规定》的各项规定，自觉接受天津市环境保护局的业务指导和天津市社会团体管理局的监督管理。坚持年度检查制度，定期总结自查，坚持重大活动报告制度，按时完成天津市社会团体管理局布置的各项工作。

三是协会还通过提高综合能力，强化内部建设。协会紧紧抓住环保事业发展、政府机构调整这一机遇，大力发展会员单位，目前，天津市环保产业协会共有会员 278 家、联络企业 400 余家，坚持每年为会员办实事，积极维护会员的合法权益。

（2）立足为企业服务，增加协会凝聚力。协会是企业之家，代表着环保企业的利益，必须依靠协会自身的业绩和服务质量，才能得到企业和社会的公认，协会以企业的利益为重，以为企业服务为宗旨，不断为企业的发展开展各项服务。

一是积极开展调研。协会自成立以来，一直将行业调查研究作为一项重点工作，自 2000 年开始，先后进行了三次天津市环保相关产业调查，其中包括两次国家级调查，一次省级调查。通过调查，摸清了全市环保产业的发展状况、产业结构、规模和水平，为制定天津市环保产业方针政策、制定环境科技和产业发展规划，加强对环境保护相关产业的宏观管理提供了重要的基础资料。

二是不断完善与企业间的信息交流。协会在认真做好《天津市环保产业信息》（双月刊）发行工作的同时，通过天津环保网发布环保治理工程、环保建设项目的招投标等信息，及时为企业提供产业信息和协会工作动态。

三是指导企业的生产和经营管理。组织开发新技术、新产品、技术咨询、会展招商及产品推介活动，以及组织企业以各种形式开展国内外经济技术交流与合作。

协会先后召开了“富尔达地温中央空调技术推广会”、“广州怡文科技在线监测技术推广会”、“天津友仁科技机动车节油清净剂推广会”等技术推广会，加强环保技术科研开发和高新技术在环境保护领域的应用；组织天津市的环保企业参加在北京举办历届国际环保展览会，并多次获得中国环保产业协会、展览会组委会颁发的组展优秀奖。注重和兄弟协会之间的交流，在香港举办了天津周活动，与香港环保工业协会签订了友好合作协议，促成了意大利企业家同宝坻企业的合作意向；先后同河北、上海、浙江、广东产业协会进行了工作交流，先后把天津宝成集团公司、天津振兴实业公司、天津玉祥成集团等单位的产品、技术介绍到外省、市，为企业间的交流铺平了道路；积极开展国际交流，与北九州国际技术协力协会、技术咨询株式会社、地球环境战略机关等部门建立了友好联系，互相交流经验，并与日本金属交流协会合作，在天津主办了“中日金属资源再生利用交流会”。

开展协会与国内外环保企业的经济、技术交流与合作。2000 年以来，直接引进外资 1.2 亿元人民币，承担了天津市重点污染源在线监测 BOT 项目等一批投资项目工作，为促进天津市经济发展作出了积极贡献。

四是培育天津市环保产业龙头企业。为加快全市环保机械装备实现产业化，积极引导市机电控股集团实施资产优化配置和调整重组，组建了天津百利环保装备集团，成功实现了机械行业向新兴环保产业的转轨。在集团的基础上，建设百利工业园，使其成为天津“绿色工业”的主力，并逐步形成以东丽大毕庄环保工业园为主的生产制造基地。2003 年，天津百利环保装备集团、天津市百阳环保设备有限责任公司、天津市兴源环境技术工程有限公司、天津市绿通环保工程设备开发有限公司 4 家企业被评为“全国环保骨干企业”，为环保企业树立了榜样。

五是发挥行业优势，推进产业重点工作。天津市环境保护工作将实现三个跨越：2005 年已实现创建国家环境保护模范城市第一个跨越，2005 年到 2007 年初步构建新型工业化体系，2008 年到 2010 年初步建立循环经济体系，构建新型城市基础。要实现后两个跨越，环保产业市场重点将发生一系列的转变：工业污染将从末端治理向清洁生产转变；大气污染防治将从防治烟尘粉尘污染为主向脱硫、脱氮和流动污染源转变；环境监测仪器将向连续在线监测和监控自动化方向发展；环境服务业将向市场化、社会化、工业化转变等。这些转变给环保产业带来了强劲的市场需求，是环保产业行业的优势，环保产业协会利用这个优势，推进了天津环保产业重点工作的发展。

（3）做好政府关心的工作，增强协会的影响力。天津环保产业协会是企业与政府之间的桥梁与纽带，协会不断关注政府的政策倾向及政府急于解决的问题，才能真正地起到桥梁和纽带作用。

一方面协会认真把握每一次政府授权的机会，做好工作，扩大影响力。

2003 年，由于“非典”（SARS）病毒的突然来袭，给天津市医疗废水、垃圾的处理工作带来了困难。为加强对医疗机构排放污水及垃圾的处理处置，避免“非典”流行蔓延，协会根据环保工作要求，在天津市环保局的指导下，积极发动会员单位，组织治理企业随时待命，积极配合环保部门的应急措施及要求，紧急投入到抗击“非典”的特殊战役中，进行天津市“非典”定点医院废水、垃圾治理设施的抢建工作，并由协会对改建全过程进行监督和现场协调，在极短的时间内完成了天津市海河医院、一中心医院、武警医院的废水和垃圾治理改造工程。同时，建立运行报告制度，确保各项治理设施的正常运转，取得了良好的成效，12 个参与工程改造的会员单位受到了天津市环保局的表彰。

为加强对白色污染的治理，受天津市环境保护局委托，协会认真落实天津市人民政府颁布的《天津市超薄塑料袋和一次性发泡塑料餐具管理办法》，对所属会员制定下发了《发挥行业协会优势，加强市场“治白”工作的方案》，承担了环保型塑料袋和一次性餐具的生产、销售企业的认证及产品的鉴别、鉴定等技术性工作，并协助执法部门完成对生产企业、销售市场的检查，在治理白色污染工作中得到了国家四部委联合检查组和市有关部门的肯定。

另一方面，协会认真把握政府关心工作的切入点，主动工作，不断增强协会的影响力。

为推进“创模”工作不断深入，向社会提供先进可靠的环保技术、产品及服务。2002 年协会召开“环保项目交流洽谈会”，介绍天津市实施“六大环保工程”的实施方案及具体项目，国内多家先进环保企业参加了洽谈会，共接待来访人员 560 余人次，为天津市内环保企业提供了一个和国内先进环保企业面对面交流的机会，使从事环保治理、设计、施工的单位同项目单位能够直接洽谈，先进可靠的环保技术和设备在全市得到更大范围的宣传和推广，协会由原来单纯为企业提供信息、咨询，提高到为企业间提供全方位的交流服务。

搭建服务平台，促进产业升级。协助政府有关部门搞好“天津子牙环保产业园”的建设管理，引导第七类废物拆解加工企业入园，统一管理，规范发展，杜绝因加工手段落后而造成的环境污染问题。建立协会资源再生利用专业委员会，实行行业自律，为会员搭建金融、商务及信息服务平台，目前，该园区已建设发展成为我国最大的进口资源再生利用产业化的两大园区之一，为推动环保产业、循环经济和地方经济的发展作出了贡献。

第四节　环保产品管理

一、国家重点环境保护实用技术评审及管理

“国家重点环境保护实用技术”是指在一定时期内，同国家经济发展水平相适应的、先进实用的污染防治技术、资源综合利用技术、生态保护技术和清洁生产技术。实用技术代表了我国环境保护技术的水平，已成为各地环境治理的首选方案，具有较强的权威性。

根据国务院及国家环境保护总局的文件精神，按照国家环境保护总局的要求，委托中国环境保护产业协会组织开展国家重点环境保护实用技术的评审工作，天津市环境保护产业协会负责地方初审及现场检查工作。从 1993 年至今，天津市共有 18 项技术入选，成为国家优先推广的环境保护技术（见表 6-2）。

表 6-2　天津地区国家重点环境保护实用技术项目一览表

年份	项目名称	技术依托单位
1993	立窑静电除尘器	天津水泥设计院
1993	化学沉淀—微孔过滤法处理含镉废液	天津市环境保护研究所
1994	从粉丝尾水中提取饲料蛋白	军事医学科学研究院卫生学环境医学研究所
1994	塑料微孔过滤器处理工业废水	天津市光华过滤器材厂
1994	JN 系列一号柴油燃烧助剂	天津市油漆助剂厂
1996	TGXC-Ⅱ型湿式高效除尘脱硫装置	天津市环保产业集团
1996	LD 型立式单蓖偏烧消烟多用锅炉	天津宝成暖通设备有限公司
1996	LG 系列燃油添加剂	天津天马高科技开发公司、 天马高科技开发公司化工厂
1997	HF 型灰水分离器	天津市通风除尘设备厂
1999	利用碱渣制工程用土技术	天津碱渣地产开发公司
1999	玉米酒精废液综合利用	天津市冠达实业总公司
2003	大气颗粒物源解析技术	南开大学环境科学与工程学院
2003	城市空气污染预报方法及其应用技术	天津市环境监测中心
2003	DZL3 型 58MW 燃煤热水锅炉	天津宝成机械集团有限公司
2003	格林柯尔制冷剂技术	格林柯尔制冷剂（中国）有限公司
2007	旋转式滗水器	天津市百阳环保设备有限责任公司
2007	GYL 型燃煤锅炉烟气干式脱硫技术 LDMC 系列过滤式低压脉冲布袋除尘器	天津东方环境工程有限责任公司
2008	DFQ 抑尘挡风墙	天津市新奥环保节能设备有限公司 天津市环境保护技术开发中心

二、国家环保产品认定及管理

1996 年，国家环保局开始实施环保产品认定制度。根据《关于调整环境保护产品认定工作有关事项的通知》，国家环保局将环保产品认定工作委托中国环境保护产业协会组织进行。为适应新的认证制度的需要，中国环境保护产业协会组建了中环协（北京）认证中心。中国环境保护产业协会组织实施的环保产品认定工作将转移到中环协（北京）认证中心，负责开展环保产品认定工作。产品认证的范围包括水污染治理产品、空气污染治理产品、噪声与振动控制产品、固体废物处理处置产品（包括焚烧炉产品）、环境监测仪器、环保药剂及材料等六大类产品，目前列入认证目录的产品 100 余项。认证工作按照“工厂（现场）检查+产品检验+认证后监督检查”这一国际通用模式开展，天津市环境保护产业协会负责天津地方申报产品的初审、现场检查及年检等工作（见表 6-3）。

表 6-3　天津地区国家环境保护产品一览表

年份	项目名称	技术依托单位
2006	KPC（UV-C&OZONE）饮食业油烟净化设备[风量（m^3/h）：≥：（油烟净～≤：（油烟净化	天津吉麦克环保科技有限公司
2006	FB1000 型烟气（颗粒物、SO_2、NO_x、流速）连续监测系统	天津市蓝宇科工贸有限公司
2006	GX 型机械式饮食业油烟净化设备[风量（m^3/h）：≥h）式饮～＜6 000]	天津南大新技术公司
2006	FT-01 型炭罐	天津市飞天汽车排放设备厂
2006	DY-SF 型复合式饮食业油烟净化设备[风量（m^3/h，）：≥h，）～＜6 000]	天津大通环保工程有限公司
2007	GL-Ⅰ/Ⅱ型炭罐	天津市格林利福新技术有限公司
2007	“安捷跑”牌汽油清净剂	天津威德泰科石化科技发展有限公司
2007	GYL 型燃煤锅炉烟气干式脱硫技术 LDMC 系列过滤式低压脉冲布袋除尘器	天津东方环境工程有限责任公司

年份	项目名称	技术依托单位
2007	旋转式滗水器	天津市百阳环保设备有限责任公司
2008	DFQ 抑尘挡风墙	天津市新奥环保节能设备有限公司 天津市环境保护技术开发中心
2009	UV-3 型紫外（UV）吸收水质自动在线监测仪	天津港东科技发展股份有限公司
2009	TXT 型脱硫塔（260T）	天津晓沃环保工程有限公司
2009	KPC（UV-C&OZONE）型饮食业油烟净化设备	天津吉麦克环保科技有限公司
2010	CHHB 型数控燃煤锅炉（≤数控）	天津市红鼎数控锅炉制造有限公司
2011	GL 型、GL1 Ⅰ/Ⅱ型炭罐	天津市格林利福新技术有限公司
2011	HQ3000 型环保数据采集传输仪	天津市红旗环保科技有限公司
2011	FB1000 型烟气（颗粒物、SO_2、NO_x、O_2、流速、温度、湿度）连续监测系统	天津市蓝宇科工贸有限公司
2011	TY-021C 型烟气（SO_2、NO_x、O_2、流速、温度、湿度）连续监测分析系统	天津同阳科技发展有限公司

三、天津市环保产业协会对环保产品的管理

天津市环保产业协会对全市环保产品的管理，除了负责国家级环保产品技术的推介、初审、现场检查、年检等工作以外，根据行业自律的原则，依据企业会员单位的自愿申请，对其申报的环保产品组织专家进行评审，对其应用工程进行现场检查、监测，合格者颁发天津市环保产品证书。同时，根据有关部门的委托，对行业内优秀环保产品进行筛选，优先推介，应用于全市环境保护治理工程，为天津环境保护工作提供技术支持。

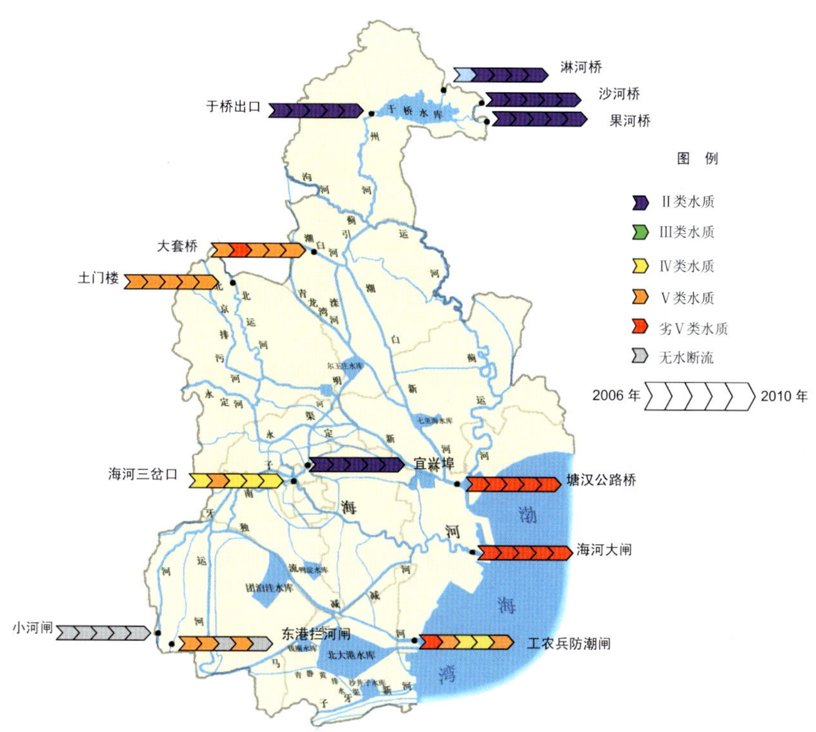

彩 1 “十一五”期间天津市河流各国控断面水质类别状况

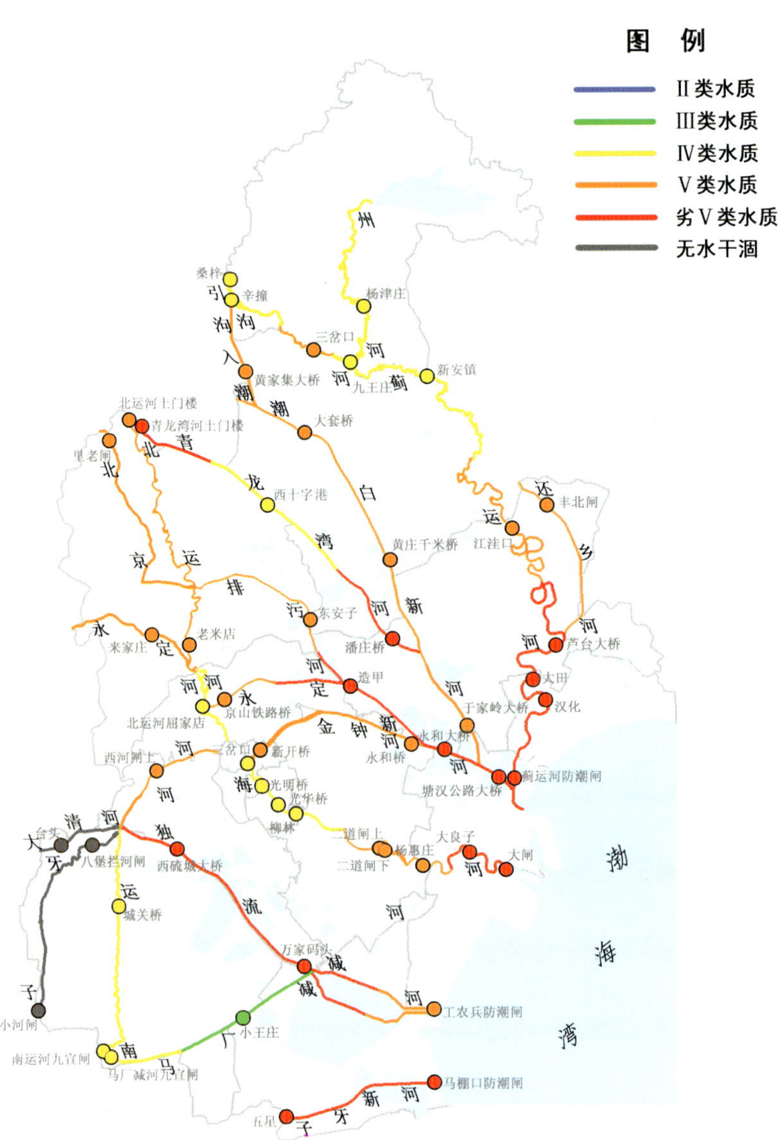

彩 2　2010 年天津市一级河道断面水质类别

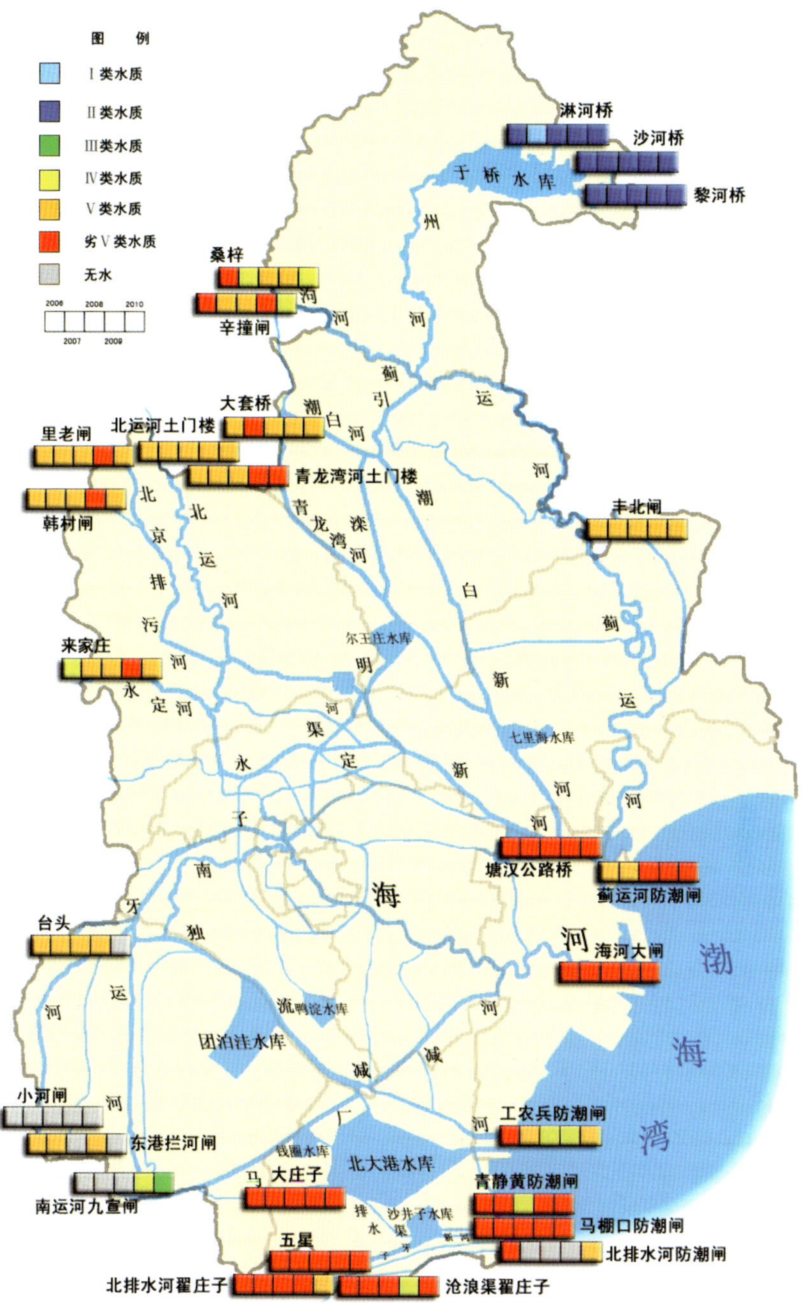

彩 3 “十一五”期间天津市入境、入海断面水质类别比较